藍學堂

學習・奇趣・輕鬆讀

REWIRED The McKinsey Guide to Outcompeting in the Age of Digital and AI

麥肯錫教企業這樣用AI
數位轉型

艾瑞克‧拉瑪爾 Eric Lamarre
凱特‧史馬吉 Kate Smaje
羅尼‧澤梅爾 Rodney Zemmel————著

李芳齡————————譯

各界好評

這是一本數位與AI轉型的出色指南，提供了包括建立人才板凳、採用新的營運模式、利用先進科技、嵌入資料等成功所需關鍵要素的整合方法。本書是想在數位時代保持競爭力的組織必讀的參考書。──麥特·安德森（Matt Anderson），凱雷集團（The Carlyle Group）數位長

本書作者結合原創研究和真實世界的案例研究，說明歷經長時間、遠非只有系統與技術升級的數位與AI轉型。他們闡釋若要將現今的數位利益最大化，就必須大膽地從策略到執行，全盤地重新想像你的業務，才能反映AI、資料、先進分析法的力量。本書詳細說明人才管理和組織轉型的概念，對尋求提升公司數位化成熟度的領導者來說，這些都是首要考慮的事情。本書條理明晰且全面，是所有想要利用數位創新來驅動業務競爭成果的人，必讀的戰術指南。──艾伯特·博爾拉（Albert Bourla），輝瑞藥廠（Pfizer）董事會主席暨執行長

要在數位時代競爭致勝，取決於不同的策略、獨特能力、大膽的執行力，本書不僅講述「你需要什麼技能」，也說明「你該如何做」。本書詳述何謂扎實的變革，為準備

躍升的企業領導者提供一份令人信服的戰術手冊。」──貝特娜·迪奇（Bettina Dietsche），安聯集團（Allianz Group）人才與文化長

數位化是使用技術與資料來驅動公司的營運模式，使公司成為數位型企業，而本書正是實用且縝密的數位化指南。數位化是持續不斷的旅程，需要經常重新想像人才、組織、支柱性技術、資料來創造競爭優勢。本書洞察了有關於致勝所需的能力與架構。」──茱莉·迪爾曼（Julie Dillman），安達保險集團（Chubb Group）執行副總、營運與技術高階主管暨數位轉型長

本書是我所見過的最佳數位轉型參考指南，詳細說明如何執行數位轉型及獲致成效。身為數位印刷及數位包裝解決方案領域領先者的我們，正在自我改造的路上，我將把本書推薦給我的團隊。」──泰德·多赫尼（Ted Doheny），食品包裝公司希悅爾（Sealed Air Corporation）總裁暨執行長

若你的業務同時面對數位機會與挑戰，而且渴望成功，不論你是董事會成員或專案團隊成員，不論你身處何種產業，都應該閱讀本書。

它結合明確的要素、要務藍圖和清楚的執行指南，以及提供實用的架構與建議來幫助你完成工作。這是一本必讀參考書、實用指南、解方提供者，請把它放在你隨手可以唾手可得之處，我就會這麼做。」——**羅娜·費爾海德**（Rona Fairhead，中文名「方安蘭」），甲骨文公司（Oracle）董事會成員、英商歐諾時公司（RS Group plc）董事會主席、前金融時報集團（Financial Times Group）董事會主席暨執行長、英國上議院終身貴族

───────

如同本書作者所言，每位企業高階主管在職涯下半場都將致力於運用科技從競爭中脫穎而出。AI在我們的生活與業務中扮演愈來愈重要的角色，並迫使我們重新思考該如何改變，這似乎特別真確，也使得本書既及時、且不朽。本書透過解析變革機制，列出為了讓科技有助於業務有效運作而必須做的所有事情，包括建立數位人才板凳，實行現代軟體工程實務、組織整個企業，以產生持續的數位創新等。」——**羅傑·佛格森**（Roger W. Ferguson），美國教師保險與哪家協會（TIAA）前總裁暨執行長、字母公司（Alphabet Inc.）、康寧公司（Corning）、國際香精香料公司（IFF）董事會成員

───────

本書提供一份詳盡、但易於領會與執行的指南，用以研擬及實

行數位與AI轉型。雖然，任何轉型都不容易，本書提供清楚的路徑圖來建立你的企業能力，還有具體例子大大提高組織的成功可能性。」——**傑弗瑞·哈門寧**（Jeffrey Harmening），通用磨坊公司（General Mills）董事會主席暨執行長

───────

數位與AI轉型中最大的挑戰之一是做為支柱的科技——科技複雜、變化快速，是想建立優質數位體驗的公司不可或缺的能力。這個現實對於許多主管來說，可能相當嚇人，卻也是掌握現今科技必備的能力。本書是我讀過的佳作之一，書中說明了主管必須了解哪些知識、了解到什麼程度才足夠。對於想確實地了解科技知識的主管，這是一本絕佳指南。」——**彼得·雅各布斯**（Peter Jacobs），荷蘭安智銀行（ING Bank Netherlands）執行長

───────

科技變化得太快，甚至有時會趕不上。但本書指引了前進之路，不僅釐清科技的角色，也說明如何應用科技來建立競爭優勢。」——馬可斯·克瑞柏（Markus Krebber），萊茵集團（RWE AG）執行長

───────

「在數位時代重新想像業務是現今企業領導者的要務，本書是一本實用指南，引領企業領導者建立或改變業務流程、技能、文化及顧客體驗，交付可持久的價值。這本見解深刻的著作秉持麥肯錫的風格，把科技賦能的轉型挑戰變得更易於應付與行動。」──蔡淑君，前新加坡電信公司（Singtel）執行長、印度巴帝電信公司（Bharti Airtel）、英國保誠集團（Prudential plc）、荷蘭皇家飛利浦公司（Royal Philips）董事會成員

———

「許多人使用「數位轉型」一詞，但真正了解它的人並不多。本書作者化繁為簡，使數位轉型變得更容易上手。對大公司而言，數位轉型很複雜，不論你怎麼分割，都免不了有千頭萬緒卻無從下手的無力感，本書不但提供一份清晰的路徑圖，教你如何建立所有業務區塊、如何把它們拼湊起來，使公司變革成功，還能利用新科技提供的潛力來建立競爭優勢。」──馬丁‧仙克蘭（Martin Shankland），愛迪達（Adidas）全球營運主管委員會成員

———

「在任何產業，為了保持競爭力、名列前茅，企業必須持續隨著科技變化而調適與演進，本書解決如何做到這點的關鍵疑問：提供一份業務如何轉型的藍圖，為途中將遭遇的複雜性做好準備。」──羅賓‧文斯（Robin Vince），紐約梅隆銀行（BNY Mellon）總裁暨執行長

———

「本書以創造具體可行方法的所有要素為依據，提供一套「統一場論」，幫助公司從零星、分散的數位專案走向「端到端」的真正數位型企業。本書為最高管理階層提供校準目的地所需的人員、流程與技術，以及轉變公司營運的模式、節奏與結果等必要指南，唯有最高管理階層重視與推動轉型過程，公司才能在競爭場上成為數位領先者，為顧客、股東及其他利害關係人創造持久價值。」──隆納德‧威廉斯（Ronald Williams），RW2企管顧問公司（RW2 Enterprises）董事會主席暨執行長、波音（Boeing）、安吉倫醫療保健（Agilon Health）、及沃比帕克（Warby Parker）等公司董事會成員、前安泰人壽公司（Aetna）董事會主席暨執行長

———

「數位轉型是許多人正在執行卻難以理解的詞彙。作者們採取了獨特的視角來過濾複雜性並使其易於使用。無論如何簡化，大公司的數位轉型都很複雜。但本書為如何建造與整合整體架構提供一份清晰的地圖，以便公司不僅用於轉型，還可以利用新技術的潛力來建立競爭優勢。──查克‧馬格羅（Chuck Magro），科迪華農業（Corteva Agriscience）執行長

———

畫出數位轉型的樣貌，提供指引明確的路線圖

吳相勳

元智大學終身教育部主任

身為一名長期參與各種數位轉型產學合作案的研究者，我經常被詢問有沒有值得推薦的數位轉型指南。過去關於這個主題的書籍大多偏重理念與觀念闡述，缺乏具體的操作方法。如今，這本綜合了麥肯錫公司豐富經驗的著作，終於為我們提供了一本不可或缺的數位轉型實務手冊。

本書以六大面向為架構，全面涵蓋了企業數位轉型的關鍵要素，包括價值觀校準、人才、營運模式、技術、資料和推廣採用。這本書的最大特色在於其高度實用性。與市面上其他談論數位轉型的商業書籍相比，本書提供了大量可操作的工具和方法。書中的圖表不僅讓經營者得以快速了解作者觀點，更是可以立即使用的實務工具集。

根據我的產學經驗，許多企業常陷入「選錯重點領域」的困境。因此，選擇正確的轉型切入點至關重要。書中簡明地介紹了如何進行領域劃分（圖表 2-1）以及如何建立轉型架構（圖表 3-2）。在此也要提醒讀者，這本書並沒有直接觸及數位轉型的商業模式選擇、策略形成，經理人仍需參考其他資料。

此外，如何建立人才儲備與設計新的運作架構，是大多數企業面臨的主要瓶頸，書中對此有著清晰的闡述，包括招募流程設計（圖表 10-3、10-4）、如何打造敏捷團隊（圖表 14-8、15-3、15-4）、如何分析和彌補人才落差（圖表 5-1、8-3、12-2、12-3）等方面。

這本書強調企業需要將數位技術視為建立競爭優勢的關鍵，而非僅僅是營運工具。第四部分詳細討論了如何構建現代化的資料架構（圖表 18-2、20-1、23-1、26-1），對非技術背景的管理者而言，這些章節可以幫助他們與 IT 團隊和外部供應商進行更有效的溝通。但如書中所強調，企業最終需要培養自己的核心技術能力，以維持長期競爭力。

我觀察到許多企業在數位轉型初期進度極為快速，但一進到全面導入期就慢了下來。開發出色的數位解決方案只是第一步，更大的挑戰在於如何讓使用者採用這些解決方案，並將其推廣到整個企業。書中提出了建立推廣採用團隊、制定變革管理方案、追蹤解決方案採用情況等實用建議（圖表 29-1、29-2、29-3），幫助企業克服推廣過程中的阻力，最大限度地發揮數位解決方案的價值。

● **對大型企業而言：**

本書是一份全面的數位轉型指南。已開始轉型的公司可用它檢視進展，尚未開始的公司則可將其做為轉型計畫的藍圖。大型企業可充分利用書中提供的詳細策略和工具，全面推動組織轉型。

● **對中小企業而言：**

雖然面臨人才短缺等挑戰，但閱讀本書第一部分和第二部分仍然至關重要。這兩部分詳細地闡述了如何選擇正確的轉型領域，以及如何識別和

培養數位人才。中小企業可以根據自身規模和資源，選擇性地採用書中建議，逐步推進數位轉型。

● 對於尚不清楚數位轉型全貌的經營者：

　　我建議可以從第七部分的三家公司案例研究開始閱讀。這些案例基於前六部分的框架，生動展示了不同公司的轉型歷程和管理方法。儘管行業背景各異，這些成功案例都反映了數位轉型的共通原則和方法，具有廣泛的參考價值。讀完案例後再回頭閱讀前面的理論部分，將能更好地理解和應用書中的概念。

　　此外，我還想特別推薦「商業周刊」出版的另一本《星展銀行數位轉型實踐手冊》，它可以視為本書星展銀行案例的詳細版本。若讀者對本書提到的某些管理機制或文化建設方法想要更深入地了解，《星展銀行數位轉型實踐手冊》提供了豐富的細節和洞見。

　　總體而言，這本書填補了數位轉型領域理論與實踐之間的鴻溝，為各類型企業提供了清晰的路線圖和實用工具。無論是剛開始規劃轉型，還是正在推進過程中，這都將是一本不可或缺的指南。

打開本書，有如親臨數位與AI轉型的實務現場

蘇書平
先行智庫執行長

在 AI 浪潮席捲全球的時代，企業如何才能在競爭中立於不敗之地？答案就是擁抱新思維，為未來建立必要的能力！然而，許多企業在數位轉型及導入 AI 專案時卻面臨重重挑戰，不知從何下手。

- 如何制定有效的**數位轉型策略**？
- 如何招募與建立具備數位能力的**團隊**？
- 如何採用新的**管理流程**與**作業方式**？
- 如何將**數據**與 AI 融入現有的**業務作業流程**？
- 如何利用新技術**擴大市場**與**企業規模**？
- 如何更有效地**創新**與打造**新產品**？

這些問題看似棘手，但關鍵在於如何建立企業能力來實現預期成效，並且能夠大規模的複製。這本《麥肯錫教企業這樣用 AI 數位轉型》恰好為這些挑戰提供了實務的解決方案。本書由麥肯錫公司的頂尖數位顧問團

隊撰寫，凝結了多年的經驗洞見，剛好幫各種規模的企業在導入 AI 時遭遇常見的挑戰，提供了實用的指導與寶貴經驗。

先行智庫也是一家專注於人才升級與數位轉型的管理顧問公司。身為先行智庫的創辦人兼執行長，這幾年我們舉辦過上百場數位轉型與生成式 AI 訓練，並且長期輔導數十家不同規模的企業，因此深知企業在這條轉型之路上所面臨的困難。《麥肯錫教企業這樣用 AI 數位轉型》的方法論與個案研究跟我們過去的經驗不謀而合，是台灣企業啟動數位變革的寶貴資源。

本書的核心價值在於其詳細且可操作的建議，還有許多表單與管理設計框架，幫助企業在導入 AI 時避免常見的陷阱。有句名言說：「別讓文化把策略當早餐吃掉了。」多數企業在導入 AI 與自動化專案時，最常忽略的問題就是組織慣性。換句話說，就是如何讓每一位員工理解轉型的必要性和緊迫性，在變革中啟動第二成長曲線，讓企業持續成長。

書中的案例分析尤為值得一提，通過對全球成功企業的深入研究，總結了多種行之有效的實踐經驗，為讀者提供寶貴的借鑒。你可以從書中學習到如何制定數位轉型策略、建立人才團隊、設計新營運模式、打造新的技術環境，並讓內外部用戶願意接受改變並使用這些新科技。同時，作者也用淺顯易懂的語言解釋了複雜的技術概念，並提供大量圖表和插圖，幫助讀者更好地理解內容與操作，讓理論成為最佳實踐的指南。每一部分和章節都可以做為參考字典，讓讀者快速查閱與企業面臨挑戰當下最相關的內容。

這本書也對先行智庫的輔導經驗提供了完美的補充，讓我們未來在幫助企業成功導入數位轉型的過程中，可以更得心應手。過去我在進行

數位轉型與 AI 輔導及培訓的經驗中，成功的關鍵在於企業必須先了解自己處於什麼階段，針對現狀做自我分析。這過程可能需要經歷多次訪談、聚焦和討論，才能確立組織未來的目標與願景，再透過合適的策略工具與訓練賦能員工，同時也必須配套導入績效管理制度與方法。此外，資訊部門與業務單位如何合作降低溝通衝突，提高程式開發的生產速度，也是企業常見的困境。這幾年的顧問輔導經驗也與麥肯錫提到的核心思想高度契合。

如果你希望在數位和 AI 時代中取得成功，建立一個能夠透過數據加速組織轉型與升級的成長路徑，《麥肯錫教企業這樣用 AI 數位轉型》絕對是你的最佳夥伴，能夠有效降低探索時間，避免走冤枉路！

目　錄

各界好評　003

推薦序｜畫出數位轉型的樣貌，提供指引明確的路線圖／吳相勳　006

推薦序｜打開本書，有如親臨數位與AI轉型的實務現場／蘇書平　009

序　章｜把數位與AI轉化為持續掌握競爭優勢的企業能力　018
　　　　以數位做為競爭優勢源頭／如何做到／本書的是與非
　　　　數位與AI轉型仍處於Day 1

第一部　研擬轉型路徑圖
業務導向路徑圖是數位與AI轉型成功的藍圖　031

第一章｜激發與校準高層團隊　034
　　　　願景／校準／承諾

第二章｜選擇正確的轉型「口量」　040
　　　　領域導向的方法／決定哪些領域優先

第三章｜讓業務領導者定義可能性　048
　　　　看待生成式AI等新興技術的態度

第四章｜辨識想達成目標所需的資源　057
　　　　敏捷小組的結構／敏捷小組模式／
　　　　估計人才總需求

第五章｜為當前及未來十年建立能力　064
　　　　評估基礎的數位能力／評估建立能力的需求／
　　　　透過夥伴關係，加快建立能力

第六章｜數位路徑圖是領導高層的一份契約　071

第七章 | 公司的終極團隊運動　　074
　　　　執行長／轉型長／技術長、資訊長及數位長／資料長
　　　　人力資源長／財務長／風險長／業務單位及功能部門的領導者

第二部　建立你的人才板凳
創造讓數位人才茁壯成長的環境　　081

第八章 | 核心能力vs.非核心能力──策略性人才規畫　　084
　　　　你的公司內部需要自建什麼人才？／了解你目前擁有的數位人才
　　　　研判人才落差

第九章 | 建立數位人才的人力資源團隊　　094

第十章 | 招募數位人才──應試者也在面試你　　098
　　　　切要、動人且可信的員工價值主張／以應徵者為中心的招募體驗／
　　　　在內部尋找人才／新員工入職旅程／多元、公平與包容

第十一章 | 辨識獨特的技術人員　　112
　　　　調整薪酬制度，按技計酬／在績效管理中使用TCMs

第十二章 | 增進技能卓越性　　118
　　　　彈性的資歷發展途徑／量身打造的學習旅程／
　　　　建立「數位入口閘道」研習營／為數位人才建立學習旅程／
　　　　用研習營來再造技能

第三部　採用新的營運模式
重新架構組織與治理，讓運作更快速且彈性　　127

第十三章 | 從執行敏捷邁向成為敏捷的一部分　　129
　　　　驅動敏捷績效的三種重要儀式

第十四章 | **支持數百支敏捷小組的營運模式** 140
組織基石／營運模式設計的選擇

第十五章 | **專業化產品管理** 157
職涯資歷發展途徑與專業發展

第十六章 | **顧客體驗設計——神奇原料** 165
首先，招聘優異的設計師／投資於顧客體驗設計發展流程／
從一開始就讓 UX 設計師成為團隊的一分子／
把顧客體驗設計的每個部分和價值連結起來

第四部 **加速技術與分散式創新**
建立使全組織能夠從事數位創新的技術環境 173

第十七章 | **解耦架構可實現開發的彈性和營運的可擴展性** 176
從點對點到解耦／利用雲端型資料平台／程式碼從人工到自動化／
從固定到演變／從批次資料處理到即時資料處理

第十八章 | **更精確且價值導向的雲端方法** 188
同時重新想像業務領域和基礎技術／決定雲端部署和遷移方法／
建立雲端基礎／增強你的雲端財務營運能力

第十九章 | **快速且優質的編碼工程實務** 195
用 DevOps 做為快速交付軟體的基礎／透過編碼規範及程式碼的
可維護性來改善品質／透過持續整合與持續部署灌輸端到端自動化

第二十章 | **提高開發人員生產力的工具** 209
彈性且可擴增的開發沙盒／現代且標準化的工具

第二十一章 | **提供生產等級的數位解決方案** 216
追求高度控管與可審查性／確保生產環境的安全性、可擴展性
及可用性／結合監控與可觀測性

第二十二章｜從一開始就內建資安與自動化　222
　　　　　　　將安全性流程左移／使用DevSecOps把安全性嵌入軟體開發生命週期

第二十三章｜採用MLOps來擴展AI　228

第五部　無死角地嵌入資料
使整個組織易於使用資料　237

第二十四章｜研判哪些資料重要　240
　　　　　　　辨識與排序資料的重要程度／評估資料的整備程度／製作資料路徑圖

第二十五章｜資料產品──可重複使用的規模化基石　246
　　　　　　　辨識能夠創造價值的資料產品／成立資料產品敏捷小組／發展資料產品

第二十六章｜資料架構或資料管道系統　257
　　　　　　　資料架構模式／決定所需的資料能力和採用的參考架構／
　　　　　　　設計資料架構的最佳實務

第二十七章｜組織要最大化地利用資料　270
　　　　　　　組織／集中化程度／領導結構與管理論壇／
　　　　　　　人才與資料導向文化／DataOps工具／治理與風險

第六部　推動「採用」及「推廣」的要領
如何讓使用者採用數位解決方案，並在整個企業推廣　281

第二十八章｜推動使用者採用，促進基礎業務模式的變革　284
　　　　　　　雙管齊下的使用者採用策略／業務模式的調整／建立一支推動採用團隊

第二十九章｜設計易於複製及重複使用的解決方案　292

設計有成效的複製方法／建立重複使用解決方案的方法──資產化概念

第三十章｜追蹤要點以確保成效　302

績效管理架構與 KPIs ／透過業務/營運 KPIs 來追蹤創造出的價值／
評量敏捷小組的健全性／評量變革管理進展／
用「階段─關卡」流程追蹤／設立轉型辦公室

第三十一章｜管理風險和建立數位信任度　317

對風險進行分類／檢討政策／把你的風險政策作業化／
提高警覺及型態辨識

第三十二章｜那麼，文化呢？　232

在一開始就投資領導團隊／推出能夠擴大規模的學習方案／
輔導重要的業務角色技能再造

第七部　轉型旅程的故事
探索三家公司如何成功地驅動數位與 AI 轉型　333

第三十三章｜自由港麥克莫蘭銅金公司把資料轉化為價值　335

一個銅礦業務的 AI 轉型之旅

第三十四章｜從跨國公司變成數位公司的星展銀行　342

一家跨國銀行的數位與 AI 轉型之旅

第三十五章｜樂高集團形塑遊戲的未來　348

一個全球遊戲品牌的數位轉型之旅

致謝　354

這本書要談論的數位與 AI 轉型

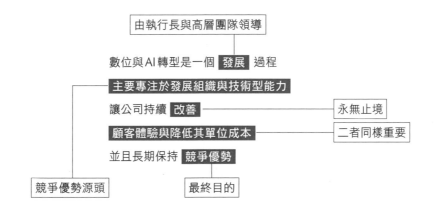

由執行長與高層團隊領導

數位與 AI 轉型是一個 發展 過程

主要專注於發展組織與技術型能力

讓公司持續 改善 —— 永無止境

顧客體驗與降低其單位成本 —— 二者同樣重要

並且長期保持 競爭優勢

競爭優勢源頭

最終目的

序章

把數位與AI轉化為持續掌握
競爭優勢的企業能力

　　企業領導者在未來的職業生涯裡，都將致力於推動公司的數位轉型。

　　這句話反映二個基本事實：第一是數位技術恆常變化。過去十年間，在科技業的新技術（例如：雲端、AI）、新的架構典範〔例如：微型服務、應用程式介面（application programming interface，後文簡稱API）〕、以新方式建造軟體的匯流驅動〔例如：敏捷、集成開發、資安及營運的方法（development、security and operations，後文簡稱DevSecOps）〕之下，數位已經滲入我們生活的近乎每一個面向。至於生成式人工智慧（generative AI，能產生新內容與想法的AI）、邊緣運算（edge computing）、量子運算（quantum computing）及其他的尖端科技，目前我們甚至還未觸及其皮毛。❶

　　只要科技繼續演進，你的企業就必須繼續隨之發展。❷ 因此，「轉型」一詞有點誤導大眾，如同暗示這是一個有終點的一次性計畫，但其實數位轉型是持續提高競爭力的旅程，沒有止境。

　　第二個基本事實是，數位與AI轉型相當艱難。在最近麥肯錫針對這

一主題的年度調查中，89％的公司已經推行數位轉型，但期望增加的營收只實現了 31％，期望節省的總成本只實現了 25％。❸

不幸的是，轉型沒有速成法，你不能只是實行一套系統或技術就完事了。我們從數位領先者身上看出，不存在一個「神奇」的使用案例（use case）可以套用，相反地，必須結合數百種科技驅動的解決方案（包括公司本身專有的、及市面上現成可用的解決方案❹），才能持續地透過改善來創造優異的顧客及員工體驗，從而降低單位成本、創造價值。為了發展、管理與進化這些解決方案，需要公司徹底地重新布局營運方式。這意味著，讓組織中分布在各單位的數千人齊心協力做不一樣的事。這意味著，引進新人才來發展加速學習迴路，利用他們的技能並幫助他們成長。科技固然重要，但數位與 AI 轉型也高度倚賴發展新的組織能力。

所有公司對這種艱難的奮鬥並不陌生，縱使眾所周知的科技業寵兒也必須不斷地投資、實驗、失敗及調適才得以成功。❺ 以亞馬遜的零售業務為例，該公司由商業、科技及作業專家組成的數千支跨部門團隊早已發展出專有軟體，把商家加入平台、存貨補貨、訂價及訂單履行等流程自動化。但是，亞馬遜不是一開始就這樣運作，現在的亞馬遜並非我們所知的那個創業時期的亞馬遜，公司內部透過重新布局，投資於技術和竭盡全公司之力，長期、持續地改善公司來達到徹頭徹尾地數位化。❻

亞馬遜的成功家喻戶曉，但還有其他老牌大公司在數位與 AI 轉型競賽中勝利、同時拉大跟競爭者之間數位差距的好例子。那些成功中帶有辛苦獲得的教訓與啟示，並結合成一個有效的處方，本書就是處方簽，記載了那些克服艱難的故事。

以數位做為競爭優勢源頭

不久之前,老牌公司的高層主管往往選擇延後更新組織的核心系統,因為他們認為:「系統經過他人的測試與證明後,會變得較便宜、風險較低。」那些主管們會說:「我們想購買標準的套裝軟體……,量身打造的系統既昂貴又複雜。」當然,公司靠技術來運行,但技術本身鮮少帶來競爭優勢,因為任何公司都能從供應商那裡買到相同的技術。如果真的有,那也是按時、按預算部署這些系統,並充分利用購買來的功能所產出的優勢。

但現在這一切發生翻天覆地的變化。公司仍然向供應商購買系統來運行自家的業務,但數位技術的興起,以及新的架構典範和軟體開發方式,使得開發和維護專有應用程式成為可能。伴隨軟體業的成熟與演進,一條軟體供應鏈已經形成,你可以用現成的軟體模組來組裝應用程式,只需在必要之處自行開發新程式即可。這些發展,以及即將到來的新趨勢,例如:生成式 AI,正在大幅降低開發專有應用程式的成本與時間,使得任何一家公司都有可能在這個基礎上競爭。❼

那麼,有沒有靠著數位化建立競爭優勢,並因此獲得回報的老牌公司例子呢?許多因素都會影響公司的績效,但坦白說,深度數位轉型的成果需要長時間才能夠反映在財務績效上。不過,上面這個疑問仍然重要,因為不少老牌公司付出了可觀財務與動員大規模組織,但成功率卻低到令人懷疑付出的一切努力是否值得。

我們歷年的調查結果清楚地表明,高效能的公司實踐一系列數位行動時,確實顯著地改善公司運作方式。❽ 舉例而言,我們最近對超過 1,300 位企業高階主管進行問卷調查,結果顯示 70%的高效能者使用先進分析

法來獲得專有的見解；50％的高效能者使用 AI 模型來改善決策和自動化決策。❾

在這個基礎上，我們決定找出數位轉型和優異財務績效有關聯的實證資料。我們挑選銀行業，因為麥肯錫掌握已開發國家市場中 80 家全球性銀行的獨特標準資料集。再者，銀行業走上數位轉型之路長達 5 至 10 年，可以提供足夠的時間資料去檢視數位轉型帶來的影響性。

我們的研究涵蓋 2018 年至 2022 年這個時間範圍，聚焦於 20 家數位領先者和 20 家數位落後者，得出主要三個對比鮮明的洞察：❿

1. **數位領先者的財務績效勝出。** 數位領先者的有形權益報酬率（ROTE，是銀行業的一項重要財務績效指標）較佳，也改善更多，就連本益比（P/E ratio）也一樣。這段期間，數位領先者的成長高於數位落後者，營業槓桿（operating leverage，息前稅前盈餘除以營收額）較佳。結果就是，數位領先者的總股東報酬率（TSR）成長 8.2％，數位落後者只成長 4.9％。顯而易見地，數位領先者在財務上獲得更高的回報。

2. **競爭優勢來自端到端（end-to-end，指整個商業流程）業務模式轉型。** 我們檢視銀行業務模式的轉型四項指標，以及數位領先者和數位落後者在這些指標上歷經時日的進展（參見＜圖表 I-1 ＞）。第一個指標是銀行在行動應用程式的顧客採用率，雖然數位領先者在這個指標上一直領先數位落後者，但二者都獲得了顯著的進步。乍看之下，這結果可能令人驚訝，但其實不足為奇，一家銀行一推出一種新的行動功能，其他銀行在 6 至 12 個

月內就會跟進推出。在銀行業，行動應用程式是入場籌碼，也就是所謂的必備的基本條件，並不會提供競爭差異化，多數銀行都已經建立一支能夠自行開發與改善自家行動應用程式的數位團隊。

接著，我們來看其他三個指標：數位業務營收額、分行網絡人員數量、接洽中心人員數量。這些指標反映實際的營運優敗，數位領先者在這些層面的進步速度快於數位落後者。這些指標的進步比第一項指標更困難，因為執行上需要端到端整個流程的轉型。

在流程的前端，數位領先銀行整合個人化分析法及數位行銷活動，以向（潛在）顧客提供切要的產品與服務。在流程的中間段，數位領先銀行創造全通路體驗，在銷售過程的所有階段，分行與接洽中心的專業人員都有工具與資料去支援顧客，縱使是線上的銷售過程也是如此。拜信用風險評估的自動化，這些數位領先銀行也能及時審核顧客。在流程的末端，數位領先銀行透過使用現代資料架構來設計通暢的數位工作流程，推動顧客自助服務。簡言之，數位領先者的數位轉型不只是推出前端的行動應用程式，也把行銷、銷售、服務及風險管理等相關業務全都數位轉型。

很重要的一點是，當愈來愈多顧客從線下轉移到線上處理銀行事務時，數位領先者在重新調整銷售與服務工作上做得更快。這項工作看似簡單容易，其實不然，必須改變整個銀行的獎勵制度與績效管理。在任何產業，這種程度的跨部門調整和校準是數位轉型優勝劣敗的關鍵因素之一。

3. **數位領先者建立較佳的企業能力**。我們研究數位領先者和落後者

的基本實務後，可以看出其中的明顯差異。數位領先者進一步建立優質的數位人才板凳，聚焦於創造一個讓一流工程師能夠茁壯成長的環境。他們採用新的營運模式，匯集來自業務、技術及作業部門的人員組成敏捷小組，致力於持續改善顧客體驗，並透過自動化來降低單位成本。他們也建立現代、分散式技術和雲端資料架構，讓整個組織（而非只有 IT 部門）能發展數位與 AI 解決方案。簡言之，數位領先者投資於建立人才、營運模式、技術、資料等方面的能力，讓整個組織能夠使用這些能力來發展、且持續改善優異的數位體驗。

總結而言，數位領先者的領導團隊更勇於重新想像他們的核心業務，整個團隊更凝聚在破除傳統部門的封閉塔，以實現他們的願景。數位領先者更積極、策略性地投資於建立組織和技術層面的差異化能力，使這些能力成為競爭的優勢源頭。歷經時日，這些能力創造出不斷改善的顧客體驗，驅動單位成本的降低。數位領先者靠著這些努力，重新布局，在競爭中勝出，進而獲得財務回報。

我們發現，在任何產業，不論是 B2B、B2C、產品開發、服務業務，上述的過程都說得通。每一個業務都有機會從數位轉型中創造顯著的價值，問題只在於如何做到。

如何做到

許多公司熟悉數位與 AI 轉型的基本概念及其價值，然後其中一些公

圖表I-1 銀行業的主要數位轉型績效指標

■ 數位落後者　■ 數位領先者

行動銀行應用程式的顧客採用率
過去90天活躍於行動應用程式的
總顧客%

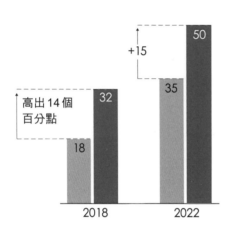

2018　2022

數位業務營收額
透過數位通路的營收額

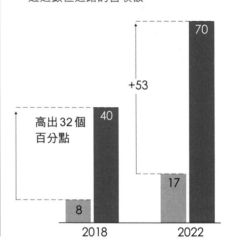

2018　2022

分行網絡人員數量
分行網路平均每10萬名顧客的全
職員工數變化百分點

2018年至2022年間

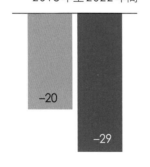

接洽中心人員數量
每10萬名顧客的全職員工數變化百
分點

2018年至2022年間

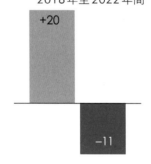

資料來源：Finalta Global Digital Benchmark。全球接洽中心指標只有2019年以後的資料。

司取得了初期成功，但是數位和 AI 轉型的規模和動力足以推動事業改變企業價值，那又是另一回事。

主管欠缺的是如何建立企業能力來實現大規模成效的詳細方法，本書準備解答這個「如何做到」的疑問，為那些準備捲起袖子、致力成功轉型而努力的領導者提供指南。本書檢視科技帶來的獨特課題與機會，例如：智慧型手機、物聯網、AI〔包括機器學習（machine learning，後文簡稱 ML）及深度學習（deep learning）〕）、擴增與虛擬實境、大數據、即時分析、數位分身（digital twins）API、雲端技術等，任何數位與 AI 轉型都倚賴結合這些技術來發展數位解決方案。

這本指南與麥肯錫團隊在全球各地幫助客戶推動數位與 AI 轉型時使用的指南一致，這是過去五年間在實務中持續發展、完善與學習得出的結果，我們把麥肯錫獲得的啟示轉化為一本證實有效的訣竅。

本書把這些啟示統整分為六部分，每個部分相應於一項企業能力：首先，高層團隊必須在價值觀與計畫上校準與團結；其次，處理如何建立可實踐的能力，好在競爭上創造差異化的數位解決方案；最後，在變革管理上驅動端到端的業務流程，使全組織願意採用公司開發的數位解決方案，並且採用範圍要擴及整個企業。（參見＜圖表 I-2 ＞）

這六個部分的每一個面向皆涵蓋一項必要的企業能力，數位與 AI 轉型若不處理這些面向（或缺乏其中任何一項能力），將無法取得成功，這是我們回顧麥肯錫過去十年間為客戶提供服務時獲得的重要發現。在本書最後，我們也收錄三家公司的案例，探討他們如何推動數位與 AI 轉型。以下簡述每一個部分將討論的內容：

校準價值觀	1. 業務導向數位路徑圖	高階領導團隊校準轉型願景、價值觀及路徑圖……
	……重新想像業務領域，以交付出色的顧客體驗，並降低單位成本	業務領域　…　…　…　業務領域

實踐能力	2. 人才	3. 營運模式	4. 技術	5. 資料
	確保你的組織具有適切的技巧與能力來執行及創新	匯集業務、作業與技術等部門人員來提高組織的新陳代謝率	讓組織能夠更容易地使用技術來加快創新	持續豐富資料，並促進全組織易於使用資料來改善顧客體驗及業務營運

變革管理	6. 推動採用及推廣
	確保開發出來的數位解決方案在整個企業中被推廣及採用，並且嚴謹地管理轉型進展與風險，以實現這些數位解決方案的最大價值

　　第一部：研擬轉型路徑圖。這個部分說明如何使領導團隊聚焦和校準一個如北極星般的願景，如何從技術角度重新想像業務。領導團隊把得出的決策轉化成一份詳細的路徑圖，勾勒轉型將帶來的影響，釐清為了推動轉型所需的新能力。我們檢視那些熄火的數位與 AI 轉型案例時發現，這些公司遭遇的許多問題可溯源至這個階段犯下的錯誤。

　　第二部：建立你的人才板凳。你不能把公司提供的數位體驗外包，公司必須有能力發展與演進自己專有的數位解決方案，所以你需要優質的數位人才。老牌公司往往認為自己無法和數位原生代公司競爭人才，其實不然，成功在市場上爭取到優秀人才的公司也不少。本書第二部說明如何研

擬一份跟上述數位路徑圖一樣詳盡的人才路徑圖，包括如何建立一個不僅能招募到優秀人才、也能創造讓他們茁壯成長的組織環境。

第三部：採用新的營運模式。數位與 AI 轉型中最複雜的層面大概是發展出以顧客為中心、快速且彈性的營運模式，因為這部分觸及到組織的核心、管理流程及許多團隊的運作方式。本書的第三部會介紹與解釋公司可以參考的各種營運模式，涵蓋數位工廠（digital factory）到產品與平台型組織等，還會教你如何根據現行的組織形式做出選擇。第三部也會探討如何建立與擴展那些左右數位轉型成敗的能力，例如：產品管理、使用者體驗設計（user experience，後文簡稱 UX）等。

第四部：加速技術與分散式創新。本書第四部將探討如何建立一個分散式技術環境，使數百、甚至數千支團隊易於取得那些能夠加速發展出數位與 AI 解決方案的各種支援與服務，內容涵蓋做到高速開發、編程品質及高營運效能所不可或缺的軟體工程實務，包括 DevSecOps 和機器學習作業（machine learning operations，後文簡稱 MLOps）。

第五部：無死角地嵌入資料。第五部探討為了把資料架構成有品質、容易且可重複使用，需要做出哪些重要決策。唯有資料滿足這些條件，才能使 AI 模型發揮功效。我們將探討如何發展與部署資料產品（資料產品是指以易於使用的格式包裝來供其他應用程式使用的資料），才能為業務提供最大效益。第五部也會涉及相當棘手的資料治理及組織問題，縱使是最具前景的資料產品，若沒有處理好上述那些問題，最後也可能失敗。

第六部：促進「採用」及「推廣」的要領。數位與 AI 轉型中最令人沮喪的部分是，縱使有最佳的數位解決方案，也未能產生原本應該產生的效果。在轉型初始，公司通常大力投資於解決方案的開發工作，但在推動

使用者採用、推廣落實至全公司時，總是投資不足。因此，第六部會探討這些變革管理的挑戰，聚焦於如何處理導致優異的解決方案未能充分實現其價值的細部技術、流程及人的問題。

第七部：**轉型旅程的故事**。本書最後深入檢視自由港麥克莫蘭銅金公司（Freeport-McMoRan）、星展銀行（DBS）、樂高集團（LEGO Group）這三家公司，我們認為他們是數位與 AI 轉型的領先者。第七部展示這些模範公司如何結合本書闡釋的六個企業能力，從如何建立能力到團隊如何齊心協力創造價值。這些案例凸顯這三家公司的旅程轉折，包括他們如何克服挑戰、如何成功地拉大跟競爭者之間的差距。

這本指南為這六大要素的結合與運作提供一個整合性觀點，例如：第一部中的數位路徑圖和第六部中的價值追蹤法一致；第二部中的數位人才與第三部中的營運模式設計密切相關。這種整合見解對於數位與 AI 轉型的成功很重要，也是撰寫本書的主要動機之一，因為我們發現，許多公司難以建立整體連貫的轉型凝聚力。

本書的是與非

這不是一本可供引用、充滿數位與 AI 轉型統計數據的擺設書，我們提供的是實用技巧：麥肯錫架構、流程、技術架構圖表、工作計畫、訣竅清單、團隊組成模式等，這些是數位與 AI 轉型成功所需的工具。

本書專為負責規畫與執行公司的數位與 AI 轉型領導者及團隊而寫，其中包括必須在數位與 AI 轉型行動中扮演要角的執行長及最高層主管，但也包括負責在業務單位或功能部門領導技術相關變革的所有主管。

我們也為那些閱讀了許多相關主題的文章與書籍、但仍然感到困惑、對科技感到不自在的主管們撰寫此書。本書涵蓋主管們想在業務裡有成效地部署數位技術時需要知道的知識，我們不聚焦於特定的技術，我們探討為了達成數位轉型的目標所需的廣泛技術。

本書也不聚焦於特定的數位解決方案，每個產業、每個產業內的各種流程會使用不同的數位解決方案來更好地服務顧客和降低單位成本，例如：在包裝消費品產業，營收管理解決方案對商業效能很重要；在採礦業，重點是聚焦於提高製程良率的解決方案。本書探討的是，如何辨識出該發展什麼數位解決方案，以及如何發展及部署它們。

本書內容的順序安排，是依照公司通常在數位與 AI 轉型中遭遇每個主題的順序，但我們把本書的每一部和每一章撰寫得更獨立完備，好讓在轉型途中推進或負責特定部分的人可以用本書做為參考指南，查閱與他們面臨的挑戰最相關的那幾章。

我們全都知道，數位是一個快速變化的領域，所有最先進的技術也恆常演變。本書內容是根據麥肯錫內部的第四代數位與 AI 轉型方法所撰寫，每 18 月左右我們會更新的方法，因此我們打算定期更新本書，從數位轉型執行師的角度，幫助你了解這個領域的演進情況。我們希望本書成為你在刺激的轉型旅程中，既實用、又可靠的指南。

數位與AI轉型仍處於 Day 1

如何航行數位世界並取得持久的競爭優勢，這是公司在現今時代面臨的關鍵挑戰。為了推廣數位與 AI 轉型、兌現投資的回報，公司高層必須

先就緒並願意對組織「開刀」、重新布局，才能利用技術在競爭中勝出。

　　數位與 AI 轉型是持續演變與改進的行動，也是現代企業的運作方式，若你接受這一前提，你就會改變自己看待轉型工作的態度。在此，我們借用亞馬遜公司創辦人傑夫‧貝佐斯（Jeff Bezos）的說法：數位與 AI 轉型仍處於 Day 1。

---

❶ Michael Chui, Roger Roberts, and Lareina Yee, "McKinsey technology trends outlook 2022," McKinsey.com, April 22, 2022, https://www.mckinsey.com/capabilities/mckinsey-digital/our-insights/the-top-trends-in-tech.

❷ Simon Blackburn, Jeff Galvin, Laura LaBerge, and Evan Williams, "Strategy for a digital world," *McKinsey Quarterly*, October 8, 2021, https://www.mckinsey.com/capabilities/mckinsey-digital/our-insights/strategy-for-a-digital-world.

❸ Laura LaBerge, Kate Smaje, and Rodney Zemmel, "Three new mandates for capturing a digital transformation' s full value," McKinsey, June 15, 2022, https://www.mckinsey.com/capabilities/mckinsey-digital/our-insights/three-new-mandates-for-capturing-a-digital-transformations-full-value.

❹ 專有的解決方案是指結合現成和量身打造的軟體及資料集所發展出的解決方案，用以解決一個業務／使用者問題。若專有的解決方案能產生顯著的績效差異，且競爭者難以複製，就會形成一種競爭優勢。

❺ Steven Van Kuiken, "Tech companies innovate at the edge: Legacy companies can too," *Harvard Business Review*, October 20, 2022; https://hbr.org/2022/10/tech-companies-innovate-at-the-edge-legacy-companies-can-too.

❻ Colin Bryar and Bill Carr, "Working Backwards: Insights, Stories, and Secrets from inside Amazon," St. Martin's Press, 2021.

❼ 麥肯錫對內部 200 名軟體開發人員進行生成式 AI 的調查研究，結果顯示，開發程式的生產力提升超過 25%。（麥肯錫很快就會發表這項研究與結果。）

❽ Michael Chui, Bryce Hall, Helen Mayhew, Alex Singla, and Alex Sukharevsky, "The state of AI in 2022—and a half decade in review," McKinsey.com, December 6, 2022, https://www.mckinsey.com/capabilities/quantumblack/our-insights/the-state-of-ai-in-2022-and-a-half-decade-in-review.

❾ Laura LaBerge, Kate Smaje, and Rodney Zemmel, "Three new mandates for capturing a digital transformation' s full value," McKinsey.com, June 15, 2022, https://www.mckinsey.com/capabilities/mckinsey-digital/our-insights/three-new-mandates-for-capturing-a-digital-transformations-full-value.

❿ 這項研究即將發表於《哈佛商業評論》（*Harvard Business Review*）。

研擬轉型路徑圖

業務導向路徑圖是數位與 AI 轉型成功的藍圖

我們檢視那些熄火的數位與 AI 轉型時發現，轉型過程中遭遇的許多問題，可以溯源至規畫與校準工作做得不足。❶ 領導層之間在策略規畫階段的誤解，必定導致執行數位與 AI 轉型的混亂。

　　我們通常會看到五種嚴重過錯：領導者對於數位概念有不同的理解，因此雙方雞同鴨講；領導者把心力聚焦於他們心愛的、但不會產生大價值的專案；領導者太過聚焦於技術性解決方案，忽視人員及企業能力的需求；把轉型的範疇搞得太廣，導致投資過於分散；執行長把轉型的責任委派給另一名高階主管。❷

　　假設上述問題當中的任何一個正困擾著你的公司，不論你的轉型行動正處於什麼階段，現在都應該先喊暫停，確認要調整的方向後再重新啟動，這種暫停永遠不嫌晚。釐清想要達成什麼目標，然後大家校準達成目標的計畫，這過程能振奮未來轉型之旅的信心。接下來的章節將指引你如何研擬一份路徑圖，為數位轉型建立堅實的基礎。

　　第一章：激發與校準高層團隊。花時間建立一個共通的數位語言，向其他產業學習，建立一個共同的願景，明確地對你們的抱負與承諾達成一致意見。

　　第二章：選擇正確的轉型「口量」。大多數陷入困境的轉型行動，根本原因在於不適當的範疇，不是範疇設定太小而難以達成有意義的效果，就是範疇設定太廣、太複雜而難以實現。

　　第三章：讓業務領導者定義可能性。當業務領導者為他們的業務領域定義雄心勃勃、但現實的轉型目標時，他們就啟動了變革的飛輪。

　　第四章：辨識想達成目標所需的資源。敏捷小組（agile pods）是跨學科的小型團隊，負責實現重新想像的業務。你必須思考需要什麼類型及

多少數量的敏捷小組。

第五章：為當前及未來十年建立能力。你必須從根本上升級組織的能力，才能在數位與 AI 時代的競爭中脫穎而出，因此你必須弄清楚自己的組織需要哪些能力，以及如何培養。

第六章：數位路徑圖是領導高層的一份契約。數位路徑圖詳細說明業務領域的轉型計畫，以及公司的投資與效益，其中也包含如何建立企業能力的計畫，有可以評量成熟度的完成日期。

第七章：公司的終極團隊運動。為了使公司的數位轉型之旅成功，每一位高階主管都必須克盡其職。

❶ Dennis Carey, Ram Charan, Eric Lamarre, Kate Smaje, and Rodney Zemmel, "The CEO's playbook for a successful digital transformation," *Harvard Business Review*, December 20, 2021, https://hbr.org/2021/12/the-ceos-playbook-for-a-successful-digital-transformation; Celia Huber, Alex Sukharevsky, and Rodney Zemmel, "5 questions boards should be asking about digital transformation," Harvard Business Review, June 21, 2021, https://hbr.org/2021/06/5-questions-boards-should-be-asking-about-digital-transformation.

❷ Jacques Bughin, Tanguy Catlin, Martin Hirt, and Paul Willmott, "Why digital strategies fail," McKinsey.com, January 25, 2018, https://www.mckinsey.com/capabilities/mckinsey-digital/our-insights/why-digital-strategies-fail.

第一章

激發與校準高層團隊

「別催促創造奇蹟的人，否則你會得到糟糕的奇蹟。」
——電影《公主新娘》（*The Princess Bride*）裡的民俗療家奇蹟麥克斯（Miracle Max）

　　成功的數位轉型都具有三個根本要素：願景、校準與承諾。雖然，在所有類型的轉型中，這三要素都很重要，但是數位與 AI 轉型往往沒有以同等的嚴謹態度來制定目標，這是企業的典型症狀，不是領導者不夠了解數位轉型，就是將其視為次要行動，不知道數位轉型的可能性。

　　由於數位與 AI 轉型將影響企業的很多層面，因此投資時間把這些基礎工作做好、做對，將非常有助於釐清和團結行動。❶

願景

　　願景是對一個轉型的終極、高層次目標的共同了解，也是對轉型價值的共同了解。願景不只是抱負，也是根本的「為什麼」，在轉型過程中，願景是公司的北極星，為路徑圖中概述的所有活動和解決方案提供一個清楚的目的地。各團隊的戰術目標與目的，以及肩負的任務，這些全都應該朝向這個共同願景前進。有些公司不用「願景」這個詞，而是選擇別種說

法，但不論用什麼詞彙，願景必須清楚，並且要和整個業務的數位與 AI 轉型行動相關。

　　一個好的願景聲明需要具備什麼元素呢？堅實的願景聲明有幾個共通要素：一個抱負（通常錨定於顧客）、時間維度、量化的重要價值。願景必須具有激勵作用，並且陳述得讓公司全體員工都能了解。最好的願景聲明不會只是提出激勵的抱負，例如：「提供無與倫比的顧客服務」，而是透過更具體的陳述，例如：「在顧客旅程的多個點提供個人化、積極主動地擴大服務範圍」。曾有一家公司的願景聲明具體到這種程度：「在我們的核心營運流程中利用 AI 來提供無摩擦的顧客及員工體驗，達到領先業界的顧客滿意度，在三年內把息前稅前盈餘（EBIT）提高 15%。」

　　從一個好的願景聲明起始，就能清楚如何重新想像你的業務，並且辨識出實現這一願景所需的能力（參見＜圖表 1-1 ＞）。這裡有個試金石：把轉型願景錨定在公司的整體業務策略裡。

校準

　　校準（alignment）並非只是一致同意而已，校準意味的是每一個人了解他們的個別角色及各自要做什麼。這種理解很重要，因為數位與 AI 轉型總是需要緊密的跨部門合作，例如：銷售、行銷、訂價、客服及訂單履行等業務單位都必須一起轉型，公司才有可能成功地轉向數位通路。在數位轉型中，這些端到端流程的通力合作是原則，不是例外。

　　把校準做對很重要，研究證實：轉型行動成功的公司，「對於達成轉型目標有共同當責感」，比轉型行動不成功的公司高了近 4 倍。❷

圖表1-1 **數位願景範例**（以一家包裝消費品公司為例）

抱負	**業務目標** 透過直接面向顧客個人化來驅動新的成長源，成為服務零售顧客的最佳包裝消費品公司	**財務目標** 在20xx年之前，證明息前稅前年盈餘可以提高到10億美元
重新想像 我們的業務	**洞察導向的顧客旅程** 透過量身打造的學習、供給及體驗，提供迎合個人的顧客互動	**創新** 利用資料探勘來更加了解未獲滿足的消費者需求，加速改善我們的主力產品類別
	類別及顧客成長 發展洞察力及執行策略，在各種產品類別中取得有利潤的成長，成為零售商青睞的夥伴	**供應鏈優勢** 支持最適的複雜度，以及最低交付成本的服務
新的數位能力	**人才** 建立數位人才骨幹，提高更廣泛員工的數位能力水準	**敏捷營運模式** 組成賦權的跨領域團隊，部署業務單位，由業務單位領導者決定發展專有的數位解決方案
	技術 採用現代、開放、模組式雲端架構；量身打造數位能力以產生具有差異化的競爭力	**資料** 投資發展專有的資料資產，使我們的顧客及消費者體驗跟競爭者有所差異

　　常見的情形是，在這初期階段，領導者在數位與 AI 轉型上並未校準目標，領導團隊的主管們對於數位與 AI 轉型有不同的、可能相互衝突的優先要務及觀點。在很多案例中，公司高層辨識數位及數位技術提供的業務可能型態缺乏一個共同的了解。甚至，領導者在最基本層次上的質疑，例如：什麼是 AI？資料工程師能可以產出什麼？DevSecOps 為何重要？

可能也欠缺相同的理解。領導者必須對數十個類似上述的疑問建立一個共通語言、一個共同了解，並且確實地相信數位技術可能為業務帶來的潛力及現在該做什麼，如此一來，數位轉型才可能實現。

因此，我們總是建議公司領導階層在推動轉型之初來一趟體驗與學習之旅，包括造訪已經推進數位旅程的公司；主管們接受訓練，學習數位與AI的基本知識；參加可能性的藝術（the art of the possible）研習營，學會辨識型態來對數位可能改變業務各個領域的潛力產生信心。

你應該規畫讓每一位高層主管至少投資 20 小時的學習時間，為他們之後的工作做好準備，有成效地和同事一同定義一份數位路徑圖。根據我們的經驗，在轉型的早期階段，這是重要、也是必要的事。

承諾

沒有承諾，不可能推動轉型。承諾不僅僅是預算分配而已，預算有必要，但還不夠。承諾是最高領導階層個別及共同對實現願景及投入資源的相關利益當責。

在完成路徑圖時，就應該有堅實的主管承諾。主管的承諾反映在四方面上：

1. 值得起床幹活的一個數位轉型理由。業務領導者必須對顧客體驗及／或改善投資報酬的業務績效做出承諾。這階段的主管應該自問：我們的計畫真能使業務轉型嗎？投資與機會相稱嗎？針對後面這點，慎防自己誤信了「數位奇蹟」──亦即投資甚少，卻期

望能創造巨大價值。事實上,根本不存在「數位奇蹟」這種東西。

2. **大力投資於建立基礎的企業能力。**一些投資應該和特定的數位機會有關,其他投資則應該聚焦於建立下述的基礎能力:(1)數位人才;(2)營運模式;(3)技術堆疊(technology stack);(4)資料環境。在數位轉型的初期,你可能預期在創造特定解決方案和建立能力這二個方面均等投資,但實際上,近期的分析顯示,經濟績效名列前十的公司,在投資許多領域的基礎技術明顯超前其他同業。[3] 不過,慎防投資的時間軸,導致過度消耗你的損益表。數位轉型需要一定的資金,但區分成可控管的時間軸,清楚地聚焦在投資回收期。在初期投資後,你應該沿途建立價值,而不是在長遠的未來才呈現價值。

3. **執行長領導轉型治理。**成功的轉型由公司執行長擔任主持人,只有執行長才能形塑成功轉型所需的跨部門校準與協作,大膽地做出建立數位能力的相關決策。公司可以設立轉型辦公室,召集最能幹的人入駐(關於這點,參見第三十章的更多討論)。

4. **主管下定決心並以身作則。**執行長及其他業務主管當然肩負很多職責,但他們仍然必須對轉型行動投入相當的時間。他們應該以身作則地示範聚焦於顧客、通力合作、通曉科技、敏捷等一連串優秀的數位領導者必須具備與展現的素質。他們應該好奇、持續培養科技相關的潛力,他們應該實地觀察團隊在實行新的數位解決方案時,獲致的成功和面臨的挑戰。路徑圖應該明確定義公司對高階領導者的期望(關於這點,參見第七章的更多討論)。

❶ Kate Smaje, Rodney Zemmel, "Digital transformation on the CEO agenda," McKinsey.com, May 12, 2022, https://www.mckinsey.com/capabilities/mckinsey-digital/our-insights/digital-transformation-on-the-ceo-agenda.

❷ "Losing from day one: Why even successful transformations fall short," McKinsey.com, December 7, 2021, https://www.mckinsey.com/capabilities/people-and-organizational-performance/our-insights/successful-transformations.

❸ "The new digital edge: Rethinking strategy for the postpandemic era," McKinsey.com, May 12, 2022, https://www.mckinsey.com/capabilities/mckinsey-digital/our-insights/the-new-digital-edge-rethinking-strategy-for-the-postpandemic-era.

第二章

選擇正確的轉型「□量」

「挑選大到足以產生影響、小到足以獲勝的戰役。」

——強生・科佐爾（Jonathan Kozol），美國教育家、作家

　　許多公司因為在變革範疇上出錯，導致數位與 AI 轉型從一開始就注定會陷入困境。有些公司是起步規模太小，以為漸進的方法能降低風險。這是錯的，成功的轉型需要改變業務中有意義的事情，涉及可以顯著衡量的價值量及影響。就如同重新粉刷客廳，房子不會發生多大的改變，你必須做出更實質的改動，例如：改造廚房。

　　有些公司則是出於好意，做得太快、規模太大，試圖一舉轉型整家公司。這做法通常太顛覆、太昂貴到難以一步到位，甚至難以做為一個初始計畫來處理，失敗收場是常態。更常見的情形是，公司把賭注和資源過於分散在未妥善協調的種種活動和方案上，導致活動一堆卻沒有多大的價值。

領域導向的方法

　　正確的方法是辨識業務中幾個重要且獨立自足的領域（domain），並徹底地重新思考它們。能成功讓陷入困境的數位轉型起死回生，有高達

80% 的做法是重新錨定範疇，對一個定義周延的領域驅動齊心協力的轉型行動。[1] 這種方法始於辨識從哪些領域著手，一個屬於公司子集的領域，領域內涵蓋一群相關的業務活動。有幾種方法可用來定義領域，參見＜圖表 2-1 ＞。

公司可以自行決定如何把一群業務活動框起來，將其定義為一個最有意義的領域。定義領域時的要領是，這個領域足夠大到對公司有顯著的價值，但又夠小到不會因為依賴業務中的其他部分而大受影響。一家公司總

圖表2-1 **定義一個領域的 3 種方法**

工作流／流程	旅程	功能部門
創造高價值的業務流程，例如：資產維修、關懷顧客或採購到付款（P2P）	互動密集的流程，例如：顧客加入、提供顧客諮詢或線上購物	傳統的業務功能部門，例如：銷售、財務、行銷或供應鏈

多數公司選擇根據工作流或旅程來劃分與定義領域，因為這通常能為顧客及／或員工提供最大價值

以一家包裝消費品公司劃分與定義領域為例

外場	作業	支援部門
個人化行銷	整合的供應鏈規畫	人員
商店執行	物流	財務
數位互動	製造	法務
創新／研發	採購	
營收管理		

計會有多少個領域呢？若公司只有單一一個業務，10 到 15 個領域是很適當的數目。如果公司屬於集團，比較適合的分析單位是策略性業務單位，因此就從策略性業務單位這個層級來定義領域。不過，為了數位轉型的目的，首先應該挑選 2 到 5 個領域做為聚焦對象。一開始也可以擴大規模，從更多領域著手，但這麼做需要可觀的短期投資、更多的協調工作、更多的人才投入，同時會帶來更多的風險，當然也需要相當的外部資源，而且組織可能無法獲得早期的學習經驗。因此，公司必須慎重思考先處理哪些領域，以及選擇多少個領域。

決定哪些領域優先

為了決定先從哪些領域著手，必須從二大方面評估：價值潛力及可行性。主管們將會認同＜圖表 2-2 ＞這個決定哪個機會優先的簡單方法，但他們應該注意左右項評估的標準。

在此階段，評估各領域的價值潛力時，可結合使用外部與內部分析，以及與高階領導者及產業專家共同討論。多數公司不擅長做這種評估，主因是缺乏經驗，不容易了解數位帶來的可能性。因應這種問題，可以考慮採用成功公司（甚至是不同產業別的公司）的衡量標準。主要考量的潛在價值包括：

1. **顧客體驗**。所有同等價值的項目中，改善顧客體驗應該被擺在首位，多數成功的數位與 AI 轉型都是以顧客及滿足其需求為核心。比較競爭者跟公司目前提供的顧客體驗，預測該領域轉型後，能

圖表2-2 根據價值潛力及可行性來決定哪些領域優先
（以一家包裝消費品公司為例）

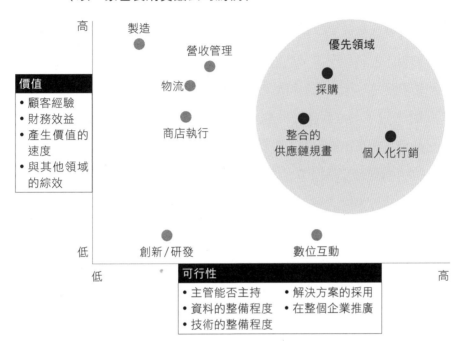

夠改善多少顧客體驗。顧客滿意度和平均每顧客現值的成長與進步必須轉化成具體的評量。

2. **財務效益**。在這個階段，評估轉型帶來的財務效益應該聚焦在營運的關鍵績效指標（key performance indicators，後文簡稱KPIs），例如：新的顧客成長率、顧客流失率的降低、平均每位顧客的價值提高、流程良率的改善或服務成本的降低。在這個階段，主管可能難以準確地估計改善程度，因此可以借鏡類似產業公司改善的情況，但要小心，別在這個階段低估轉型帶來的財

務效益潛力，這些評估只是為了決定優先處理哪些領域，不是要估計轉型帶來的業務效益。

3. **產生價值的速度**。領域導向的轉型通常會在 36 個月內產生明顯價值，視領域而定。這是評估價值時的一個重要考量因素，期望能夠獲得早期效益，幫助轉型行動取得經費。我們發現，總體來說，AI 密集型機會更快獲得回報。

4. **綜效**。如果你推動轉型的領域不只一個，這些領域之間的綜效是具有說服力的槓桿點。可以用三個重要成分來評估綜效：（1）跨解決方案的資料可重複使用；（2）跨解決方案的技術堆疊可重複使用；（3）共用變革管理。例如：你同時建立一個新的房貸銷售平台和一個新的信用卡銷售平台，你只需要一次性地重新訓練數千名分行銷售人員即可。

評估可行性是結合了解以下層面：技術與資料的整備程度、需要的變革管理、該領域的領導階層有無時間與精力投入。其中，評估可行性時的最重要考量是：

1. **有堅實的主管來主持**。你必須清楚這個領域的主管是否會充分投入轉型行動。一個單位也許已經到了數位轉型的成熟時機，但是如果存在其他需要占用主管心力與時間的要務，例如：使用一套新的 IT 系統、重大的遵規矯正行動，那就不是推動數位轉型的好時機。

2. **資料與技術的整備程度**。資料方面，主要評估二點：把必要的資

料欄上傳雲端的容易度，以及資料本身的品質。在現階段，只要粗略分析就好，但如果最終挑選了該領域，就需要更詳盡的分析。技術方面，主要評估的是：雲端架構的品質、基礎核心系統的效能，以及透過 API 存取資料及應用程式的容易度。你的業務設計師是進行這項評估的最佳人選，但要注意的是，老技術或是對現有主要核心系統的需求〔例如：升級企業資源規畫（ERP）系統〕常被拿來當成不採用新技術的藉口。主管必須了解它們不能當成不作為的理由。相較於舊技術，舊心態是更大的挑戰。

3. **採用的容易度。** 透過了解變革行動的範疇、強度和其中涉及的風險，公司可以辨識出推行新的數位解決方案可能遭遇的阻礙。例如：在工會化的環境中實行變革可能涉及工會談判，需要點時間才可以有效實行變革。

4. **推廣的容易度。** 假設你成功發展出一個數位解決方案，你必須評估在整個業務中推廣它的容易度。這方案所涉及的變革管理挑戰有多大？這解決方案將在多少種不同的資料環境中運作？這些問題將影響你的數位解決方案能否充分地實現其價值。

在評估潛在價值與可行性時，會凸顯出 2 到 5 個可以優先推動數位轉型的領域。這個階段別要求上述的評估分析很準確，目前的評量是否精準並不重要。主管可以把這些評估分析視為建構與管理團隊的一種對話方式，等到下一個階段重新想像這些領域時，會再進一步完善分析。

在一些案例中，管理階層清楚看出價值所在，決定立刻從該領域著手，省略決定優先順序這一步（參見第三十三章中自由港麥克莫蘭銅金公

現身說法 | 賀恩霆（Pius S. Hornstein）
賽諾菲數位全球業務全球主管

用他們的話來說：避免零碎化，帶來更好的通力合作

所有在市場上競爭的企業，零碎化是數位轉型的大敵，尤其是像賽諾菲（Sanofi）這種規模的公司，……你必須堅持把優先順序排好，並且認知到，6個月後可能就有新的障礙潛入，稀釋你的初始目標，延緩你創造大勝利的能力。

現在，我們的整體投資比三年前少，但對於那些選定的優先專案，我們投入更多的資源。我們的迭代敏捷週期加速，並讓使用者參與流程開發，產出更切要、更有成效的解決方案。

阻礙成功的第二個障礙是我們自己：領導階層、管理團隊。人人都想要有自己的業務勢力範圍，在過去，這種勢力範圍會形成特定且往往是封閉塔的損益表。數位的未來卻不是如此，你必須更開放，得授權、委任及協作。培養數位能力是另一個要素，我們必須訓練出一批能夠了解數位技術的人員，才能吸引及留住新人才。過去，我們行動不夠快，並且拒絕新人才建議的創新工作方式，導致他們沮喪而離職。

司的例子）。當管理階層彼此都明確地校準目標領域，而且該領域的價值顯著時，這可能是個好方法。實際上，這也是在組織中建立說服力的一種有用方法，清楚地展示公司能夠用數位及 AI 來攫取或保護的價值。

一家大型農業公司決定走這條路，一開始聚焦在商務領域，支援農業經濟學家對種植者（該公司的顧客）提供更好的服務，讓他們更容易和自家公司做生意。決定選擇商務領域，是因為該公司的執行長和高層團隊承受來自數位型新進者的競爭壓力，他們認為必須快速處理顧客痛點，以改善交叉銷售及顧客留住率。

雖然，快速投身一個試驗領域可能頗有成效，但領導團隊必須慎防這種做法淪為只是推出先導試驗來引人注意，實質上卻無法實現業務轉型。這也是為何公司需要花時間全面地重新想像數位轉型的領域。相關內容我們在下一章繼續說明。

---

❶ Tim Fountaine, Brian McCarthy, and Tamim Saleh, "Getting AI to scale," *Harvard Business Review*, May–June 2021, https://hbr.org/2021/05/getting-ai-to-scale.

第三章
讓業務領導者定義可能性

「沒有想像力或夢想的飛躍,我們就會喪失可能性帶來的興奮感。畢竟,夢想就是一種形式的計畫。」

——葛洛莉雅·史坦南(Gloria Steinem),美國婦女解放運動領袖

　　在瞄準要推動轉型的每一個領域時,目標是辨識出多個相互關聯、實行之後將顯著改善績效的解決方案。請注意,這裡強調的是「顯著改善」,太多公司只試圖改善少數現狀,導致他們的思考侷限於舊業務的傳統框架內。小格局思維只會產生小成果,通常不值得付出努力。我們的經驗法則是,一份強健的數位路徑圖應該要提升 20% 以上的息前稅前盈餘。

　　我們建議遵循一個簡單的五步驟流程,為每一個領域的轉型建立一個強健的業務效益論述(參見<圖表 3-1 >)。

　　步驟 1 是清楚說明要解決的業務問題。顧客／使用者未獲滿足的需求是什麼?有哪些流程痛點?通常,可以透過下述二種方法來執行:

1. **零基旅程設計(zero-based journey design)**。使用設計思維來定義終端使用者素描,以及透過訪談使用者及研習營,沿著體驗旅程來辨識未獲滿足的需求。這種方法尤其適合服務密集型產

重新想像領域的 5 步驟流程

❶ ➝ ❷ ➝ ❸ ➝ ❹ ➝ ❺

要解決的問題	**解決方案及使用案例**	**資料與技術需求**	**影響與投資**	**實行計畫**
說明要解決的問題——未獲得滿足的使用者需求或流程痛點——明確指出解決方案將啟動什麼價值槓桿	針對想要解決的問題，辨識解決方案及使用案例	根據解決方案的目標架構，評估基礎資料和技術堆疊，了解落差及必要投資	估計這些解決方案可能產出的影響，指出能如何改進每一個價值槓桿／KPIs，以及粗估所需的投資	說明為了充分地實現價值所需的變革管理，研擬一份實行順序，以及載明領導者和其肩負的責任

業，因為在這類產業中，優異的顧客體驗最終產出最有價值的差異化。零基旅程分析得出的旅程圖可做為重新想像 UX 的起始點。執行時可以跟設計師合作，有助於確保主題圍繞著顧客或使用者未獲滿足的需求。（關於 UX 設計，參見第十六章的更多討論。）

2. 端到端流程繪圖。把核心業務分解成一組流程，辨識浪費、痛點，以及創造與交付價值過程中錯過的機會。作業密集型產業通常偏好這種方法，因為在這類產業中，流程運行時間和低單位成本是競爭力的重要條件。

步驟 2 把使用者未獲滿足的需求或流程痛點與特定的價值槓桿（value lever）對齊，參見＜圖表 3-2 ＞。針對每一個價值槓桿，辨識出可能的解決方案（例如：應用程式或資料資產），也就是使用者或顧客將在你意圖提供的改善體驗中使用的解決方案。例如：解決方案可能是為分行銀

行人員設立一個新的房貸銷售平台，或是為銅礦選礦機操作員提供設定值的優化器。每一個解決方案應該啟動至少一個價值槓桿。用價值槓桿來說明，有助於建立一個清晰的「從……到……」的改善假說，並提供一個可評量的KPIs。在數位轉型上陷入困境的公司，往往辨識出無法透過可評量的KPIs改善、且與業務價值明顯無關的解決方案。

每一個解決方案將包含執行解決方案需要的使用案例或資料資產。例如：在設立房貸銷售平台這個解決方案中，一個使用案例可能是顧客加入或自動化信用審查。通常，某個領域轉型時會需要一些解決方案，每一個解決方案內含一些結合了數位化工作流程、分析模型及資料的使用案例。

步驟3更深入地探討有關解決方案的技術與資料。這些解決方案的目標架構和基礎資料是什麼？目前的技術堆疊能夠應付嗎？如果不能應付，需要改變什麼？資料能應付嗎？如果不能應付，需要改變什麼？這一步需要來自解決方案設計師的專業指導。

步驟4評估投資及預期效益。這階段犯的最大錯誤是偽精確（false precision）。在數位與AI世界，回報應該比你的投資多5倍、甚至更多，因此投資與效益評估做到＋／－30%的正確度就夠了。技術與資料架構方面的投資必須適當地分配，因為這些投資大多會再重複用於其他的解決方案，但公司往往是分別行動去建立實際上可以通用的技術與資料建設。

步驟5研擬實行順序，以及隨著時間的推移所預期的資源和效益，其中包括為充分實現價值所需的變革管理行動。公司往往漫不經心地處理這個步驟，但這卻是實現影響力的基礎，在本書第六部會有更多的說明。

圖表3-2 從業務領域層層向下分析至價值槓桿、解決方案及使用案例

業務領域	一個顧客／使用者流程或一個核心業務流程，大到能夠從轉型中創造顯著的價值
價值槓桿	業務領域轉型所驅動的核心業務成果，例如：新顧客、顧客流失率、服務顧客的成本、淨推薦值（NPS）
解決方案	解決方案為顧客或使用者提供的價值，例如：天氣應用程式、房貸銷售平台
使用案例	一個解決方案通常由使用案例組成，如果解決方案是天氣應用程式，使用案例可能是氣溫、溼度、風向與風力的預測。若解決方案是房貸銷售平台，使用案例可能是顧客加入、顧客信用審查、房貸價格計算機

改善個人化能力的案例研究：包裝消費品公司的個人化行銷領域

圖表3-3 個人化行銷領域的轉型架構

業務領域	個人化行銷		
價值槓桿	廣告支出報酬率		行銷非工作成本
解決方案	消費者360分析	敏捷個人化行銷	代理／內容生態系
使用案例／模型	• 整合的消費者360素描 • 受眾／金錢地圖 • 預測性成長分析	• 評估受眾商機規模 • 行銷活動成效 • 特定受眾傾向模型	• 內容布局模型 • 效能工具，例如：各通路的內容與媒體效能 • 全行銷漏斗優化模型

資料（不完全）

- 銷售點資料
- 自有媒體平台
- 品牌網站
- 電子商務資料
- 感應／測試資料
- 社會傾聽資料
- 廣告技術資料回饋
- 行銷投資報酬率
- 忠誠卡資料
- 占有率／權益資料

技術（不完全）

- 數位資產管理
- 網路應用程式
- 行銷先導方案
- 資料管理平台
- 處方
- 電子商務
- 產品資訊管理
- 電子郵件
- 消費者關懷

一家包裝消費品公司尋求改善個人化行銷能力，試圖與顧客建立更緊密的關係，提高行銷支出報酬率。為了攫取價值，他們發展出多種解決方案來獲得更詳細的顧客洞察和分析，以驅動個人化顧客行銷互動。

　　接著，他們辨識實行這些解決方案所需的使用案例、資料與技術。例如：他們建立行銷的技術基礎設施，優化和管理在多通路傳達的訊息，包括電子郵件、節目中展示的廣告、零售商媒體、付費社群媒體廣告等。這個領域的轉型架構如＜圖表 3-3 ＞所示，在齊心協力下，行銷訊息所提高的目標顧客群契合度比之前顧客契合度多了好幾倍。

看待生成式 AI 等新興技術的態度

　　科技的快速發展為數位與 AI 轉型帶來一個特殊挑戰：在科技飛速變化之下，要如何建設一個科技驅動的組織呢？在能夠產生顯著價值的技術和消耗資源，以及聚焦於追逐每一個有前景的新興技術之間，存在著良好的平衡。

　　麥肯錫每年發布新興技術推動創新能力和可能性的上市時間。本書撰寫之際，麥肯錫的研究辨識出 14 種有潛力為企業營運帶來革命和創造價值的科技趨勢。❶ 預測科技趨勢將如何發展雖然相當困難，但你應該有條理地追蹤它們的發展與商業含義。

　　本書不詳細說明這些趨勢，我們鼓勵你追蹤麥肯錫發表的科技趨勢年度展望報告。我們想特別在本節討論生成式 AI，我們認為它有潛力在雲端或行動領域成為重要的顛覆者。生成式 AI 指的是能夠用來創造新內容（包括音訊、程式碼、圖像、文字、模擬和影像等）的演算法（例如：

GPT-4），這項技術能夠吸收資料和經驗（使用者與其互動，幫助它學習新資訊，並辨識資訊正不正確），然後生成全新的內容。

這些仍然處於早期階段，但我們可以預期未來會快速變化與發展。評估如何最好地利用生成式 AI 時，可以考慮三種類型的應用程式：

1. **生成內容**。許多功能模型將擅於對現有的知識型工作賦予自動化、加速及改善，例如：GPT-4、谷歌的 Chinchilla、元宇宙公司（Meta，前身為臉書）的 OPT。例如：行銷者可以利用生成式 AI 模型來生成內容，提供大規模的目標數位化行銷（targeted digital marketing）。透過智慧型「知識助手」監視談話，以及智慧型提示服務員，可以把客服完全自動化；生成式 AI 可以快速發展與迭代產品原型和建築繪圖。

2. **新探索**。針對特定產業發展的模型不僅能加快現有流程，還能發展新產品、服務及創新。例如：製藥業常見的應用程式模型（例如：OpenBIOML、BIO GPT）被用於提升藥物發展或病患診斷的速度與效率；另一種生成式 AI 模型被應用於龐大的製藥業分子資料庫，辨識可能的癌症治療方式。生成式 AI 的影響潛力及整備程度將因不同產業及商業效益而有顯著差異。

3. **編程**。這些模型（例如：Copilot、Alphacode、Pitchfork）有望把程式設計工作自動化、加速及民主化。現有的模型已經勝任撰寫程式、編寫文件、自動地生成或完成資料表格，以及測試網路安全性滲透。不過，這一切仍然需要大規模、徹底的測試，然後還要檢驗最終成果。麥肯錫最近的研究發現，當我們的軟體開

發人員使用 Copilot 時，生產力提高了 25% 之多。

在推動數位與 AI 轉型時，關於生成式 AI 應該注意幾件事。首先，在評估生成式 AI 模型的價值時，清楚地了解你的業務目標是必要條件。這話聽起來很有道理，但是伴隨對生成式 AI 感興趣的人激增，實際上很容易發展出最終不會為業務創造多少價值的使用案例，或是轉型團隊明顯地在行動中分心。

其次，跟所有技術一樣，想從生成式 AI 獲得大規模的價值，必須具備本書中敘述的所有優秀能力。這意味著發展雲端、資料工程及 MLOps 等領域的廣泛能力與技巧，請尋覓生成式 AI 專才來培訓公司員工使用這項新技術。

基於這需求，務必再次檢視你的數位與 AI 轉型路徑圖，看看你的優先數位解決方案，研判生成式 AI 模型可以如何改善成果（例如：內容的個人化、使用聊天機器人助理來提高網站轉換率）。請抗拒想要增加先導試驗的誘惑，你當然可以讓人們實際進行實驗，但實質、重要的資源應該只用於與業務價值有顯著關連性的領域。針對於數位與 AI 轉型過程中發展出的能力，花時間了解生成式 AI 能協助及代表意義，例如：

營運模式：生成式 AI 解決方案的發展及使用，必須有專門的生成式 AI 敏捷小組負責，這可能意味著法律、隱私及治理專家之間更密切地合作，以及與 MLOps 及測試專家之間的模型訓練及追蹤。

技術架構與執行：系統架構必須調整，與多模型生成式 AI 的能力結合成端到端工作流程。技術堆疊中的多層——資料層、模型層、使用者介

面（user interface，後文簡稱 UI）——必須改進，確保你的數位解決方案可以適當地整合及因應。

資料架構：想把生成式 AI 模型應用到現有資料，你得重新思考網路與資料通路管理，不僅要考慮到資料規模，也要考慮到伴隨生成式 AI 學習與進化而來的巨大變化頻率。

採用及業務模式的改變：幾乎在所有情境中，我們都預期生成式 AI 將取代部分活動，而非全面取代。我們仍需要開發人員、接洽中心人員，但他們的工作將被重新架構。這部分的挑戰性可能比技術本身還要高，尤其是因為生成式 AI 模型有明顯的「可解釋性落差」（explainability gap），這意味著使用者可能不信任它們，因此不常使用（或是完全不使用）。因此，必須重新訓練員工，讓他們知道如何管理生成式 AI，以及如何與模型共事，而這需要付出巨大的努力才能實現當初提升生產力的承諾。

數位信任：為了使用生成式 AI，公司必須辨識重大的信任疑慮。由於各國的資料隱私法規成熟度和限制程度不一，仍然需要有關於第三方使用的專有或敏感資訊政策，以及資料外洩情況下的責任歸屬規定。同理，公司必須認真思考及追蹤智慧財產的發展，尤其是智慧財產侵害，以及尚未精進的生成式 AI 模型可能呈現的偏見。

此外，愈來愈明顯的是，在人人都能取得「智慧型」內容的世界，商業競爭的差異化將愈來愈仰賴專有資料及執行能力。

---

❶.Michael Chui, Roger Roberts, and Lareina Yee, "McKinsey technology trends Outlook 2022," McKinsey.com, April 24, 2022, https://www.mckinsey.com/capabilities/mckinsey-digital/our-insights/the-top-trends-in-tech.

第四章

辨識想達成目標所需的資源

「如果球員全都是守門員，如何組成一支足球隊？如果樂團所有人都是法國號樂手，如何組成管弦樂團？」

——戴斯蒙・屠圖（Desmond Tutu），南非榮譽大主教、諾貝爾和平獎得主

　　在數位與 AI 轉型中，組織單位是獨立開發小組〔agile pod，也稱敏捷小隊（squad）、敏捷開發（scrum）、敏捷團隊（agile team）或跨部門團隊〕。一支獨立開發小組由 5 到 10 人組成的跨領域團隊，在一段較長期的時間內負責一項特定數位產品或服務的設計、發展及生產。基本上，執行數位與 AI 轉型路徑圖就是一份「為了完成工作將需要多少支及什麼類型的密集小組」的清單。

　　在此，我們不細談這些敏捷小組如何運作（這部分可參見第十三章），此處的重點是，必須了解敏捷小組的基本結構，並且聚焦於小組成員的角色，只要不搞清楚資源需求，就無法完成數位路徑圖。

敏捷小組的結構

　　敏捷小組的編制是由一位產品負責人（product owner，也稱產品經理或小組負責人）、一位敏捷開發主管（scrum master）❶、一群相關的

數位技術人員及業務的主題內容專家（subject matter experts）組成，可參考＜圖表 4-1 ＞。絕大多數的敏捷小組成員是全職、100％投入小組工作，因為這是達成高速發展的最有效方式（雖然，也有一些共用資源的例外情況，例如：解決方案架構和敏捷教練）。

近期研究顯示，讓敏捷小組在同一個地點一起工作比較好，但這種安排並非促進敏捷小組高效運作的必要條件，尤其是如果各小組成員所在地存在時差的話，異地異時工作比較合理。

敏捷小組模式

在挑選敏捷小組的成員組合時，有二個重要考量：第一、你想要發展什麼類型的解決方案？例如：一個分析密集型解決方案需要深度資料工程和資料科學專長；另一方面，一個顧客導向的解決方案需要更多 UX 設計和軟體開發的技能。一般來說，多數公司將定義 3 到 6 種敏捷小組模式，參見＜圖表 4-2 ＞，圖中只展示 3 種典型的敏捷小組模式，還有其他種類，例如：數位行銷敏捷小組、連結敏捷小組（物聯網）、核心系統整合敏捷小組。

第二、必須考量到發展行動的生命階段。初始探索階段，你需要專業能力來評估工作範圍、設計解決方案、決定使用案例的優先順序、建立業務效益論述。在證明概念階段，你需要更多的「建造者」，包括設計師、軟體工程師，以快速發展、測試及迭代來推出最小可行產品（minimum viable product，後文簡稱 MVP）。在生產階段，你需要工程專業來確保解決方案足夠穩固、能夠有執地執行與擴展。

圖表4-1 一支敏捷小組中通常有哪些角色（未涵蓋所有角色）

業務

提供業務及部門專業能力

 產品負責人
定義及排序產品路徑圖及待辦工作清單（backlog）

 主題專家
引進業務、部門、作業、法律、風險及合規等領域的專業能力及知識

 商業／流程分析師
了解端到端的商業流程、支援業務案例的開發、追蹤目標與關鍵結果（objectives and key results，後文簡稱OKRs）及變革管理行動

設計

為解決方案創造UX

 設計組長
領導以顧客為中心的設計、研擬使用者參與計畫、進行使用者測試

 UI／UX設計師
創造呈現商業價值及滿足顧客需求的UX

工程

構思技術架構、開發程式、在生產中實行解決方案

 軟體工程師❶
開發程式、撰寫單元測試、驅動整合

 資料工程師
建立資料管道以驅動來自不同資料源的分析解決方案

資料科學／AI

分析資料，為解決方案辨識重要洞察

 資料科學家
分析及探勘商業資料來辨識型態，並建立預測模型

 ML工程師
在生產流程中建入ML模型，確保模型的效能及穩定性

支援❷

為敏捷小組提供更多的指導

 敏捷開發主管
督導敏捷開發流程，幫助自主管理的敏捷小組達成目標

 敏捷教練
支援與輔導敏捷小組的敏捷開發實務

註：本表未涵蓋敏捷小組的所有角色

❶ 軟體工程師，包含全端工程師（full-stack developers）、解決方案設計師、雲端工程師、開發營運（development and operations，後文簡稱DevOps）工程師。

❷ 這些角色隨著敏捷小組漸趨成熟而縮減。

數位密集型解決方案

────────── 解決方案生命週期階段 ──────────▶

探索階段	證明概念階段／MVP	生產階段	變革管理階段
1 產品負責人	1 產品負責人	1 產品負責人	1 產品負責人
1 設計組長	1 敏捷開發主管	1 敏捷開發主管	1-2 變革推手❸
0.5 軟體工程師 ❶❷	1 設計組長	1 設計組長❶	1 商業分析師❶
1 商業／流程分析師	1 UI ／ UX 設計師	1 UI ／ UX 設計師	
1 主題專家	2-3 軟體工程師❶❷	2-3 軟體工程師❷	
	1-2 主題專家	1-2 主題專家	

分析密集型解決方案

探索階段	證明概念階段／MVP	生產階段	變革管理階段
1 產品負責人	1 產品負責人	1 產品負責人	1 產品負責人
0.5 資料科學家	1 敏捷開發主管❶	1 敏捷開發主管❶	1-2 變革推手❸
0.5 資料工程師	2 資料科學家	1 變革推手	1 商業分析師❶
1 商業分析師	2 資料工程師	1 UI ／ UX 設計師❶	
1 主題專家	1 商業分析師	1 資料工程師	
	1 主題專家	2 ML 工程師	
		1 商業分析師	

資料密集型解決方案

探索階段	證明概念階段／MVP	生產階段	變革管理階段
1 資料產品負責人	1 資料產品負責人	1 資料產品負責人	1 產品負責人
1 資料架構師	1 敏捷開發主管	1 敏捷開發主管	1-2 變革推手❸
1 資料工程師	1 資料架構師	1 資料架構師	1 商業分析師❶
1 資料主題專家	2-3 資料工程師	2-3 資料工程師	
1 商業分析師	1-2 軟體工程師❷	1-2 軟體工程師❷	
	1-2 資料主題專家		

❶ 非必須／視需要而定。

❷ 軟體工程師，包含：全端工程師（full-stack developers）、解決方案設計師、雲端工程師、DevOps 工程師。

❸ 積極推動變革的敏捷小組成員，致力於嵌入新的解決方案，促使組織擁抱新流程、解決疑問及疑慮、解決執行時遭遇的挑戰。

雖然，敏捷小組成員結構會隨著解決方案的生命週期而演變，但絕對不會將工作從一支小組移交給另一支小組。事實上，維持關鍵角色（例如：產品負責人）的連續性是確保開發工作連貫的關鍵。

　　定義了上述模式，就更容易評估數位與 AI 轉型的資源需求。最起碼，你應該為數位路徑圖上的每個解決方案規畫一支敏捷小組。若一個解決方案很複雜，你可以有多支敏捷小組分別聚焦於不同的使用案例。評估一個解決方案適合哪種敏捷小組需要一些經驗及練習，但很快就會習慣成自然。

估計人才總需求

　　決定了每一支數位解決方案的敏捷小組模式後，就很容易估計轉型行動所需的人才數量，或者，起碼能預估頭 18 個月左右的人才總需求（參見＜圖表 4-3 ＞的例子）。基本上，這些將成為人才致勝室（Talent Win Room，參見第九章）的開拔令。轉型過程中，人才需求將隨著解決方案日趨成熟及新解決方案的加入而演變，你應該每季再次重新檢視這個流程。

圖表4-3 估計人才總需求（每季、每種使用案例的敏捷小組模式）

		Q1	Q2	Q3	Q4	Q5	Q6
領域：個人化行銷							
解決方案：建立消費者360資料資產	使用案例：吸收內部資料	資料探索	資料探索	資料概念證明	資料概念證明	資料產品	資料產品
	吸收外部資料	資料探索	資料探索	資料概念證明	資料概念證明	資料產品	資料產品
	建立API及消費介面	資料探索	—	數位概念證明	數位概念證明	數位產品	數位產品
啟動數位行銷活動	發展個人化供應	分析法探索	分析概念證明	分析結果	分析結果	分析結果	分析結果
	啟動付費搜尋	—	數位探索	數位概念證明	數位概念證明	數位產品	數位產品
	啟動自有電子商務網站	—	—	數位探索	數位概念證明	數位概念證明	數位產品
領域：供應鏈							
建立供應鏈數位分身（digital twin）	建立流入物料資料分身	資料探索	資料探索	資料概念證明	資料概念證明	資料產品	資料產品
	建立作業轉型資料分身	資料探索	資料探索	資料概念證明	資料概念證明	資料產品	資料產品
	建立流出的最終產品資料分身	資料探索	資料探索	資料概念證明	資料概念證明	資料產品	資料產品
建立數位控制塔	建立準時交付評量指標	數位探索	數位概念證明	數位概念證明	數位產品	數位產品	數位變革管理
	根據供應鏈數位分身，發展預測	—	—	分析法探索	分析概念證明	分析結果	分析結果
領域：採購							
建立支出透明度	合併支出資料	資料探索	資料探索	資料概念證明	資料概念證明	資料產品	資料產品
	建立產品規格欄位資料	—	數位探索	數位概念證明	數位概念證明	數位產品	數位產品
	上傳支出分析工具	—	—	數位探索	數位概念證明	數位概念證明	數位產品
	建立「應該」分析模型	—	—	分析法探索	分析概念證明	分析結果	分析結果

		Q1	Q2	Q3	Q4	Q5	Q6
估計敏捷小組角色 需求	產品負責人	3	6	14	20	16	16
	資料架構師和資料 工程師	23	22	37	20	38	38
	設計組長和UI／ UX設計師	2	6	18	20	26	24
	軟體工程師	1	4	26	43	30	29
	技術組長	11	10	10	8	10	10
	資料科學家和ML 工程師	1	3	5	9	10	10
	敏捷開發主管和敏 捷教練	11	13	32	15	24	24
	主題專家	3	7	16	27	16	14
	其他	14	14	10	20	11	14
	總計	69	85	168	182	181	179

❶ 在較成熟的敏捷組織裡，敏捷開發主管的角色往往由產品負責人擔任。

第五章

為當前及未來十年建立能力

「你無法藉由今日的逃避來避免明日的責任。」
　　　　　　——亞伯拉罕·林肯（Abraham Lincoln），美國第十六任總統

　　你在數位與 AI 轉型路徑圖上的定義，會成為未來 2 到 3 年內的焦點，但在此同時，你也建立了能讓公司在未來十年或更長期間從事數位創新的企業能力。

　　事實上，建立能力的長期思維就是數位領先者有別於企圖藉以少量使用案例做為應急之道的組織。為了發展必要的企業能力，得擁有既能滿足優先領域的當前需求、也能滿足組織追求長期數位與 AI 創新的計畫與扎實投資。

　　因此，領導階層必須先對公司目前的數位能力建立共識，了解什麼可以立即實行，以及將需要什麼能力才能實現長期願景。公司有符合需求的軟體工程能力嗎？營運模式能夠擴增至數百支敏捷小組嗎？重要的資料易於使用嗎？

　　一旦組織對於公司的當前能力有共同見解後，就更能研擬轉型期間內可行的務實計畫。

評估基礎的數位能力

為了執行數位解決方案，公司必須具備四種核心能力：人才、營運模式、技術及資料。相關細節會在第二部至第五部各別探討，但是現階段盤點公司當前是否具備轉型實務中所需的能力，才能知道怎麼改善。你可以用標竿比較法（Benchmarking），把你的業務跟那些早就進行數位轉型之旅的公司比較、對照，而且不僅是你所屬的業界公司，最好也對照在數位轉型上遙遙領先的其他產業公司。

你可能會好奇，為何一家銀行的數位能力可以是一家資源公司的參考標準？因為很大程度上，核心數位能力不分產業別，數位人才大致上相同，敏捷實務相同，現代技術架構及軟體工程實務也相同（雖然，參考架構可能因產業而異）。換言之，挑選的領域及如何重新想像業務，通常因產業而異，但核心數位能力不因產業別而異。

標竿學習比較法是，使用標準化調查工具來調查員工，＜圖表 5-1 ＞提供一個好例子，說明一家包裝消費品公司使用這種方式來評估數位能力所獲得的結果。

這種調查有其侷限性，因此也可以由獨立的專家訪談各業務單位及部門的主管和經理人，這做法可以在能力解讀時增加不同立場的觀點。此外，主管應該花時間造訪或檢視其他模範公司，了解他人的數位轉型之旅，以及他們如何建立數位能力，有助於更好地評估自家所需的投資及心力。

另一種實用的評估方法是「回顧」（lookback）。回顧公司以往在發展及執行數位解決方案時的進展與障礙。這方法對於已經展開數位轉型之旅、但呈現熄火狀態的公司特別有幫助。使用回顧法時，首先確定你將調查哪些數位解決方案。透過訪談數位解決方案的利害關係人，你可以對

圖表5-1 **評估數位能力**（以一家包裝消費品公司為例）

各類能力等級調查結果，1-5分等級 ❶
● 包裝消費品公司　● 產業平均 ❷　● 數位與AI領先者平均 ❸

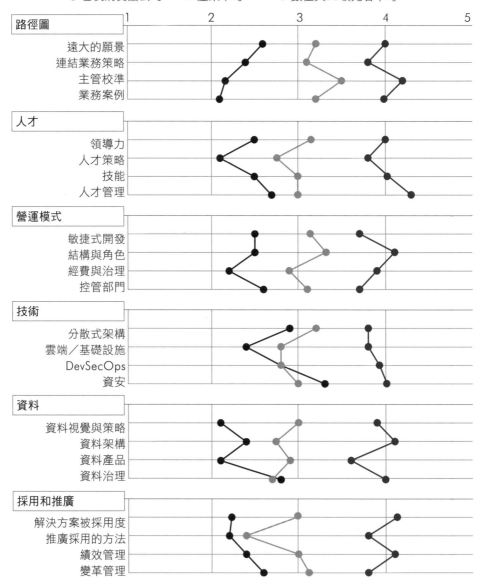

❶ 1分＝落後；5分＝最佳水準。

❷ 麥肯錫數位智商（McKinsey Digital Quotient）資料庫中各地區（該公司所屬產業）排名前1/5的公司的平均值。

❸ 麥肯錫數位智商資料庫裡所有地區、所有產業中能力最佳的前1/5公司的平均得分。

圖表5-2 回顧數位投資表現（以一家全球食品製造公司為例）

	規畫的進展	解決方案數目	此階段的解決方案運行速度潛力（公司總EBITDA%）
點子	批准用以解決業務問題的點子	160	<1%
試驗／測試	概念經過測試，準備論述業務效益	35	<1%
提案	業務效益論述通過審核，開始建造解決方案	30	<1%
實行	局部推行	35	<1%
生產	全面推行及推廣	20	<1%
停止	不再實行	120	<1%

每一種解決方案進行分類，對照著成熟度漏斗的每個價值階段看能推進到多遠（參見＜圖表5-2＞）。

當數位轉型行動熄火時，這方法尤其可以辨識根本原因。＜圖表5-2＞來自一家全球食品製造公司，該公司分析了投資1.3億美元所產出的400種數位解決方案後，得出一些重要領悟。第一、公司為了數位解決方案投資的1.3億美元屬於合理範圍，儘管相較於10億美元的IT支出來說偏低。我們的經驗法則是，數位轉型投資約為IT投資的20％或更多，不過比例視情況而定。

第二、各項專案的規模較小，平均每項專案的支出少於325,000美元，這樣的投資組合偏向試驗及實驗。第三、這項投資組合的總體影響力微不足道，縱使所有專案都成功了，整個稅息折舊攤銷前盈餘改善不到1％。（如前章所述，依據我們的經驗法則，堅實的數位路徑圖應該改善至少20％的稅息折舊攤銷前盈餘。）最後，太多專案終止了，太少專案

圖表5-3 建立能力計畫的重要項目（轉型行動的頭18至24個月）

人才	營運模式	技術	資料	變革管理
人才需求：需要的技術人才種類與數目，最起碼要評估第1年的需求。（第四章）	對團隊施以敏捷開發訓練（第十三章）	支援優先領域的未來技術堆疊架構（第十七章）	為優先轉型領域制定存取與調整優先域的關鍵資料元素（第二十四章）	設立轉型辦公室（第三十章）
人才尋覓：設立人才致勝室（第九章），研擬覓才計畫（第十章）	未來狀態的營運模式與過渡計畫（第十四章）	處理優先轉型領域的雲端遷移需求（第十八章）	建造優先資料產品（第二十五章）	建立系統，追蹤數位解決方案來創造價值（第三十章）
主管、領域領導者及敏捷小組成員的訓練方案（第十二章）		執行DevSecOps和支援開發人員（第十八章）	未來狀態的資料架構（第二十六章）	廣泛地培訓數位組織（第三十二章）

← 每季需要的資源及投資 →

進入生產階段，這再次顯示該公司做了太多由下而上的試驗。

總體來說，這些徵狀表明，這家公司的高階業務領導者在重新想像業務、或如何用專有的數位及 AI 型解決方案來競爭致勝方面，投入的時間不足。

這些發現啟發了公司的高層團隊，立即認知到他們需要一種更由上而下的方法，更好地管理支出。第一步是停止大多數正在執行中的專案，並根據其商業及作業領域來整合支出。接著，他們下令這些領域的高階領導者研擬確實具有轉型功效的數位路徑圖，把他們的投資集中於開發較少、

但效果更高的解決方案，然後透過建立人才與技術能力來持續改進這些解決方案。他們也撥出了足夠的投資對工作流程做出必要的變革，並訓練使用者。18個月內，該公司的年利潤增加超過 1.5 億美元。

評估建立能力的需求

盤點完公司的現有能力，並且對重新想像的優先轉型領域擬定計畫後，建立能力計畫與投資需求的相關工作就變得簡單明瞭。基本上，這個課題就是評估你需要做的工作，以及執行這些工作的必備技能需要哪些資源，完成後就可以將其匯入數位轉型路徑總圖（參見第六章的更多討論）。＜圖表 5-3＞展示一家包裝消費品公司的轉型行動，頭 18-24 個月建立能力計畫的重要項目。

透過夥伴關係，加速建立能力

研擬建立能力計畫時，你可能需要倚賴第三方來補充、互補公司現有的能力，但請注意，執行時千萬別把發展競爭差異化所需的核心數位能力外包出去。起初你可以透過夥伴關係，在短期間補齊這些能力，但中期和長期思維是自己擁有創造價值的必要能力。我們的經驗是，妥善地評估與建構下述四類夥伴關係：

1. 總包夥伴：就像僱用總承包商為你建造房子一樣，你可以和一家公司合作，讓他們幫你規畫及組織數位轉型，或許還為你供應人

才、技術及資料。最好找單一一家總包夥伴,避免發生校準和協調複雜性的問題。

2. **人才夥伴**:使用夥伴為你尋覓人才,可以顯著提高速度及彈性。合適且勝任的夥伴能夠在幾天內就為你的業務部署一支技巧高超的專家團隊,當不再需要專家團隊時,他們立即撤出。他們也能提供技能提升和訓練服務。推動轉型之初或許需要這種夥伴關係,但伴隨公司逐漸壯大自己能力,依賴程度日漸降低。

3. **技術夥伴**:技術夥伴能幫助寄存、處理及保護應用程式和資料。雲端服務供應商提供愈來愈多的服務及能力,尤其是在資料及分析方面(參見第十八章的更多討論)。其他的軟體供應商可能也符合需要,視你發展的解決方案而定(例如:數位行銷需要行銷堆疊技術)。你也會需要特定的技術夥伴來提供更專業的能力,例如:地理定位或滲透測試。

4. **資料夥伴**:第三方供應商能夠提供重要的補充資料。公共資料源、資料仲介商(data brokers)、資料市集(data marketplaces)等,全都提供廣泛的資料及其相關服務。另外,公司必須謹慎地處理資料存取協定(data access protocols)、智慧財產及網路安全性風險。

能否有效使用這類夥伴關係,最終取決於你的公司是否了解當前的能力落差,以及能否建構夥伴關係在短期間內填補落差,同時願意長期投資於這些能力。

第六章

數位路徑圖是
領導高層的一份契約

「沒有計畫的目標只不過是願望罷了。」
——安東尼・聖修伯里（Antoine de Saint-Exupéry），《小王子》作者

　　業務導向路徑圖最終產出的流程，是實現轉型路徑圖及相關的財務計畫。

　　＜圖表 6-1 ＞是一家包裝消費品公司的數位轉型路徑圖實例，可以看到他們的優先轉型領域（個人化行銷、供應鏈及採購），以及在轉型的同時，如何致力於建立能力。在該公司數位轉型行動的前 2 至 3 年，這張路徑圖僅限於前三個領域，並陸續增加了很多數位解決方案來推動轉型，也展開新的領域轉型。

　　規畫 2 到 3 年後的路徑圖沒有什麼幫助，因為情況必然有所變化，而且你將在頭一年受益良多。務必清楚你在追求什麼，但也要彈性地看待達到那些目標的旅程。

　　一份優良的數位與 AI 轉型路徑圖有五個特徵：

1. 轉型領域及推出的數位解決方案，以能夠在短期和中期創造顯著價值的方式排序。

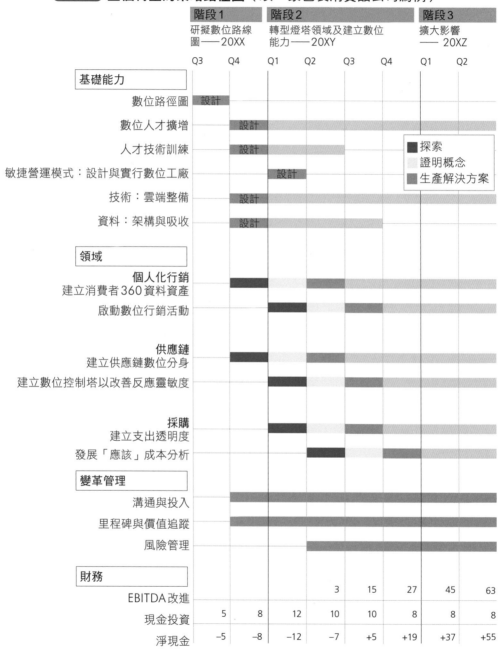

2. 領域的轉型明顯地和營運 KPI 有關，後者又和價值創造明顯有關。業務領導者信守對領域轉型路徑圖的承諾，以及內建在業務目標與獎勵計畫的期望效益。

3. 總計畫明確地指出如何建立企業能力——人才、營運模式、技術、資料，並且包含達到成熟期所需的投資與時間。

4. 總財務計畫要清楚，能夠反映出務實、但積極的時間與投資範圍。財務指標有其必要，因此務必嚴謹，如同成本或收益轉型，並且要能夠每月評量進展，而非年度評量。

5. 內含整個轉型及特定解決方案的變革管理，轉型辦公室已經發展出變革管理方案，以及清楚的治理模式，也明確地訂定可評量的每季里程碑（參見第三十章的更多討論）。

數位轉型路徑圖是領導高層「舉手」達成一致共識的時刻，基本上，路徑圖等同是領導高層簽署執行的一份契約。

第七章

公司的終極團隊運動

「一人無法奏出交響樂，需要整個管弦樂團才可以。」

——哈爾福德・路考克（Halford Luccock），美國衛理公會牧師、耶魯大學神學院教授

　　領導階層是所有轉型過程中的關鍵，因為數位與 AI 轉型的變化劇烈、跨部門性質高，最高管理層級需要更加緊密地通力合作，每位高階主管都必須扮演好自己的角色，否則轉型恐怕難以成功。

執行長

　　由於數位與 AI 轉型需要重度的跨部門通力合作，以及建立共用的企業能力，執行長（或集團企業裡的業務單位領導者）的角色不可或缺。他們負責校準最高管理層級的共識、架構新的企業能力，並避免組織之間產生任何誤解。

　　執行長要圍繞轉型需求召集和團結領導層，因此定期透過溝通來加強轉型的願景、一致性和承諾尤為重要。數位與 AI 轉型對端到端流程也有深層的連鎖效應，例如：當愈來愈多顧客使用銀行應用程式來完成特定的銀行事務時，各分行的人力就必須相應減少。由於這類連鎖效應可能涉及

非常多的組織部門及單位，執行長必須一再重新調整業務體制，充分地攫取轉型帶來的益處。

　　執行長還有另一個重要角色，那就是讓人員對轉型結果負責，持續聚焦於關鍵進展指標（key progress metrics），並讓管理層面的獎勵措施緊密地跟這些進展與結果對齊。根據經驗法則，執行長每個月將投資 2 到 4 天來確保轉型行動能夠成功達成，通常初期投資的時間比較多。

轉型長

　　雖然，執行長參與且對數位轉型當責，但仍然需要一位專責的領導者負責推動轉型及轉型的日常活動。一般來說，這位轉型長（chief transformation officer）直接向執行長報告，是組織的數位門面，不過屬於暫時性職位，只會設置 2 到 3 年（在一些案例中，數位長或轉型活動的協同領導者會接下這任務）。2 到 3 年過後，數位轉型應該已經從特別行動轉變，並整合到日常管理事務當中。

　　轉型長要能夠提出一個動人、具有說服力的願景做為號召，並且徹底地了解公司營運、對數位與 AI 可能顛覆哪些領域有強烈的直覺。轉型長是受人尊敬的主管，能影響最高階主管、能紀律管理與推行堅實的計畫。基於這點，轉型長一般會從內部遴選，一開始時的職責包括：

1. 設計與領導針對主管們的數位領導學習旅程。
2. 跟領導團隊一起研擬他們的數位路徑圖。
3. 跟人力資源部門及 IT 部門共事，確保完成優先轉型領域的適當

人才、技術及資料評估。

4. 跟業務、財務、IT 及人力資源等部門一起研商，討論所需的投資、資源及預期效益等方面的看法。

5. 先是主管委員會及以下一至二個組織層級主管參與，後續擴大至全組織推動強烈的數位轉型參與感。

在執行階段，轉型長的職責演變，包括管理轉型行動的進展、監督人員訓練、變革管理方案及處理其中衍生出來的問題（參見第三十章的更多討論）。

技術長、資訊長及數位長

你的組織可能存在、也可能不存在這三種與技術有關的職務。有些公司存在這三種職務，有些公司則是把其中二種或三種職務合併為一個職務，各家公司情形不一，通常視個人的技能組合而定。

- 資訊長通常聚焦於使用技術來改進公司內部的運作，他們督導公司的核心系統與技術基礎設施。資訊長提供重要的架構指導，在定義／發展雲端架構目標方面扮演領導角色。

- 技術長通常負責運用技術來改進提供給顧客的產品／服務，他們督導顧客直接接觸的應用程式，例如：銀行的自動櫃員機、安裝在車上的軟體應用程式。在數位轉型中，技術長的角色可能有很多種，視他們在你公司中的確切職責而定。若公司的技術長屬於

重度產品導向，則會自然地聚焦於發展或演進產品的數位路徑
圖。

• 在一些案例中，數位長是數位與 AI 轉型的共同領導者，通常負
責為顧客或內部使用者創造新的數位體驗。數位長在支援每個優
先領域上發揮核心作用，包括構思及定義每一個優先轉型領域的
數位解決方案架構、評估實行這些數位解決方案所需的資源、監
督這些數位解決方案的進度。在執行階段，他們監督這些解決方
案的交付日期，以及建立相關能力。

你會注意到，數位長、資訊長及技術長的角色有所重疊，當中的主要
差別在於，數位長掌握了資訊長和技術長可能不具備的新技能。數位長精
通現代軟體開發及先進 AI 與資料方法，他們視敏捷如同生命般的重要，
能夠辨識優良的敏捷實務。他們能夠評估複雜的數位解決方案的交付範
圍、定義需要的敏捷小組數目、需要的人才組合、存續期間，以及正確的
OKRs，他們也了解現代技術堆疊如何組成。

不過實際上，隨著資訊長和技術長日益通曉現代數位技術及其運
作方式，這三種角色也愈加重疊。為了推行數位與 AI 轉型，你將需要這
三者的所有貢獻，本書第四部說明數位長、資訊長、技術長需要監督的各
種相關技術。

資料長

若你的公司有一位資料長，他將領導資料架構的發展、定義資料產

品，以及有成效地實行資料治理（參見本書第五部）。

人力資源長

在數位轉型的初期，人力資源長扮演重要角色：取得所需的數位人才、建立能夠幫助發展及留住數位人才的人力管理實務（參見本書第二部）。

財務長

財務長負責監督與追蹤上述轉型業務開發所帶來的價值效益（參見本書第六部的更多討論）。此外，財務長的另一個重要角色是重新思考公司規畫與處理經費的方法，使它們更加敏捷（參見本書第三部）。

風險長

風險長負責架構第一道防線和第二道防線，在擁有多支敏捷開發團隊的背景下發揮作用。他們還需要了解如何應對數位和 AI 轉型可能產生的新風險，例如：資料隱私和網路安全（這些是第三部和第六部分別要討論的主題）。

業務單位及功能部門的領導者

最高管理層級的業務單位及功能部門的領導者（例如：作業、行銷、

銷售、採購、供應鏈、研發），負責監督數位轉型路徑圖上的高價值業務領域，例如：行銷長重塑客戶可能被公司產品或服務吸引的方法，為他們提供個人化行銷及優惠，近乎即時地評量客戶在線上不同階段的體驗滿意度。業務單位和功能部門的領導者必須積極地重新想像各自負責的領域，抱著好奇心去了解可能性的藝術。他們必須大膽地形塑一個轉型願景，敏捷地擁抱新的做事方式。

>>>>>> 第一部重點整理

以下一系列問題可以協助你採取正確的行動：

* 你的高層團隊能夠清楚地說明業務的願景，以及如何藉由科技達成此願景嗎？

* 你將聚焦於哪些優先的業務領域？它們最有機會贏得注意，攫取價值，且確實可行嗎？

* 你的高層團隊能夠清楚地說明這些優先轉型領域的預期效益及所需的投資嗎？你是否清楚自己將如何創造持久的競爭優勢？

* 你的資源是否校準於 2 到 5 個定義清楚、凝聚、能夠產生明顯影響的優先轉型領域？

* 你是否清楚公司所需的新企業數位能力？你想要做出必要投資來建立這些能力嗎？

* 你的高層團隊能夠清楚地說明各自在實現數位路徑圖中的角色與職責，以及其他團隊成員的角色與職責嗎？

建立你的人才板凳

創造讓數位人才茁壯成長的環境

沒有任何一家公司能夠透過外包途徑來達到數位卓越的境界，一家數位化的公司必須有自己的數位人才板凳──產品負責人、體驗設計師、資料工程師、資料科學家、軟體開發人員等，他們和你的業務同仁肩併肩地共事與合作。❶

　　因此，數位與 AI 轉型首先、也是最重要的是人員與人才轉型。❷ 這是急也急不來的，因為你必須動員技術人員來執行你的數位轉型路徑圖，所以相較於其他優先要務，取得適任人才所需的前置時間最長。

　　再者，傳統業務的主管不要認為自家公司永遠比不過矽谷的公司，無法擁有頂尖數位人才。透過鼓舞人心的議程和真心的承諾，老牌公司已經成功地培養了一群數位技術專家。這類例證有很多了。

　　最好的數位人才方案遠非只是招募優秀人才，還必須推出且實踐振奮員工的價值主張，發展更敏捷與數位的人力資源流程，致力於創造可以培育最佳人才的好環境。本書的第二部將展示如何做到。

　　第八章：核心能力 vs. 非核心能力──策略性人才規畫。清楚地檢視自家公司目前擁有的人才、評估所需人才，研擬計畫來填補二者之間的落差。有人可能覺得這些事很容易辦，其實不然。

　　第九章：建立數位人才的人力資源團隊。組成一支了解尋覓、招募及留住數位人才的團隊。

　　第十章：招募數位人才──應試者也在面試你。不是只有科技公司才能贏得頂尖人才，制定一個動人的員工價值主張，以及應徵者和員工想要且需要的招募與入職體驗。

　　第十一章：辨識獨特的技術人員。這點知易行難，你的公司不但要能夠辨識具有優異、不同於他人的科技技能，還要在不完全汰換的人才管理

架構之下，為數位人才建立雙軌職涯發展的資歷途徑。

　　第十二章：增進技能卓越性。由於科技演變飛速，數位人才非常重視在職學習與發展，因此你的公司也應該重視。

❶ Sven Blumberg, Ranja Reda Kouba, Suman Thareja, and Anna Wiesinger, 'Tech talent techtonics: Ten new realities for finding, keeping, and developing talent', McKinsey. com, April 14, 2022. https://www.mckinsey.com/capabilities/mckinsey-digital/our-insights/tech-talent-tectonics-ten-new-realities-for-finding-keeping-and-developing-talent

❷ "In disruptive times the power comes from people: An interview with Eric Schmidt," *McKinsey Quarterly*, March 5, 2020, https://www.mckinsey.com/capabilities/mckinsey-digital/our-insights/in-disruptive-times-the-power-comes-from-people-an-interview-with-eric-schmidt.

第八章

核心能力 vs. 非核心能力——
策略性人才規畫

「我們必須追求我們認為自己能充分做到的事,別被過去侷限了自己。」
——維克·保羅（Vivek Paul）,前威普羅公司（Wirpo）執行長

　　你有一份如同技術路徑圖那般詳細的人才路徑圖嗎?這個疑問可能令許多公司主管猝不及防,若你的答案是:「沒有」,請務必研擬一份深思熟慮且務實的計畫。❶

　　人力規畫是一種把數位轉型路徑圖和願景——對解決方案及創造它們所需的團隊（或敏捷小組）排定優先順序的計畫——轉化成實際的人才需求流程,這項工作包含盤點你的組織現有人才,然後將其與執行數位轉型路徑圖所需的人才對比（參見第六章的討論）,據此分析來研擬一項行動計畫,填補二者之間的人才落差。你可能認為這做法非常簡單,但其實過程中充滿複雜性。

你的公司內部需要自建什麼人才?

　　在推動數位與 AI 轉型時,所有公司都會面臨一個相同的策略性問題:「我們需要擁有這種人才嗎?」主管們會對此有所爭論,有人會說,科技

不是公司的核心業務，他們的核心業務是提供房貸或開採資源。有人可能會說，過去他們早已高度外包IT能力了，這跟數位與AI轉型所需人才有何不同？

但事實是，若一家公司想透過數位解決方案來產生差異化的競爭力，就必須自建差異化優勢的人才。我們分析那些數位領先者的公司（不論是科技業抑或傳統產業），結果清楚顯示，他們內部始終保有數位人才骨幹。我們還未見過一家透過外包途徑而達到數位卓越的公司。

擁有自家的數位人才板凳很重要，如此一來，技術人員才能夠跟公司業務及作業部門的同仁密切合作，共同發展及持續改善數位解決方案，進而加速開發週期。此外，這種密切合作與共事也讓技術人員第一線取得寶貴的業務情境。對一家包裝消費品公司而言，若資料科學家了解消費者對價格的反應變化、品牌定位及公司的資料環境，他們為公司發展營收管理解決方案時的效能將提高很多倍。發展優異的數位解決方案時，業務情境的影響相當關鍵。

話雖如此，但也不是所有的數位技術都能構成競爭的差異化因子。許多數位能力，例如：雲端服務供應商提供的服務、高度專業的技能（例如：用來確保應用程式網路安全性的滲透測試，以及追蹤使用者地理定位的技術）這些技能全都對某一項數位解決方案很重要，但可能不會為你的業務創造競爭差異化。若是如此，這些能力就應該外包。

再者，歷經時日，為了調適於商業環境的變化，公司也需要調整數位團隊的規模（擴大或縮小），這可能是把一些數位能力外包的理由——為了彈性運作。但你必須了解，天下沒有白吃的午餐，這些外包的團隊或許提供了彈性，但他們的效能卻不如自家擁有的人才，由於對你的事

業情境缺乏深入的認識，所以他們沒有辦法積極投入。根據經驗法則，你的目標應該是擁有 70％至 80％的所需數位人才，其餘的則是利用外部提供的服務。

建立優質的數位人才板凳得花時間。處於數位與 AI 轉型起步階段的公司，一開始往往高度依賴外部服務供應商，並同時啟動招募數位人才機制和內部員工技能升級之旅。歷經時日，公司將以自家人員取代承包商，通常在 1 至 2 年後可以達到 70％至 80％的數位人才為內部員工，不過時間需視公司有多大的雄心壯志而定。

舉例而言，一家包裝消費品公司以 5 支敏捷小組啟動數位轉型，然而當時該公司沒有足夠的數位人才，所以這些敏捷小組成員大多來自該公司的主要顧問機構。但與此同時，該公司開始招募優秀的科技人才，速度是每月招募約 10 到 15 人，不到 1 年，就足以大舉用自家科技人才取代來自顧問機構的敏捷小組成員。

了解你目前擁有的數位人才

你可能以為了解公司目前擁有的數位人才這件事很簡單，實際上，這工作遠比你想像的困難許多，因為你必須辨識及評估現有人才的技能與嫻熟程度，光是盤點職位是不夠的，參見＜圖表 8-1 ＞。

大多數組織鮮少有如此精確的技能分類圖。例如：知道某位員工是「Java 網路開發人員」，遠比只是知道他是一位開發人員要有用得多。同理，雲端工程師跟資料工程師不同，二者你都需要，但你必須進一步了解他們分別被賦予什麼任務，如此一來你才能善加利用他們的技能。同樣

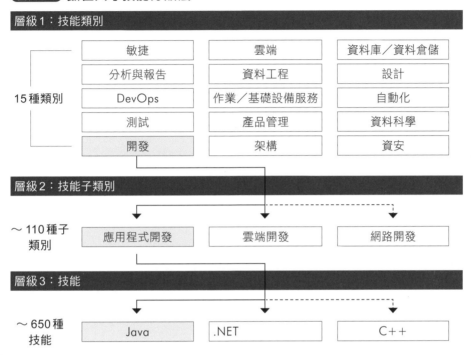

圖表8-1 數位人才技能分類法

層級1：技能類別

敏捷	雲端	資料庫／資料倉儲
分析與報告	資料工程	設計
DevOps	作業／基礎設備服務	自動化
測試	產品管理	資料科學
開發	架構	資安

15種類別

層級2：技能子類別

～110種子類別

應用程式開發	雲端開發	網路開發

層級3：技能

～650種技能

Java	.NET	C++

重要的是，科技類的技能結構變化快速，對 ML 工程師和生成式 AI 工程師的需求可茲為證，因此你必須跟著科技演變調整人才配置。

藉由人力資源提供的員工資料，很多組織相當容易繪製簡化版的技能分類圖，統計出各種職務類別的總人數。但更重要的步驟是，了解人才具備什麼技能與嫻熟程度，才好在實務工作上分派任務。

目前，尚未有一套可靠的方法提供組織辨識員工的技能嫻熟程度及其差異性，尤其是技術人員。查詢人力資源系統僅勉強為你提供一個起點，以下四種方法能幫助組織評估現有數位人才的技能：

1. **經理人評量。**若你需要從幾百人當中挑選出 30 至 50 人,先讓經理人由上而下快速地評量一遍是個好方法。這方法有助於按照技能分類法對現有人才進行分類,並透過可觀察到的行為了解專業程度。舉例而言,一位被分派簡單任務且需要持續被監督的工程師,可分類為生手;一位被視為所屬領域的意見領袖,可分類為專家。請注意,你必須根據每位經理人本身的技能來控管他們的判斷結果。

2. **個人自我評量。**技能問卷調查有助於取得整個 IT /數位人力的深度評量,當需要盤點及評量數百、甚至數千人時,可以考慮使用這種方法。這種問卷調查是根據詳細的技術性與功能性技能分類法來進行自我評量,市面上有第三方設計的評量工具可以套用,對於員工人數眾多的公司來說,這種自我評量問卷調查相對容易執行。不過,這種方法的缺點是自我評量總免不了偏見,女性習慣把自己排序於男性之後,因此需要視情況調整自我評量結果。

3. **線上測驗。**第三方——例如:Hackerank、Codility、CodeSignal、TestGorilla 等公司——提供特定的線上編碼測驗,有助於評量高度技術性人員的特定技能水準。這些測驗是評量技術性編碼技能最準確的方法,但可能製造員工焦慮感或衝突,進而導致組織分裂,因此務必審慎管理這項流程。

4. **技術性面試。**這方法結合了技術性測驗和親自面試來評量技能水準。這類評量相當耗費人力,通常只用於重要職務或角色,而且必須由精通特定技能的資深技術人員主持面試。不過,很多公司

太常把 IT 部門的高階主管跟精通特定技術的人混為一談，其實二者一般不能畫上等號。

一家公司如何釐清員工的技能水準

　　一家專業金融服務公司為自家的大型業務開發單位，設計了一款新數位銷售的支援工具。數位單位負責發展新的數位體驗，雖然起初試驗成功，但由於資料備份及延遲問題，應用程式未能擴大推廣，究其根本原因，是數位團隊的技能水準不足。

　　該公司使用 Hackerank 測驗 100 人組成的數位團隊後發現，僅有 20% 的技術人員通過 50% 的測驗等級（參見＜圖表 8-2 ＞），難怪公司的應用程式充滿架構與工程問題。值得注意的是，有 1/3 的資源來自第三方承包商，但他們的表現也沒有比較好。這是我們經常見到的問題。

圖表8-2 測驗 100 人數位團隊的編碼能力

編碼能力評分，0 ＝最低，100% ＝最高

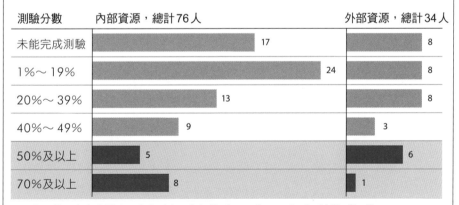

測驗分數	內部資源，總計76人	外部資源，總計34人
未能完成測驗	17	8
1%～19%	24	8
20%～39%	13	8
40%～49%	9	3
50%及以上	5	6
70%及以上	8	1

註：每位員工各自選擇編碼能力測驗，包括 Python、Java、Android Kotlin 等。

一家全球保險公司填補人才落差

我們來看看一家全球保險公司的人才落差分析（參見＜圖表 8-3 ＞）。這份分析流程涵蓋該公司的所有內部技術人才，員工用 1 分（生手等級）至 5 分（專家等級）來評量，自己在數位計畫的重要角色上的技能等級。透過將人才現狀和未來需求相互比對，辨識人才落差，得出的結果讓公司清楚看出人才的優先要務（在＜圖表 8-3 ＞中，能力水準 1 分及 2 分被歸類為生手等級，3 至 5 分被歸類為勝任等級）。

該公司填補人才落差的方法凸顯了以下的重要洞察，適用於許多推動數位與 AI 轉型的公司：

1. **更多自家人才，更少外包人數**。這家保險公司積極於引進技術人才，把內部人才／外部人才的比例從最初的 39%／61% 成長到 70%／30%。這是相當大的改變，不僅是明智之舉，也有節省成本的效益（假設地理足跡不變的話）。

2. **更多執行者，更少審查者**。該公司招募大量的整合工程師〔又稱為全端工程師（full-stack engineer）〕和資料專業人員，減少以往有關瀑布式專案（waterfall project）開發技能類別的員工數量，例如：專案管理及經理角色。基本上，公司想要更多的開發與執行程式人員，減少管理與監督人員，使有效開發產能在提高 15% 之下，同時能夠減少 15% 的員工。這是因為敏捷開發促成更扁平、更賦權的組織。

3. **更多能幹勝任的執行師，更少生手**。此公司的現有員工的技能水準遠低於需求，在數位時代，人才「金字塔」應該更像一顆鑽石的形狀，中層有更多能幹勝任的執行師，底層有較少的生手。縱使這樣的人才結構將增加薪酬成本，但勝任的工程師的生產力將顯著提升——高於薪酬成本的增加，使公司的整體生產力提高。❷

圖表8-3 數位與技術人才落差分析（以一家全球性保險公司為例）

(N) 生手　(C) 勝任　■(灰) 要釋出的資源　■ 要增加的資源

類別	支部	目前狀態 (N)	目前狀態 (C)	未來需求 (N)	未來需求 (C)	落差 (N)	落差 (C)
軟體	前端工程						
	整合工程	502	410	514	2,056	−12	−1,646
	全端工程						
	品保工程	44	36	27	108	+17	−72
架構	架構	33	80	26	103	+7	−23
基礎設施	網站可靠性工程	47	78	27	108	+20	−30
	DevOps	12	19	27	108	−15	−89
	雲端工程	6	10	11	43	−5	−33
	基礎設施工程師	113	184	66	263	+47	−79
資料與分析	資料與分析	74	91	54	216	+20	−125
資安	資安	84	102	34	136	+50	−34
設計	體驗設計	4	7	9	34	−5	−27
產品管理	產品負責人	96	179	69	275	+27	−96
敏捷	敏捷管理師	15	55	11	44	+4	+11
其他	專案經理	58	217	3	14	+55	+203
	領導階層（例如：副總）	0	198	0	64	0	+134
	非敏捷小組角色（例如：行政）	0	362	0	274	0	+88
內部全職工時當量（FTEs）		1,088	2,028	878	3,846	+210	−1,818
內部總計		3,116		4,724		−1,608	
外部總計		4,826		2,024		+2,802	
內部%；外部%		39%；61%		70%；30%			

註：根據技術人才技能水準問卷調查，1分（生手）至5分（專家），1至2分為生手等級，3至5分為勝任等級。

研判人才落差

完成組織目前的人才技能評量後，你就能拿評量結果跟數位路徑圖所需的未來人才相比對，研判人才落差。在研判時，務必考量到公司常忽視的二個因素：第一、按照「職務說明」來招募，而非按照實際的技能需求來招募，這是一大風險。通常，一位優異的開發人員被認為比一位能力普通的開發人員，價值高出 5 到 10 倍。第二、別忘了尋求數位時代很重要的內在素質，例如：靈活的調適性、溝通與合作的能力，最重要的是有學習意願。

你現在已經有所有必要的元素了，可以把數位路徑圖轉化成一份人才招募計畫（參見＜圖表 8-4 ＞），這實際上就是負責建立數位人才板凳團隊的開拔令（參見下一章人才團隊的更多討論）。在決定如何執行人才招募計畫來填補人才落差時，你無可避免地必須在招募人才、委外或提升／再造現有員工的技能這三者之間取得適當的平衡（參見第十及第十一章的更多討論），同時還要考慮打造數位解決方案所需的時間、核心人才與非核心人才對業務的重要程度及成本。優先要務必然會隨著數位轉型的推進而改變，因此必須定期把招募計畫拿來校準路徑圖。

圖表8-4 估計人才總需求，並研擬一份人才招募計畫
（以一家全球性農業公司為例）

	人才需求			➡	招募計畫（累計）					
職務	需求	供給	落差		**Q1** 招募	外包	技能再造	**Q2** 招募	外包	技能再造
產品負責人	20	2	18		5	5	0	8	0	10
敏捷開發主管	10	3	7		5	2	0	7	0	0
變革推手	5	多位	–		0	0	0	0	0	0
設計組長	3	0	3		1	0	0	2	0	0
UI／UX設計師	17	0	17		3	7	0	6	7	0
資料科學家	6	1	5		2	0	0	3	0	2
資料工程師	18	5	13		5	7	0	10	3	0
軟體工程師	43	12	31		8	13	0	12	15	2
ML工程師	3	0	3		0	0	0	1	0	0
技術組長	8	2	6		2	2	0	5	1	0
資料架構師	2	0	2		0	1	0	1	0	0
敏捷教練	5	0	5		2	2	0	4	1	0
商業分析師	15	多位	–		0	0	0	0	0	0
主題專家	27	多位	–		0	0	0	0	0	0
總計	182	視情況	110		33	39	0	59	27	14
						72			100	

❶ Dominic Barton, Dennis Carey, and Ram Charan, "An agenda for the talent-first CEO," *McKinsey Quarterly*, March 6, 2018, https://www.mckinsey.com/capabilities/people-and-organizational- performance/our-insights/an-agenda-for-the-talent-first-ceo.

❷ Peter Jacobs, Klemens Hjartar, Eric Lamarre, and Lars Vinter, "It's time to reset the IT talent model," MIT Sloan Management Review, March 5, 2020, https://sloanreview.mit.edu/article/its-time-to-reset-the-it-talent-model/.

第九章
建立數位人才的人力資源團隊

「需要人們的人是世上最幸運的人。」

——芭芭拉‧史翠珊（Barbra Streisand），美國歌手

　　許多人力資源單位有相當緩慢的人才招募及入職流程、僵化的薪酬結構、對數位人才而言早已過時的學習與發展方案，若你想建立數位人才板凳，留住表現優異的人才，這是一大問題。

　　不過，要改造全公司的人力資源組織，使其為數位轉型做好準備，也得花上幾年的時間。我們發現，最務實且成功的做法是組成一支特別團隊，專門致力於調整現行人力資源的流程，聚焦於數位人才。這方法若執行良好，可以加快處理有關於數位人才的根本人力資源挑戰。我們稱這個特別單位為「人才致勝室」（Talent Win Room），這個「室」可能是實體、也可能是虛擬編制，但重點是，他們是一支專門的團隊。人才致勝室的主要任務是建立及持續改進應徵者及員工體驗的所有層面。

　　人才致勝室需要 1 位最高層級的主管來當發起人，通常是人力資源長及／或數位長，以及 1 位全職的人力資源高階主管擔任團隊的領導者。換句話說，人才致勝室是一支跨學科團隊，充分反映敏捷小組的工作習慣及行為，由技術招聘人員和有相關專長的人力資源專員組成，例如：人才

規畫、人才招募與入職、人才管理與發展、多元、公平、包容等。此外，這團隊也視需要，肩負起功能部門的專業，包含法務、財務、溝通、行銷等。＜圖表 9-1＞的例子展示人才致勝室常見的人員組合，以及使用的 KPI。

人才致勝室應該跟敏捷小組運作的方式一致，聚焦於「顧客」（在此情況中，顧客指的是工作應徵者及員工），快速且迭代地運作，不斷重新設計與執行針對這些「顧客」的新人力資源流程（第十三章將說明敏捷小組的工作方式）。從應徵者的立場來看，敏捷人力資源團隊若展現速度、切要及敏捷，就是組織說到做到的第一個好印象。

人才致勝室不是任意設立及任意裁撤的單位。舉例而言，一家「財星五百大」公司通常需要 200 至 2,000 名數位技術人員，得耗時 1 到 3 年的時間來找齊，一旦達到這個目標，你還是會繼續招募新血來填補自然離職率（通常每年 5％ 到 10％）。再者，其他的人力資源活動也會隨之增強，例如：設計職涯發展途徑、管理績效、規畫職涯發展、薪酬策略等。因此，人才致勝室應該成為常設單位，只不過工作焦點將隨著時間演變，最常見的工作內容是，持續形塑與整合實務到新的人力資源職能中，成為核心基石以應付更多的人才池。當這支人才團隊變成常設單位且任務漸增時，我們往往會看到組織成立多個人才致勝室，以相似的方式來應付組織的其他人才要務。

X% 投入時間　■ 數位人才團隊　■ 高階領導層　■ 外部支援（暫時性）

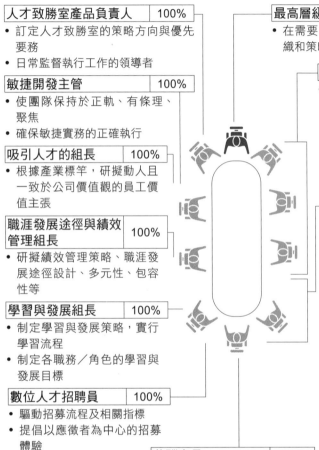

人才致勝室產品負責人 100%
- 訂定人才致勝室的策略方向與優先要務
- 日常監督執行工作的領導者

敏捷開發主管 100%
- 使團隊保持於正軌、有條理、聚焦
- 確保敏捷實務的正確執行

吸引人才的組長 100%
- 根據產業標竿，研擬動人且一致於公司價值觀的員工價值主張

職涯發展途徑與績效管理組長 100%
- 研擬績效管理策略、職涯發展途徑設計、多元性、包容性等

學習與發展組長 100%
- 制定學習與發展策略，實行學習流程
- 制定各職務／角色的學習與發展目標

數位人才招聘員 100%
- 驅動招募流程及相關指標
- 提倡以應徵者為中心的招募體驗

薪酬專員 20%
- 確保公司向人才提供具有競爭力的薪酬

最高層級主管贊助人 10%～20%
- 在需要時現身，以校準更廣大的組織和策略目標

專家 不一
- 對重要影響層面提供專業知識，例如：需要招募的要角、用設計思維重新思考人才與員工體驗

招募擴充 100%
- 發展招募架構的顧問，包括吸引、評估、入職等活動
- 臨時性招募支援

人才致勝室的指標與KPIs範例
- 職位招聘花費的時間（time to hire）
- 招募流程每個階段的轉化率%
- 人才源應徵者獲邀面試率（source yield）
- 員工滿意度
- 多元共融指標與目標
- 員工績效指標

一家大型農業公司如何設立人才致勝室

　　一家大型農業公司決定在自家創立重要的數位能力與職務，他們設立人才致勝室，訓練該團隊培養以應徵者為中心的心態、採行敏捷運作。人才致勝室把該公司的人才招募現代化，使用約聘制及活躍的數位招聘管道（例如：TopCoder、GitHub、Stack Overflow）提升面試體驗，包括編碼練習，並安裝與實行一套應徵者追蹤系統來管理從頭到尾的招聘體驗。不出 6 個月，該公司就成功地建立了 80 人的數位人才板凳。

第十章

招募數位人才——
應試者也在面試你

「我從不介意試鏡，他們應該知道我是不是合適的人選，我應該知道我是否想拍這部電影。」

——茱蒂·佛斯特（Jodie Foster），美國演員

　　為了尋覓及留住優秀人才（包括內部及外部），你必須進入數位人才的腦袋裡，了解他們想要什麼。頂尖人才對僱主的要求極高，所以事實上他們也在面試你。你必須提供數位人才重視的東西，創造一個以他們為中心的招募與入職體驗，如此一來才能贏得他們。❶

切要、動人且可信的員工價值主張

　　在你評估頂尖人才、他們也在評估你的世界，公司必須提出一個動人、激勵及迎合他們的員工價值主張。❷

　　為了吸引數位人才，最關鍵的要素之一是提供有發展機會的環境，讓數位人才能夠跟優秀的同事一起磨練技能、打造現代技術堆疊（參見＜圖表 10-1 ＞）。基本上，他們想要確定及放心，從現在算起的三年後，他們的技能組合仍然跟現在一樣有價值，甚至更有價值。這不是唯一的關鍵要素，但一直以來都很重要。

現身說法 | 馬克・安德森（Marc Andreessen），安德森霍羅維茲創投公司（Andreessen Horowitz）共同創辦人暨普通合夥人

用他們的話來說：振奮人心的科技人才

聰明絕頂、知道自己該做什麼的工程師數量有限，這些人會選擇最重視他們的公司。他們選擇公司領導階層確實了解他們所做的事、了解如何創造一流技術發展的公司文化，他們選擇提供自己應得的酬勞、且認真看待、傾聽及尊重自己的公司，他們希望自己所處的位置能夠讓像他們這樣的人形成臨界質量（Critical Mass，引發核子連鎖反應所需物質的最小量）。

就典型的財星五百大公司的情況來說，現有的問題跟二十年前就存在的問題相同。我原本以為這個問題歷經時日會減少，但今日我仍不確定解決了多少。這個問題是：太多大公司內部的技術人員並非公司裡最重要的員工，他們未被視為一流人才。

只需看看組織圖就知道了。長久以來，公司把技術人員安置在與世隔絕的 IT 部門，以至於有很多電視節目總將他們形容為一群待在小房間的書呆子，例如：英國的喜劇影集《IT 狂人》（*The IT Crowd*）。後來，大約二十年前，大公司覺得或許不該把所有技術人員都歸類在 IT 部門，於是又設立了普遍稱為數位部門的單位，由一位數位副總領導。好消息是，部門領導人是程式設計師，在那裡，數位人才被認真看待，但是仍然侷限在一個部門、一個單位，這就是問題。

舉例而言，在特斯拉，自駕車工程師是公司內部最重要的員工，伊隆・馬斯克（Elon Musk）經常提及他們，也經常跟他們交流，在特斯拉，他們基本上就像領導者。反觀在傳統的汽車代工製造廠，做這些事的員工就沒有這種待遇及地位了，明明是他們應得的卻沒有得到，而且仍然待在「小房間」裡，四十年前業界的領導人跟現在領導人還是同一類人。

這是一直存在的狀態。特斯拉由那些預見未來每個層面、知道自動駕駛電動車如何運行的技術人員領導，反觀老牌汽車大廠則是由主要接受傳統商業訓練、但本質上非技術人員的人領導。

圖表 10-1 **對軟體人才而言最關鍵的工作要素**

有多少比例的軟體人才把這些要素列為接受一份工作、打算繼續留任、打算離職或已經離職的前三大理由。

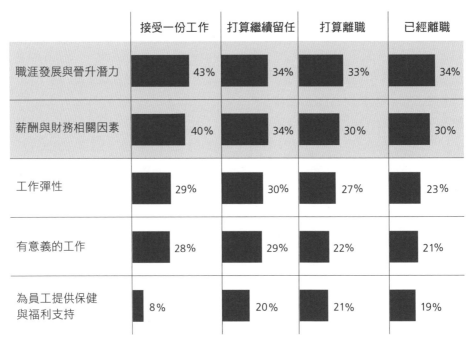

	接受一份工作	打算繼續留任	打算離職	已經離職
職涯發展與晉升潛力	43%	34%	33%	34%
薪酬與財務相關因素	40%	34%	30%	30%
工作彈性	29%	30%	27%	23%
有意義的工作	28%	29%	22%	21%
為員工提供保健與福利支持	8%	20%	21%	19%

資料來源：McKinsey Software Talent Great Attraction Survey, 2022 (N = 1,532)

多數組織有一個員工價值主張，但很可能需要更新、轉變成一個強調更大的目標述事——強調技術在達成公司使命中的重要性，以及對多元性與包容性的承諾。一個好的員工價值主張提供有形與無形的層面，展現公司的立場，以及什麼特質使此公司如此獨特（參見＜圖表 10-2 ＞）。

員工價值主張中的內容可以遠大，但必須可信。應徵者和員工能夠覺

嬌生藥品公司（Johnson & Johnson Pharmaceuticals）

整體員工價值主張：在嬌生公司工作有別其他公司，我們每天為感染類疾病創造改變生命的療法，以及致力於改善全球健康平等，發展醫療科技創新、藥品及消費者保健產品，增進全球人類的生命品質。從改變手術程序的 3D 列印和機器人，到遞送疫苗至偏遠地區的無人機，我們的工作無與倫比。

數位員工價值主張：想像賦予 AI 人類累積的醫學知識，建造用自然語言處理的應用程式，使手術更為安全，或者使用 ML 來改變罕見疾病的診斷方式。資料科學不僅使這類突破變得可能，也增強了我們的影響力。例如：楊森研發（Janssen R&D）團隊就是這樣縮短了臨床試驗的時程。身為全球最大、最廣泛的保健公司，我們利用自家龐大資料集來應付當前時代的最大保健挑戰，從愛滋病毒到膀胱癌、狼瘡及新冠肺炎等。

自由港麥克莫蘭銅金公司

整體員工價值主張：我們的技能精湛、多才多藝的團隊發現、開採、加工及供應連結世界的原物料。我們供應的元素──銅、鉬、金──在驅動未來的技術發展中扮演重要角色。
我們相信公司最大的力量在於員工，我們尊重及重視員工的各種思想、理念、經驗、才智、技能、觀點、背景與文化，我們致力於提倡及促進一個人人都有歸屬感、被尊重地對待、意見獲得重視的工作環境。

數位員工價值主張：在自由港，我們知道，數據資料只有經過分析，並將洞察有效地傳達給企業，才能充分發揮其潛力。你將和採礦作業部門、主題專家、資料科學家及軟體工程師密切合作，發展先進、高度自動化的資料產品。你將是資料營運（Data Operations，端到端資料生命週期的新方法，後文簡稱 DataOps）、DevOps 及敏捷實務的鬥士；領導專案團隊及督導團隊成員充分地發揮他們各自的潛力。

資料來源：嬌生公司及自由港麥克莫蘭銅金公司的職涯資歷發展網站

察陳述的員工價值主張和現實之間的差別，當他們覺查員工價值主張誇大不實時，他們就會離你而去，並告訴其他人，對公司的殺傷力很大。更何況，找工作的技術人員會上第三方資訊網站先查看公司評價，例如：Glassdoor、Blind，這是他們了解一家公司最常使用的途徑。這些網站

可以讓你至少了解該公司員工對其員工價值主張的實際感受。公司應該像監控產業或金融分析師一樣，謹慎和嚴格地監控自家公司在這些平台上的聲譽。

以應徵者為中心的招募體驗

我們發現，當組織轉變心態，優化每一階段的招募流程，將其轉變為創造令人愉快的應徵者體驗時，人才招募行動才算成功。

<圖表 10-3 >展示典型的公司招募流程，以及困擾此流程的許多問題，例如：你可以在此圖表中注意到，這種招募流程耗時過長，從預篩至發出錄用通知的時間軸長達 4 週，此舉很難與外界競爭到數位人才。當耗時冗長時，不但讓應徵者產生公司行動緩慢的觀感，更別提這段期間他們早就獲得別家公司的青睞，你的公司恐怕失去了招募到他們的機會。切記，應徵者在招募流程中的體驗，反映了他們預期為你的組織工作時可能遭遇的體驗。

我們看到一些組織在重新構想人才方案後，成功地留住人才。在這方面表現最好的組織聚焦於創造一個以應徵者為中心的體驗，側重如何使應徵者感到愉快且難忘（參見<圖表 10-4 >）。組織務必周全地設計出一個符合應徵者及產業期望的招募流程體驗，在<圖表 10-4 >中，注意那些令應徵者覺得這個組織將重視他們的體驗時刻。

有一個愉快的招募體驗固然很棒，但若你無法找到合適的應徵者，那就沒多大用處了。雖說經濟變化會影響人才的可得性，但尋找符合業務特定所需的優秀人才向來是個挑戰。

首先，也是最重要的，這意味著你需要科技人才的招聘人員，他們必須有相關經驗，能說應徵者的行話。其次，這些招聘人員必須精確地知道往何處尋找應徵者，以及跟各種專門為科技人才打造的平台與服務互動。舉例而言，富進取心的招聘人員把他們的焦點從傳統管道（例如：一般就業網站）轉向工程師們經常自傲地張貼作品的源碼庫，他們瞄準 GitHub 和 Reddit 之類的社群，大量科技人才經常為了找工作以外的理由聚集在這裡。

一些公司和數位平台合作（例如：目前受到喜愛的 Topcoder 和 HireIQ）舉辦線上競賽，讓潛在的應徵者展示他們的技術性技能。Good&Co 和 HackerRank 之類的數位人才平台也幫助公司更有效地評估潛在員工、跟公司所需技能及公司文化的匹配程度。欲訴諸這類途徑，需要擅長科技人才招募的數位招聘人員。

面試流程是值得特別考慮的一個環節。在太多的案例中，職務說明含糊不清，面試程序安排得很糟，面試官並未校準究竟想從面試中了解應徵者的哪些層面，整個流程費時太長，有些甚至長達 60 至 90 天。最常見的陷阱是未能測試到程式設計師的真正專長。編碼測驗是面試流程中的重要一環，必須認真規畫並執行。同樣地，面試官必須事前做好準備，並將面試視為一種殊榮，而非只是行事曆上的另一場面試會議而已。

在招募流程中，一些組織優先在特定技術領域聘僱老手和高階領導者，透過這些人的個人人脈和業界聲譽，協助吸引其他優秀人才加入。一家即將展開數位轉型的北美工業公司，優先聘用一位在技術圈內享有聲譽的數位長，使該公司得以吸引來自相似組織的三位優秀產品負責人及設計師。接著，該公司把招募行動瞄準大型科技公司和頗受獲好評的設計公司

招募旅程的現狀（以一家金融服務公司為例）

階段	開源／尋覓（3到4週）					篩選（1週）		

步驟①：需才團隊提出申請
步驟②：財務／人力資源部門核准申請
步驟③：需才團隊把批准的申請單交給招聘人員
步驟④：張貼徵才訊息
步驟⑤：數位形式應徵

①：評估應徵者
②：安排篩選通話
③：進行篩選通話

步驟	❶	❷	❸	❹	❺	❶	❷	❸
接觸點	招募系統			領英 等	應徵入 口網頁	電子 郵件	電子郵件 打電話	視訊 會議

應徵者的體驗
重要時刻的行動、感想、感受

| 積極 開始找新工作或擁抱新機會 | | 得花很長時間填寫申請表格 興奮、好奇、不確定 閱讀徵才訊息 | OK 應徵此工作 | 焦慮 等待回覆 | 沮喪 原定通話時間延後 / 惱怒 找別的工作 | OK 篩選通話 / 惱怒 撤回應徵函 |

招聘人員的體驗

焦慮 不知道接下來有何人才需求，沒有一池子的應徵者 — 尋覓獨角獸 招架不住 無預警的新人才需求 — 壓力 開始覓才 — 懷抱希望 等待應徵者 — 壓力 篩選基本資訊 — 壓力 等候安排通話時間 / 惱怒 延遲：失去應徵者 — 懷抱希望 進行篩選通話

徵才經理的體驗

壓力 撰寫職務說明；流程緩慢且乏味 — 無法讓我的招人需求被排在優先 沮喪 等候徵才申請審核流程 — 壓力 和招聘人員開會討論徵才職務的需求條件 — 懷抱希望 在自己的領英（LinkedIn）上張貼徵才訊息以善用自己的人脈 — 要審閱成堆的應徵者履歷表 沮喪 收到招聘人員提供的應徵者名單 — 沮喪 有時候不清楚情況進展得如何

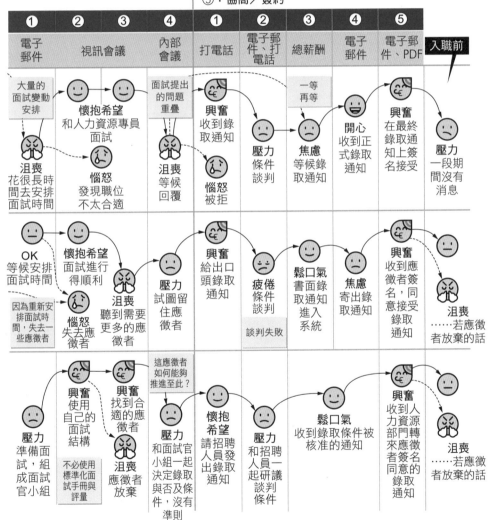

階段	開源／尋覓（1至2週）				篩選（2天）		
	步驟①：品牌建立與規畫 步驟②：研擬職務說明 步驟③：張貼徵才訊息 步驟④：數位形式應徵				①：評估應徵者 ②：安排篩選通話 ③：進行篩選通話		
步驟	❶	❷	❸	❹	❶	❷	❸
接觸點	領英等	招募系統	領英等	應徵入口網頁	招募入口網頁	自動化／自助安排時間	視訊會議

應徵者的體驗
重要時刻的行動、感想、感受

強烈吸引科技人才，科技賦能的篩選提供一個容易的起始 ┆ 透明的流程和容易篩選時間的安排

發現一個令應徵者興奮的品牌

- 感興趣：留意此公司的新職缺
- 好奇：發現合適的職務
- 興奮：透過聊天機器人獲得預篩
- 輕鬆：能清楚看見流程
- 興奮：安排與招聘人員通話
- 受尊重：接聽篩選通話

招聘人員的體驗

利用應徵人才池及公司的聲譽，跟人力資源部門密切合作 ┆ 科技賦能的篩選幫助加快流程

招聘人員使用科技行話

- 有準備：可利用應徵人才池
- 有信心：參與人力資源部門提供的面試官訓練
- 有信心：研擬計畫，為人才需求開源
- 消息靈通：監視指標
- 聚焦：聚焦於AI預篩出的應徵者
- 有準備：自動篩選及安排通話時間
- 連通：在篩選通話中評估應徵者

從一份既有的觀察名單起步

科技賦能的預篩應徵者

徵才經理的體驗

製作職務說明範本，以開源尋覓及篩選準則支援招聘人員 ┆ 清楚看到共用的入口網頁，讓人力資源部門消息靈通／參與

- 有準備：事先計畫及快速行動
- 有準備：在自己的專業人脈中保持活躍
- 興奮：使用堅實的職務說明範本，只需少許編輯
- 懷抱希望：提供更多的篩選準則
- 消息靈通：能在數位儀表板上清楚看到篩選

經常更新篩選漏斗狀態

| 面試（1週） | | | | 錄取通知（1天） | | | |

①：安排面試
②：進行第一回合面試
③：進行第二回合面試
④：面試後做出決定

①：發出口頭通知
②：商談口頭通知
③：最終的錄取被核准
④：正式錄取通知／簽約

❶	❷	❸	❹	❶	❷	❸	❹	
自動化／自助安排時間	視訊會議		內部會議	打電話	電子郵件、打電話	總薪酬	電子郵件	入職前

以高度協調的面試來簡化流程　　　　**快速的錄取通知流程和持續培養關係**

有所掌控
透過電話應用程式來安排面試

興奮
跟多名面試官面談
> 他們確實檢驗我將在職務上使用的技能

懷抱希望
等候決定
> 同一天決定

興奮
收到口頭決定

確認
檢視及提出疑問
> 次日收到錄取通知

焦慮但放心
等候最終錄取通知

開心
收到最終錄取通知
> 預選偏好的技術；取得工具與軟體

興奮
入職前成為社群

在數位入口網頁上溝通，以提供能見度及支援，從頭到尾追蹤指標　　　　**快速的錄取通知流程和持續培養關係**

消息靈通
保持持續溝通

消息靈通
追蹤進展並回饋

興奮
發出口頭決定

消息靈通，賦能
在數位入口網頁上與多方溝通
> 錄取者打電話向我致謝！

消息靈通
能看到發出最終錄取通知後的活動

規畫周詳且有記錄的面試流程來繼續推進　　　　**在發出錄取通知時和之後，有自動化提示可幫助和錄取者保持密切聯繫，親自和錄取者聯繫，使其保持投入**

懷抱希望
準備面試

興奮
以清楚的流程及資產來進行面試
> 能清楚看出應徵者是否具備此職務需要的技術專長

懷抱希望
校準與決定會議

興奮
口頭決定後，開始對外聯繫

懷抱希望
在錄取通知步驟期間，跟錄取者保持密切聯繫
> 別再有「還有更佳人選」症候群

興奮
跟錄取者聯繫

興奮
繼續培養關係，歡迎新團隊成員

人才。透過上述方法，該公司只用大約 6 個月的時間，就從無到有地建立一支 30 人的產品與設計團隊。

不過，尋找資深人才可能得花好些時間，因此必須和主要的招募行動齊頭並進。

在內部尋找人才

在我們的經驗中，許多公司需要的人才大多數得向外尋覓才能找到。不過，在公司內部尋找及調動人才有幾個優點：比起其他方法，在內部尋找總是更容易、更便宜、更快速，以及原本就具有內部網絡知識和公司文化。

在評估內部候選人時，請小心二個常見的陷阱：回收利用績效問題，也就是對不符合資格者改換職務、但未施以適當的技能升級（關於技能升級，參見下文的更多討論）。公司必須先訂定資格標準及篩選流程，確保轉調的員工達到專業門檻，以及必須知道所需人選的能力需求，並且願意等待合適的人。

最佳實務是，以類似面試新員工的方式來面試內部轉調者，提供清楚的職務說明與期望，以及每一個所需職務的技能門檻。

在數位與 AI 轉型中，產品負責人（或產品經理）的職務大多是從內部找人選，因為這職務的效能有部分仰賴於深入地了解業務及組織。優秀的產品負責人是數位轉型成功的一個要素，比其他職務都重要，尤其必須檢驗他們的產品管理能力與經驗，並為能力與經驗不足的人規畫實際的技能升級方案。（關於產品管理，參見第十五章的更多討論。）

新員工入職旅程

應徵者從接受錄取通知到第一天到職的這段期間，招聘人員和徵才經理之間的過渡期經常處理得亂七八糟。此外，新進員工到職後的頭幾週往往在存取正確的系統或程式庫，然後等待被派任至新的團隊裡工作，原因在於新進員工的入職流程是由組織的許多單位分別處理。

多數公司在新進員工訓練時，會概要地說明他們的職務、職責及給予的期望等。請向他們提出有清楚目標的入職計畫，並解釋績效管理的流程。公司可以更進一步地向新進員工概述公司的數位計畫，以及他們將在哪些部分做出貢獻。業務情境很重要，我們常說，商務人士必須學習技術的發展與變化趨勢，反之亦然，在了解業務情境後，技術人員會最具生產力，因此務必把這些目標包含在新進員工的入職計畫裡。

準備周全的公司甚至會指定一位聯絡人來幫助新進員工認識公司，理想上，最好是新進員工即將派任第一份工作中與其共事的同仁。數位人才想要、也期望能夠立即做出貢獻，因此公司應該在他們入職的第一週就直接把他們部署到一項實際的專案裡。

同樣地，請注意提供給新進員工使用的技術工具。例如：設計師可能期望使用麥金塔電腦，採用能夠發揮他們最大生產力的特定工具，例如：Sketch、InVision 或 Balsamiq。許多組織會讓未來的員工填寫僱用相關文件時，一併選擇他們偏好使用的器材與裝置。公司必須讓開發人員入職後立刻能夠存取程式庫，以便快速展開工作進度。資料科學家會期望使用 Python。開發人員的「工作台」（workbench）應該自動化且夠清楚，好在入職的第一週結束時就能夠開始展開編碼工作。

多元、公平與包容

我們的研究顯示，在多元共融（diversity, equity, and inclusion）方面成效卓越的公司，其息前稅前利潤率贏過同儕的可能性高出 36%，創造更長期價值的可能性高出 27%，獲利力高於平均水準的可能性高出 25%。在多元性方面，應該包含不同性別、種族、經驗及神經多樣性（nerodiversity）的廣泛觀點。❸

頂尖大學早已把電腦科學、資料科學及其他科技工程數學（STEM）課程多元化，擴展僱主可得的人才供輸。這個發展除了幫助公司強化人員招聘與配置，也提供一條達成更大多元性目標的途徑，進而提高公司對頂尖人才的吸引力，因為他們日益將多元共融性視為挑選僱主時的重要考量因素。

我們已經看到，當公司在員工價值主張中加入多元共融元素時的成功案例，例如：公司設有多元共融的支持機制。公司的應徵者面試體驗也應該反映多元共融，包括研擬具包容性的職務說明、透過多元共融訓練來幫助面試官避免潛意識的偏見、由多樣化人才組成面試官團隊。公司可以考慮在數位轉型儀表板上加入多元共融項目。最後，多元共融應該成為公司評量流程和接班人計畫的一部分。

❶ Sven Blumberg, Ranja Reda Kouba, Suman Thareja, and Anna Wiesinger, "Tech talent tectonics: Ten new realities for finding, keeping, and developing talent," McKinsey.com, April 14, 2022, https://www.mckinsey.com/capabilities/mckinsey-digital/our-insights/tech-talent-tectonics-ten-new-realities-for-finding-keeping-and-developing-talent.

❷ Vincent Bérubé Cyril Dujardin, Greg Kudar, Eric Lamarre, Laop Mori, Gérard Richter, Tamim Saleh, Alex Singla, Suman Thareja, and Rodney Zemmel, "Digital transformations: The five talent factors that matter most," McKinsey.com, January 5, 2023, https://www.mckinsey.com/capabilities/mckinsey-digital/our-insights/digital-transformations-the-five-talent-factors-that-matter-most.

❸ Kathryn Kuhn, Eric Lamarre, Chris Perkins, and Suman Thareja, "Mining for tech-talent gold: Seven ways to find and keep diverse talent," McKinsey.com, September 27, 2022, https://www.mckinsey.com/capabilities/mckinsey-digital/our-insights/mining-for-tech-talent-gold-seven-ways-to-find-and-keep-diverse-talent.

第十一章

辨識獨特的技術人員

「若你認為僱用專業人士很貴，等你僱用外行人後，你就知道他們的價值了。」
——瑞德·阿戴爾（Red Adair），美國油井消防員

期望一家老牌公司為調適數位人才而完全改變人才管理方法，是不切實際的做法，不過多數公司能夠在現行的人才管理架構中應付數位人才的特質與需求。其中，最重要的二個領域是薪酬和績效管理。

調整薪酬制度，按技計酬

技術性技能的薪酬往往跟實際價值偏差甚大，因為傳統公司的薪酬通常跟年資、有無主管職緊密相連，非視個人的工程能力而定。這種計酬方式導致技術人員不滿，更令表現優異者產生強烈的離職念頭。

現代公司推崇技術職涯發展，個人可以憑藉自身的技能對公司的績效產生巨大的影響。這促成了雙軌職涯資歷發展的興起，技術人員可以在傳統的管理職務軌道上發展，或是在專家或工程師軌道上發展（參見第十二章的更多討論）。

在考慮如何為數位人才調整組織的薪酬架構時，請記住以下幾點：

1. **薪酬以大科技公司為標竿。**大科技公司早就訂定了標準，大多數公司會拿來參考，然後根據當地市場及所需人才的專業程度，斟酌地訂定自家的薪酬。尤其是在混合型／遠距工作的世界，人才能夠在任何地方工作、頻繁被挖角或更容易轉換工作。當然，大科技公司所訂的標準會變，視科技業的經濟起伏而定，但薪酬水準依然是標準。通常，多數公司訂定的薪酬水準介在跟大科技公司薪酬齊平及低 30% 之間，視市場及人才專業程度而定。

   一般來說，薪酬結構偏向較多的分紅／獎金，加上給予有真材實料的科技人才較高總薪酬的機制。頂尖人才獲得的分紅／獎金可能高達基本薪資的 100%。

2. **在細部層次按技能計酬。**MLOPs 工程師的平均薪酬高於資料工程師，因為 MLOPs 技能較稀有且高需求。在每種技能類群內，薪酬必須按照技能水準來細部劃分級別，例如：大科技公司有多達 10 個級別的資料工程師，每個級別有不同的薪酬範圍。為了確定這些技能級別，標竿比較法有助於你了解所需人才的市場，並提供資料以確保你提供的薪酬在市場上具有競爭力。

   接著，你必須考慮所需技能的最佳分級法，這指的是針對各種職務類群，建立明確的技術分級基準（technology competency markers，後文簡稱 TCMs）和領導力分級基準（leadership capabiity markers，後文簡稱 LCMs），參見下文的詳細說明。這工作起初並不容易，需要花些時間把它做對，＜圖表 11-1 ＞展示麥肯錫管理顧問公司內部對資料科學家和高級首席資料科學家的 TCMs。

3. **其他非金錢性質的層面也很重要**。以職稱為例，數位人才想在外部獲得同儕的肯定。技術「食物鏈」的頂部有傑出的工程師，他們幫公司解決一些最困難的技術性挑戰，在內部及外部有廣大的粉絲群，因此頭銜相當有意義。近乎所有跟數位人才相關的頭銜都是如此，獲得市場的肯定很重要。另一個非金錢性質的重要層面是，他們的頂頭上司是誰？基本上，這職位的高階人員將協助他們發展技能，他們想要知道自己的導師是否有真材實料。若你的公司內部缺乏堅實的技術人才，縱使你提供具有競爭力的薪酬，也可能在招募人才上遭遇困難。

   其他非金錢性質的報酬可能也具有說服力，包括特別指派的任務、發展環境品質、對外代表公司出席特殊活動的機會、在工作上獲得高度肯定、為公眾利益工作的時間占比、符合人體工程學的辦公設施、提供正念練習的工具等。你的公司也許不想或無法提供媲美大科技司的福利與津貼，但你應該考慮提供一些有價值的福利與津貼，以顯示對數位人才的重視。

4. **管理 IT 部門的溢出效應**。傳統 IT 組織的員工可能會說：「我是資料科學家，為什麼我的薪酬不能跟做數位解決方案的新聘資料科學家們一樣？」當然，他們應該獲得相同的薪酬，但前提是他們也能達到 TCMs 與 LCMs 水準。你的公司務必清楚地溝通這些分級方式，必須把 IT 部門中達到分級標準的人部署到高價值的活動裡。若管理不當，薪酬的比較心態會變得站不住腳，導致人員離去。

資料科學家的職涯資歷發展進程（以一家專業服務公司為例）

初級資料科學家	資料科學家	高級資料科學家	組長級資料科學家	首席科學家	高級首席科學家	合夥人
見習	需要技術指導	大多自給自足	領導技術工作流程	領導大型複雜的技術執行	提供技術執行上的領導力及公司的專業知識與技能	領導公司的資料科學家

	資料科學家	高級首席科學家
資料探索	・執行基本的資料品質評估 ・執行基本的探索分析	・辨識資料不充分性、資料品質或資料偏見問題，形塑這些問題的解決方案 ・繼續形塑新技術以發現資料洞察
定義分析法	・對各種分析法、語言及資料資產的優缺點有愈來愈多的了解	・了解數位轉型的長期目標；了解目前的工作如何符合於整個整個技術路徑圖 ・跟各業務領域領導者共同研議未來1到3年的宏大願景，領導技術性思考以評估和發展出技術路徑圖 ・幫助辨識技能落差 ・結合使用文獻中的最新進展，以克服現成的資料DS／ML函式庫無法調解的挑戰
特徵工程	・能夠自信地建構／編碼出自己或他人定義的特徵，跟資料工程師共同合作	・驗證各種預測性模型中的業務領域及功能性特徵，以及指出優化限制的重要特徵
分析法應用	・在很少的指導下執行分析工作 ・對一些領先的分析法有良好知識，能夠在有限的指導下，適當地應用這些分析法 ・能夠快速學習新的分析法，並在指導下應用它們 ・開始熟悉內部資產，例如：Kedro	・為新的及創新的分析法辨識應用機會，並率先使用它們 ・為分析法的技術性驗證標準把關，縱使在時間／資源壓力下，堅持此標準 ・參與研發及外部合作，以辨識趨勢與機會
結果與視覺化	・分析後得出情節／結果，展示相關資料對解決問題提供的最適指引，並為選擇／作品設計提供指引	・跟高階領導層級溝通資料科學時，把複雜的技術性分析結果轉譯成具說服力、清晰、情境化的訊息
工程標準	・在有限的指導下，撰寫優良、精確的程式 ・對函式庫及資產愈來愈熟悉 ・在指導下，遵循軟體發展及MLOPs的最佳實務	・前瞻地辨識發展新技術資產的機會，並在它們的發展中扮演領導角色 ・知道DS／ML技術與工具的最新進展，並確保公司採用它們 ・擔任多支敏捷小組的最佳編碼專家

在我們的經驗中，發現許多老牌公司的薪酬模式已經設計出足夠的彈性，能夠招募及留住數位人才。訣竅在於使用清楚的 TCMs 與 LCMs、外部標竿，以及認真考慮非金錢性質的誘因。

在績效管理中使用TCMs

在一個敏捷且數位的工作場所，績效的管理是動態的。雖然，成功的公司往往會保留年度書面績效評量，許多公司也有頻繁的非制式績效評量，但最好的實務結果顯示，經理人應該經常和員工討論自身發展。在此方法中，員工跟同儕、他們的經理一起訂定自己的目標，之後也有經常性的非正式面談，主要聚焦於專業發展，並在必要時修正路徑圖。

由誰做評量，以及回饋意見來自何處很重要，數位人才期望由精通自己技能的人（或者，至少技能水準優於他們的人）來評量他們。許多組織採用了某種版本的「支部」（chapters，第十四章會深入探討）模型，相似職務與技能的人員寬鬆地組成為一個團體，團體領導者擔起人事管理職責，包括招募、績效管理、人員配置、技能發展等。

經理人的角色很重要，在數位與 AI 轉型過程中往往被忽視。經理人應該經常接受培訓，尤其是在訂定目標，以及跟部屬一對一地討論他在未來一年績效目標上的訓練。至於更正式的績效評量，可以考慮結合來自多方的回饋（360 度意見回饋），經理人尋求來自員工的支持者及同事的意見回饋，然後跟評量委員會一起評量他們的表現，再將意見分享給部屬。

良好的績效管理需要一個能力模型，其中包括各類職務預期的技術能力和知識領域（包括上一節所述的 TCMs）。這個基準很重要，如此一來

績效管理流程才可以保持公平和透明。技術人才希望了解各個層級的成功基準。例如：初級資料科學家成為高級資料科學家需要哪些技能期望？無論執行這項流程的頻率如何，這項能力分級都會成為績效管理的中心。

最佳的能力模型根據可測量和可觀察的特徵和行為來定義職務成功所需的技術、非技術技能與知識領域。非技術性技能通常跟公司的價值觀有關。最佳的能力模型也繪出各種職務所需的能力與嫻熟程度、定義職務的要求條件，以及幫助職涯發展做出規畫、升遷及招募的決策。

這領域的很多實驗還在持續中，例如：一些組織改為年度正式評量和全年經常性的非正式評量，把績效評量和升遷脫鉤，每年調升薪酬或將即時回饋數位化。好僱主會在這些事務上與時俱進，並且願意透過測試來得知什麼做法最有效。

第十二章
增進技能卓越性

「平凡的球員希望不受干預，優秀的球員希望獲得指導，非凡的球員希望被告知真相。」

——道格·瑞佛斯（Doc Rivers），前美國職籃球員、現任教練

　　數位人才非常了解自身價值與技能水準緊密相連，因此他們特別關心自己能否在工作中顯著增進技能。你可能會想：不是所有工作都該如此嗎？是的，但這對於數位人才尤其重要，因為科技演變的速度太快了。公司若無法滿足這種增進技能的渴望，就不能期待好人才會長久留任公司。公司可以從人才發展的二個層面來支持數位人才：顧及傑出的技術人員發展而採取彈性的職涯發展途徑；針對他們的需求量身打造學習旅程。

彈性的職涯發展途徑

　　雖然，有些數位技術人員想往一般管理職務發展，但超過 2/3 的開發人員並不想成為經理人，這些人偏好繼續保持他們精湛的技能，追求更複雜、精進的數位挑戰。

　　因此，數位型組織通常提供「經理人」與「專家」這二種職涯發展途徑（參見＜圖表 12-1 ＞）。雙軌職涯發展途徑也有助於抒解常見的升遷

典型	說明
專家領導層	針對想優先發展某一主題的一流思考、精進自身技能、形塑顧客期望的個人
人事領導層	針對想領導大團隊、連結各部門工作、管理顧客期望的個人
主管領導層	針對想領導人事經理及專家去形塑結構、優先要務、全組織工作的個人

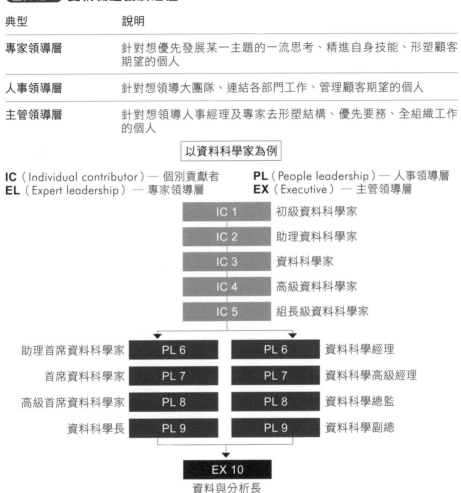

以資料科學家為例

IC（Individual contributor）— 個別貢獻者　　PL（People leadership）— 人事領導層
EL（Expert leadership）— 專家領導層　　　　EX（Executive）— 主管領導層

壓力，例如：技術晉升路徑不如管理晉升路徑明顯；如前章所述，透過讓技術頂尖的人才獲得與高階主管相當的薪酬水準，可以解決一些薪酬上的挑戰。

為了建立雙軌職涯發展途徑，需要根據職務類群（例如：資料科學或資料工程）來建立全方位的職務架構。建立專家這條職涯發展途徑時，應該發展一個堅實的能力模型，對每一個級別的晉升訂定明確的期望。但請注意，在職務架構中設定更多可以讓人員快速晉升的層級，雖然能夠讓他們擁有進步感，但管理起來會比較複雜。

量身打造的學習旅程

概括地說，為數位人才建立學習與發展流程分成二個層面：第一、為年輕的數位人才提供特定訓練（參見下文）；第二、建立企業能力來支援廣泛的企業訓練，我們將在第三十二章討論企業的變革管理時進一步說明。

現代的訓練核心原則是：持續、量身打造、針對性，這徹底不同於傳統的訓練方案，後者太常令學員覺得「乏味又零碎」，不是精進技能的機會。

在這個課題上很容易令人迷失方向。許多人力資源部門以遠大的抱負展開，幾個月後發現，為一大堆的數位職務與技能等級發展學習旅程和訓練方案，工作繁重到難以招架。這項工作必須務實，我們通常引導客戶聚焦於為數位人才設計與提供三類學習與發展方案，其餘則是採用外部的服務供應商。

建立「數位入口閘道」研習營

數千人將加入敏捷小組，在你的數位路徑圖上發展解決方案，加入敏捷小組的人來自各種專業領域，他們對公司的數位願景、敏捷運作方式、

UX 設計架構、公司的技術堆疊等有不同程度的了解。因此，你應該發展的第一項訓練是，建立一個「數位入口閘道」（digital on-ramp）。

這訓練通常相當訂製化，最好是在公司內部發展，通常是由數位轉型辦公室負責擬定訓練方案，並且依賴公司的學習與發展團隊幫助形塑及管理培訓課程。一般來說，學習是以研習營的訓練形式（密集、整天、為期一週）來啟動敏捷小組，典型的研習營時程安排可以參見＜圖表 12-2 ＞的例子。

為數位人才建立學習旅程

技能是數位人才的關鍵要素，這點我們再怎麼強調都不為過，工作中能夠增進技能，對數位人來說是一大激勵因子。因此，公司務必投資發展長期學習旅程，支持技術性員工發展他們的技能廣度與深度，以及組織重視的行為技巧。

設計數位人才學習旅程時，務必區分技能類群，千萬不要把所有技術性職務視為可以互換（認為「反正他們全都是工程師」），提供相同的學習選項清單。前端工程師、產品負責人或 UX 設計師，他們的技能明顯有別。很顯然，這項工作只能由公司裡最高階的技術人員來執行。學習旅程也應該按照能力水準來安排，並且校準職涯發展途徑及薪酬。

＜圖表 12-3 ＞展示一位雲端工程師可能的學習旅程。這些學習旅程持續了多年來強化個人技能，因此你不能期望只花幾個月的時間就能建立札實的專長，尤其是在高度技術性領域。這些旅程應該涵蓋在所屬領域建立深厚專業知識所需的全部技能。

■ 小組運作訓練　■ 省思

時間	第一天	第二天	第三天	第四天	第五天
9a.m.	開始（領導致歡迎詞；說明為何有此研習營；說明更廣的轉型故事）	定義小組運作協定／規範	定義MVP（校準一個MVP的定義；情境繪圖；研擬MVP）	了解DevOps及如何使用它（持續整合與持續交付／部署管道及開發者平台）	向領導階層演示（小組演示，收集來自領導階層的回饋）
10a.m.					
11a.m.	敏捷概述與模擬（敏捷定義、心態及行為的校準；小組敏捷實務；模擬）	利害關係人規畫（利害關係人溝通架構；發展利害關係人繪圖）	研擬待辦工作清單（校準待辦工作清單的定義；練習撰寫使用者情境）	定義衝刺節奏（sprint cadence）	研習營省思
12p.m.					
1p.m.	訂定使命／願景（校準使命；研擬一份願景聲明）	製作產品路徑圖（校準產品路徑圖的定義；製作產品路徑圖）	定義何謂就緒／定義何謂完成	完善2至3次衝刺的使用者情境（評估情境，修改接受標準，規畫2至3次衝刺）	第1次衝刺規畫（為第1次衝刺檢視使用者情境；修改評估；釐清接受標準）
2.p.m.					（選項）團隊合作時間（團隊繼續完善產出物；實行利害關係人參與模式；安排衝刺活動時程；建立小組協作工具）
3p.m.	校準OKRs（OKRs的定義；OKR撰寫實務；研擬小組OKRs）	了解我們的技術與資料架構環境（哪些跟我們的目標數位解決方案有關）	評估（什麼是情境點（story points）？評估方法及規畫撲克（planning poker）；練習使用者情境（user stories）評估）	為演示做準備（本週的產出物，演示格式）	
4p.m.					
5p.m.	省思	省思	省思	省思	注意：小組可根據小組可排出的時間、成員所在時區，以及親身／虛擬混合運作模式來修改這時程
6p.m.	（選項）團隊合作時間（完善今天的產出物）	（選項）團隊合作時間（完善今天的產出物）	（選項）團隊合作時間（訂定小組協作工具）	（選項）團隊合作時間（排練演示，建立演示的後勤支援）	

由於這些方案培養的技能種類不會完全符合你的公司需求，因此最好尋求 Coursera、Udacity、CloudAcademy、Udemy 之類的組織，他們提供豐富的培訓課程。許多公司為數位員工提供一年一次的訓練補助，讓他們自己尋找最符合自身需求的課程。

簡而言之，努力聚焦於定義公司對每一項技能類群的技能期望和嫻熟程度，然後讓員工去尋找市場上最符合需求的訓練。

用研習營來再造技能

技能再造（reskilling）是為了讓某員工擔任一個不同的職務／角色而再訓練的流程，這是一項重大的活動，可能得花上 6 到 12 個月，甚至更長的時間才能完成，而且在此期間，員工無法做他們的日常事務。話雖如此，編碼研習營是為各種數位職務（例如：前端工程師、後端工程師）建立技術性技能（例如：JavaScript、CSS、C#、Ruby、Python）最有效的方式之一。

最有效的方法是和一家專門提供這類研習營的公司合作，例如：Turing School、Hack Reactor、CODE、LeWagon，而最適合參加這類研習營的，是那些具有同理心、毅力、強烈的成長心態、傾向運用邏輯來解決問題、熱愛編碼的員工。一些麥肯錫頂尖軟體工程師就是透過這類研習營培訓出來的。不過，大規模的技能再造不但執行困難、成本也昂貴，通常只會針對公司想投資及培育的骨幹員工。對於有量化分析型或工程型員工的公司而言，技能再造方案特別有成效。

圖表12-3　一位雲端工程師的學習旅程樣本

職務特定　　平台特定　　工作方式

能力水準提高

生手 ─────── 勝任 ─────── 專家 →

學習

生手		勝任		專家
什麼是雲端？	生產容器	無伺服器雲端	雲端風險	效率雲端發展
虛擬化及部署模型	把雲端應用於商業情境	雲端資安專業化	雲端成本管理	・混合雲端現代化 ・應用 Anthos
DevOps 及容器入門	雲端開發	雲端網站安全性工程	彈性的雲端服務供應商的雲端基礎設施	
雲端服務供應商	必要的雲端服務供應商雲端基礎設施的擴展與自動化	雲端服務供應商的雲端記錄、監控及可觀察性	可靠的雲端服務供應商的雲端基礎設施	
必要的雲端服務供應商的基礎設施	開始使用 Kubernetes 引擎	開始為雲端服務供應商的環境使用 Terraform 工具	利害關係人參與	
必要的雲端服務供應商的基礎設施核心服務	跟跨功能團隊共事	敏捷開發入門		
解決問題	擁抱敏捷基本原則	MVP 心態		

應用

生手		勝任		專家
為實行雲端作業而定義業務問題說明	創造及管理雲端資源	建立與架構在雲端服務供應商的雲端環境	部署及管理在雲端服務供應商的雲端環境	雲端架構：設計、執行及管理
	執行基本的基礎設施工作	用 Terraform 把在雲端服務供應商那邊的雲端基礎設施自動化	優化使用雲端服務供應商的 Kubernetes 引擎的成本	

>>>>>> 第二部重點整理

以下一系列問題可以協助你採取正確的行動：

- 拿出你的人才路徑圖，它是否跟你的技術路徑圖一樣地詳細且全面？

- 哪些技能是你的競爭差異化必備的核心技能，以及你是否清楚自己必須做出什麼變革才能找到這類人才？

- 你的人力資源實務是否與時俱進，為你尋覓、招聘及留住最佳的數位人才（例如：從預篩至發出錄取通知，只花 4 週時間；有一個動人的員工價值主張等）？

- 你的公司是否被頂尖人才視為理想的工作地點？

- 你的頂尖人才是否相信他們能在公司裡建立一個有前景的職涯發展路徑？（檢視你的頂尖人才離職數據，你知道「關鍵人才」的風險嗎？）

- 你公司的職涯發展軌道，對優秀技術人員的重視程度跟優秀經理人的重視程度一樣嗎？

- 你打算如何幫助科技人才學習業務知識，以及持續精進他們的技能？

➤➤➤➤➤ 採用新的營運模式

重新架構組織與治理,讓運作更快速且彈性

儘管「敏捷」的概念被過度使用到了近乎陳詞濫調的地步，但依然是公司以數位節奏運行不可或缺的要素。❶ 想建立及推廣數位與 AI 解決方案，公司發展技術的方式必須藉由敏捷的營運模式來達到更快速、更彈性的境界。但是，發展營運模式可能是數位與 AI 轉型中最複雜的一個面向，因為這會觸及組織核心及員工協作的方式。

　　敏捷小組是開發軟體解決方案中的最有效方式，這點早已無庸置疑。不過，雖然任何一家公司都能讓敏捷小組運作良好，但推廣至數百個、甚至數千支敏捷小組，那又是另外一回事了。

　　本書的第三部會討論出色的敏捷小組最重要的工作實務，關鍵在於，要如何組織及管理大量的敏捷小組。

　　第十三章：從執行敏捷邁向成為敏捷的一部分。除了了解基本的流程變革外，還需要做什麼才能使敏捷小組的運作達到巔峰效能及影響力。

　　第十四章：支持數百支敏捷小組的營運模式。要從少量的敏捷小組擴張至支持企業的所有層級與單位的數百、甚至數千支敏捷小組，有三種營運模式可供選擇：數位工廠、產品與平台、全企業敏捷。

　　第十五章：專業化產品管理。產品負責人是敏捷小組的執行長，他們是所有營運模式的關鍵人物，公司必須優先聚焦與投資他們。

　　第十六章：顧客體驗設計——神奇原料。真正聚焦於顧客的公司，會投資那些了解使用者的動機，並將其轉化成一種既滿足顧客需求、又令顧客愉悅的體驗。

---

❶ Daniel Brosseau, Sherina Ebrahim, Christopher Handscomb, and Shail Thaker, "The journey to an agile organization," McKinsey.com, May 10, 2019, https://www.mckinsey.com/capabilities/people-and-organizational-performance/our-insights/the-journey-to-an-agile-organization; "The drumbeat of digital: How winning teams play," McKinsey Quarterly, July 21, 2019, https://www.mckinsey.com/capabilities/mckinsey-digital/our-insights/the-drumbeat-of-digital-how-winning-teams-play.

第十三章

從執行敏捷邁向成為敏捷的一部分

「在多數情況下，當個好主管意味著招募有才幹的人，然後，別阻礙他們。」

——蒂娜・費（Tina Fey），美國演員、劇作家

我們的目的不是複述跟敏捷有關的大量參考文獻，但你必須了解敏捷的核心概念，聚焦於公司為了追求轉型成功而必須做「對」的部分。在擴大營運模式（第十四章會進一步說明）之前，必須先了解如何有效地運作敏捷小組，攫取新工作模式帶來的價值。

許多公司早在 IT 組織或 IT 以外的組織實驗過敏捷工作法，當其正確執行時，就算只有少量的敏捷小組，也能快速地為公司創造價值（參見＜圖表 13-1 ＞）。但是，當公司太聚焦於把敏捷當成一套流程、卻不夠聚焦於把敏捷當成一種排定優先順序、把資源集中於真正重要的事務上時，往往會遇上大麻煩。當確實遵循敏捷原則、卻沒有得到成果時，管理階層就幻想破滅，指責敏捷無效。光是實行敏捷的規定，但沒有在訂定目標、組織團隊、強化成果的當責制等方面做出相應變革的話，就會產生糟糕的結果。

我們首先來看敏捷工作法。敏捷有一些變異版本：敏捷開發（scrum，取名自原始團隊名稱）、看板（kanban）、大規模敏捷開發架構（Scaled

Agile Framework，後文簡稱 SAFe）等，每一種版本有自己的語言、節奏及活動，有時引發何者較好的熱烈爭論。

我們認為名稱無關緊要，一些優秀的數位原生公司甚至不把他們的運作方式稱為「敏捷」。使用敏捷開發架構的組織大多能從中受益，寫這本書時我們從頭到尾都使用它，但我們也肯定有其他方法可能有同樣的成效。不過，敏捷的關鍵在於，發展出跟傳統軟體開發團隊有別的四種重要特徵：

1. 有使命為基礎，有可評量的成果。 領導階層賦予每支敏捷小組一

圖表13-1 **敏捷是一種卓越的開發方法**

績效比較：有經驗的敏捷小組 vs. 使用其他開發方法的團隊

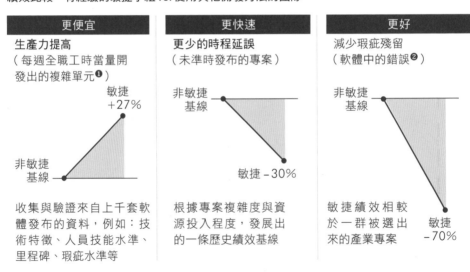

更便宜	更快速	更好
生產力提高 （每週全職工時當量開發出的複雜單元❶）	更少的時程延誤 （未準時發布的專案）	減少瑕疵殘留 （軟體中的錯誤❷）
敏捷 +27% 非敏捷基線	非敏捷基線 敏捷 −30%	非敏捷基線 敏捷 −70%
收集與驗證來自上千套軟體發布的資料，例如：技術特徵、人員技能水準、里程碑、瑕疵水準等	根據專案複雜度與資源投入程度，發展出的一條歷史績效基線	敏捷績效相較於一群被選出來的產業專案

❶ 處理一高量的結構或資訊的單元，通常橫跨多時空規模。
❷ 導致一程式當機或產生無效結果的問題。

個清楚的使命，這使命是根基於總數位路徑圖。每一項使命應該聚焦於可評量的、敏捷小組能夠在合理的時間範圍（幾個月或幾季，而非幾年）達成的成果（或關鍵結果）。

2. **跨學科，有專門的資源。**敏捷小組的成員有商業、技術及各職能專家，每一個人都為解決方案開發工作帶來了寶貴的見解或技能。敏捷小組應盡可能擁有完成其任務所需的所有資源，並且這些資源應該是供他們專用。

3. **自主並負責實現影響力。**敏捷方法若要成功，敏捷小組必須為工作全權負責，負責的範圍不只是發展解決方案，還要實現解決方案的價值。敏捷小組被授權決定解決方案的發展，以達成其使命。產品負責人（敏捷小組的實際領導者）不斷地排定待辦工作清單上，要開發的產品功能優先順序。

4. **快速行動，聚焦於使用者需求。**敏捷小組的工作就是基於清楚了解終端使用者的需求，進而測試、學習及持續改善一個解決方案。敏捷小組致力於產生新東西，每 2 週對終端使用者測試新產品，收集終端使用者的直接回饋，快速做出調整。敏捷小組成員收到立即的回饋，並據以行動。

驅動敏捷績效的三種重要儀式

一般人常有錯誤的觀念，認為敏捷是隨心所欲、無拘無束，缺乏足夠的管理與監督，然而這是敏捷實行不當才會發生這種情形，若執行正確，敏捷是很有效的績效管理方法，因為它聚焦於結果，而且常態性地檢查

現身說法 | 湯姆‧維克（Tom Weck），嬌生公司企業技術資訊長

用他們的話來說：解放你的產品小組

重要的轉變之一是聚焦於我們試圖驅動的價值種類。改變模式，聚焦於員工體驗，而非聚焦於專案是否準時、在預算內完成，這是一個根本的改變。

第二件事是，讓主要的營運模式確實圍繞著產品小組（亦即敏捷小組），確保這些小組獲得所需資源來追求成功。這形同解放他們，讓他們自主並對執行方向與決策負責。

當你組成一支產品小組時，你需要 1 位商業性產品負責人、1 位技術性產品負責人、1 位敏捷開發主管，從技術角度來看，這是典型的小組模式。但是，從專案導向模式轉變為這種小組模式（一些小組成員只投入 20% ％ 的時間在這小組）是根本且必要的轉變。

這不是深奧的火箭科學，只不過是將必須完成的工作建立到一個合理的模式中，並且持續、確實地專注在此，這是你需要一支持久小組的原因，在交付你試圖創造的產品之後，這支小組仍然繼續存在。

我們當然受益於這種模式，我終於不用在一天到晚接到員工打電話來問：「我該拿這專案怎麼辦？我該如何做決定？」他們被授權為自己的產品做決策，然後才提出報告，確保我們知道專案發展情況。

我們宣導產品導向技術的轉變時，採用的方法之一是，指出嬌生不會在市場上推出一項醫療器材或藥品，然後就撒手不管了，我們會繼續投資和支持產品在市場上的發展。那麼，我們為何不用相同的方式對待技術呢？我認為，使用譬喻法有時能夠幫助人們了解並釋出價值。

進展。

　為達此境界，有三種儀式最重要（此處的「儀式」一詞是用來描述有訂定的頻率、期間及目標的會議），參見＜圖表 13-2 ＞。把這些儀式做對，你的敏捷行動就能成功。

● 訂定使命與OKRs

　這是最重要的儀式，因為管理階層在此時提供方向與訂定期望（參見＜圖表 13-2 ＞中的①）。一項使命是一支敏捷小組在一年或更長期間要做的工作，管理階層和每一位敏捷小組負責人把一項使命分解成 OKRs，並為敏捷小組訂定每季目標。一般認為，OKRs 是已故英特爾執行長安迪・葛羅夫（Andy Grove）推出的概念，被證明確實有助於團隊聚焦在結果／影響力，而非活動上。不過實務上，做比說更困難，往往是敏捷部署中的一個重大失敗點。❶ 接著，敏捷小組把目標轉化成一項產品或解決方案的路徑圖，詳述他們將如何交付期望的結果。

　每一個 OKR 都連接到小組成員共同承擔的成果，目標應該要足夠宏大且明確，目標數量應該維持在可應付的範圍內，愈少愈好（通常是 1 到 3 個）。一旦訂定了目標，日後只有在經過審慎考慮後才會改變。

　關鍵結果應該要訂定得積極進取，以至於偶爾未能達成。但沒達成也不要緊。事實上，若敏捷小組總是屢屢達標，很可能意味著關鍵結果訂得太低、不夠積極進取。關鍵結果應該要容易追蹤、量化、跟業務價值觀相連（參見＜圖表 13-3 ＞）。

　這是訂定 OKRs 的藝術，根據我們的經驗，管理階層得多練習幾次才能把這項工作做好。

● **透過衝刺來推進與測試**

　　「衝刺」（sprint）通常為期 2 週，是一項數位解決方案的功能開發行動（參見＜圖表 13-2＞中的②），多次衝刺構成一個開發階段，一個

圖表 13-2 敏捷節奏與績效管理儀式

● 儀式　■ 產出物

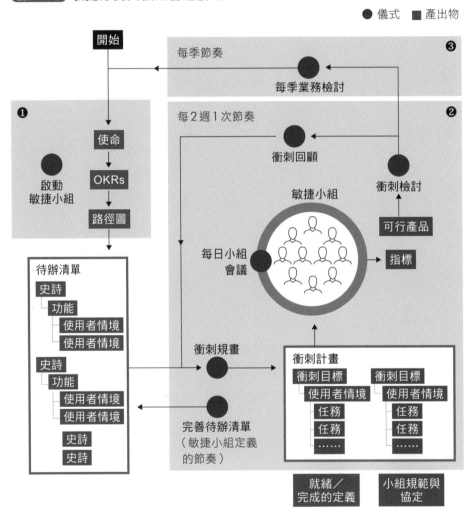

開發階段通常為期 3 個月。產品負責人（或經理）根據完成第 1 次，以及接下來 2 次的衝刺必須達成的可交付成果，研擬出一份并然有序的待辦工作清單（backlog），據以安排敏捷小組之後 2 次衝刺的工作優先順序。

產品負責人必須有能力檢討與調整工作優先順序，在必要時升級問題、規畫衝刺、考慮互依性，這是運作一支敏捷小組必要的基本能力。多數公司發現自身缺乏能幹的產品負責人（關於產品管理，參見第十五章的更多討論）。

為期 2 週的衝刺以「衝刺檢討」畫下句點，這是敏捷小組展示他們的「產出物」（artifacts）、誠實檢討是否跟交付成果保持一致的機會，也

圖表13-3 OKRs **的訂定範例**（以支援企業人力資源服務的軟體解決方案為例）

目標	關鍵結果	時間
① 取悅我們現有客戶，在每一次重要的時刻交付好的體驗	1.1 在所有三個角色中開發有凝聚力、一致的UX，並實現 100%的用戶旅程	Q2
	1.2 把零錯誤顧客調查報告發布率從接近80%提高到90%	Q1
	1.3 把V產品的平均淨推薦值從接近30分提高到接近40分	Q2
② 降低跟產品相關的直接成本	2.1 採用推出及驅動自助服務功能，以降低電話量10%	Q2
	2.2 自動產生每季收到超過100次服務查詢請求的報告	Q3
	2.3 把託管成本降低20%	Q4
③ 藉由穩定產品，改善顧客留住率	3.1 全年產品正常運作時間必須符合服務水準協定（99.995%）	Q4
	3.2 把重大事故次數從83減少至63，把修補程式減少50%（從4個減少至2個）	Q3
	3.3 達成瑕疵立案率低於瑕疵解決率	Q2

是管理階層（通常是領域領導者）讚揚敏捷小組及提供指導的機會。

敏捷小組並不為衝刺檢討準備正式、精鍊的簡報說明，這太麻煩了，他們只是分享已經完成的工作。對於老牌公司來說，這種檢討會議是極具挑戰的文化變革。

關於衝刺的儀式細節，參見＜圖表 13-4 ＞的說明。

● 透過每季業務檢討會議來治理

管理階層在每季業務檢討會議中檢視已實現的進展與價值，若有必要的話，重新調整敏捷小組的方向。每季業務檢討會議是敏捷小組負責人和領域領導者（domain leader）之間的正式儀式，先是回顧過去 3 個月的進展，再來調整接下來 3 個月的 OKRs，確保 OKRs 在跨敏捷小組之間妥善協調。跟領域層級交流完後，往上一層級的第二場業務檢討會議將集合所有領域的領導者和業務單位領導者，這是檢討領域層級的 OKRs 和整個領域經費的機會。

如何把每季業務檢討會議嵌入公司週期性計畫的具體細節，必須花時間設計——每季事業檢討會議應該如何跟公司的策略規畫、預算規畫連結？每季業務檢討會議應該如何跟每季與每月的主管委員會會議協調？用每季業務檢討會議取代投資委員會檢討會議嗎？

業務檢討會議有時被批評是在管理議程中增加更多的會議，但其實若實行得宜，這些會議幫助很大。事實上，每季業務檢討會議能使管理階層的會議次數減少多達 75%，參見＜圖表 13-5 ＞的例子。

儀式	說明	期望結果	頻率
完善待辦工作清單	排定待辦工作清單上的項目順序,並加以微調,以確保可供即將展開的衝刺和接下來的1至2次衝刺使用	· 待辦工作清單內含一些已經排好順序的使用者情境,清單詳盡且夠完整,可供製作下次衝刺的待辦工作清單	每次衝刺(2週)
衝刺規畫	使用衝刺規畫以確保小組成員同意提議的工作量,而工作量是由衝刺待辦工作清單上的幾個項目組成	· 把排定順序的史詩(epics)和情境(stories)❶分配給各次的衝刺 · 已辨識出假設、風險及互依性	每次衝刺
每日小組會議	用以評估衝刺進展,辨識可能的障礙	· 每位小組成員當天被分派至少1項任務(task) · 已更新使用者情境／任務的進展狀態 · 已提出障礙(若有障礙的話)	每天
衝刺檢討	小組利用此機會,展示他們在剛結束的衝刺中開發出來的新功能	· 提供回饋意見,更新或增加未來的使用者情境	每次衝刺
衝刺回顧	用以評估衝刺的生產力,辨識改進機會及小組的長處	· 已辨識小組的長處 · 已針對小組需要改進的領域,辨識及指派解決方法	每次衝刺
每季業務檢討	在專案初始和每季進行,以校準OKRs和產品路徑圖	· 把排定順序的史詩和情境分配給各次的衝刺 · 已辨識出假設、風險及互依性 · 訂定下一季的OKRs	每季

❶ 史詩:交付完整功能所需執行的大批工作(包含多種使用者情境,橫跨多次衝刺)。使用者情境:從終端使用者的角度來看一項功能。

圖表 13-5 實行每季業務檢討會議來精簡化管理層論壇（以一家美國銀行為例）

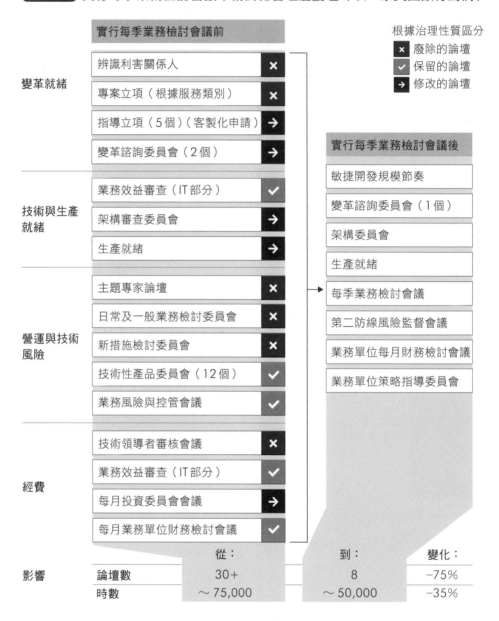

根據治理性質區分
- ✕ 廢除的論壇
- ✔ 保留的論壇
- → 修改的論壇

實行每季業務檢討會議前

變革就緒
- 辨識利害關係人 ✕
- 專案立項（根據服務類別） ✕
- 指導立項（5個）（客製化申請） →
- 變革諮詢委員會（2個） →

技術與生產就緒
- 業務效益審查（IT部分） ✔
- 架構審查委員會 →
- 生產就緒 →

營運與技術風險
- 主題專家論壇 ✕
- 日常及一般業務檢討委員會 ✕
- 新措施檢討委員會 ✕
- 技術性產品委員會（12個） ✔
- 業務風險與控管會議 ✔

經費
- 技術領導者審核會議 ✕
- 業務效益審查（IT部分） ✔
- 每月投資委員會會議 →
- 每月業務單位財務檢討會議 ✔

實行每季業務檢討會議後
- 敏捷開發規模節奏
- 變革諮詢委員會（1個）
- 架構委員會
- 生產就緒
- 每季業務檢討會議
- 第二防線風險監督會議
- 業務單位每月財務檢討會議
- 業務單位策略指導委員會

影響		從：	到：	變化：
	論壇數	30+	8	−75%
	時數	～75,000	～50,000	−35%

現身說法　黛德莉・派克納德（Deidre Paknad），WorkBoard 共同創辦人暨執行長

用他們的話來說：OKRs 是用來校準重要事務的工具

OKRs 有助於校準現在最重要的事務，接著迭代它，因為它不是永恆不變的。新創公司的本質就是用很少的資源不斷地校準他們的雄心壯志。他們的能力與野心嚴重不匹配，這既是新創公司中令人興奮、也令人恐懼之所在。

新創公司沒有無限的時間、金錢及資源，因此我們必須取捨——什麼是最重要的？我們將去做什麼？不去做什麼？OKRs 是規模較大的公司基於相同的限制概念而採行的方法，這種限制幫助公司做出選擇。

OKRs 還有另一個強大、不同以往做事方式的特徵，那就是側重訂定優異而驚人的結果，不是安全、最能預測到的結果，就好比在說：「接下來 90 天，我們能達成的最佳可能成果是什麼？」

OKRs 並不是試圖讓你的 KPIs 好看，而是嘗試達成驚人結果。我喜歡把宏圖大志和能力限制結合起來，再看看我們第一步能做什麼？先做什麼可以獲得進展？以及哪些進展最重要？

---

❶ John Doerr, "Meãsure What Matters," Penguin Random House, 2018; Matt Fitzpatrick and Kurt Strovink, "How do you measure success in digital? Five metrics for CEOs", McKinsey.com, January 29, 2021, https://www.mckinsey.com/capabilities/mckinsey-digital/our-insights/how-do-you-measure-success-in-digital-five-metrics-for-ceos.

第十四章

支持數百支敏捷小組的
營運模式

「執行工作的人是動力，……我的工作是為他們創造空間，清除組織的其餘部分，使其不構成阻礙。」

——史蒂夫·賈伯斯（Steve Jobs），蘋果公司聯合創辦人

在數位與 AI 轉型路上，最大的絆腳石之一，是從運作少量的敏捷小組跳到運作數百或數千支敏捷小組。有些例外情況或花額外心力去運作少量的敏捷小組相對比較容易，但當推廣到數百或數千支敏捷小組時，這麼做就維持不了多久。

為了支持為數眾多的敏捷小組，公司需要一個更正式的營運模式，本章聚焦於三種基本模式：數位工廠模式、產品與平台模式、全企業敏捷模式。這三種模式將視公司情況及數位成熟度而有所不同，但使用的營運模式都相同。

組織基石

任何種類的數位營運模式都是由三個組織基石構成的（參見＜圖表 14-1 ＞）：

1. **產品或體驗敏捷小組**。他們開發及提供技術賦能的產品或服務，讓顧客及員工使用。其首要目的是讓使用者能夠執行創造價值的活動，例如：一家零售業者的搜尋引擎，貢獻的價值是讓顧客易於在網站或行動應用程式上找到品項。

   「產品」一詞來自軟體業，不同的公司可以選擇更適合自家公司的情境詞彙，例如：金融服務業者稱為顧客體驗；工業產品公司稱為顧客解決方案。不論使用什麼詞彙，「產品」與顧客／使用者透過數位技術互動。

   開發一個相同的端到端旅程（例如：顧客加入）或流程（例如：良率優化工具）的一群產品或體驗敏捷小組稱為一個領域（如第二章所述），一個領域通常有 10 到 20 支敏捷小組，由一位領域負責人領導。

2. **平台敏捷小組**。他們是支援產品的後端技術與資料能力，例如：一部零售搜尋引擎可能倚賴一個存貨管理平台，其中包含資料庫、供應商整合介面。平台能力提供許多產品敏捷小組交付服務時所需的功能，因此能夠促成更有效的規模化。

   平台通常也有 15 支以上的敏捷小組，由一位平台經理領導。典型的平台包含：（1）資料平台，例如：Customer 360；（2）企業系統，例如：一套 ERP 或 CRM；（3）平台即服務（platform as a service，後文簡稱 PaaS）應用程式，例如：使用者驗證或 ML 演算法；（4）基礎設施平台，提供雲端運算及儲存之類的服務。

3. **支部**。一個支部是由一群相同職能者（例如：產品負責人、資料

科學家、資料工程師）組成的團體。支部負責增進專業知識與技能，維持共通的工作方法。支部組長管理職涯發展途徑、招募個別員工、提供績效評量。支部組長的角色是根據各個敏捷小組的需求來分派員工。支部也負責業務交流，以及方法與標準的發展，例如：由設計支部定義一種標準的設計方法。

敏捷小組屬於跨部門的團隊，支部致力於彌補這種組建中存在的缺點。敏捷小組的優點在於把專案中所需的所有技能匯集起來，但如此一來，組織在提供成員技能發展方面自然變得薄弱。若你是敏捷小組中唯一的資料工程師，你就沒有機會向其他經驗豐富的資料工程師學習。支部幫助彌補這個缺失。

支部有二種版本：重量級和輕量級。前面敘述的是重量級版本，輕量級版本比較像一個非正式的網絡，通常稱為「基爾特」（guild），僅限於提供最佳的實務交流、發展與績效標準，至於招募、派員及評量等工作則是留給領域領導者或平台組長。輕量級好、還是重量級好，這主題仍在爭論中。

營運模式設計的選擇

在我們的經驗中，設計一個敏捷營運模式時，有三個主要選擇：數位工廠模式、產品及平台模式、全企業敏捷模式，參見＜圖表 14-2 ＞。每種模式皆內含上述的產品、平台及支部這三個組織基石。

這三種模式在業務與技術資源之間的整合程度，以及在組織內部署的廣度，都有很大的差別。三種模式都是好模式，你的選擇將取決於你打算

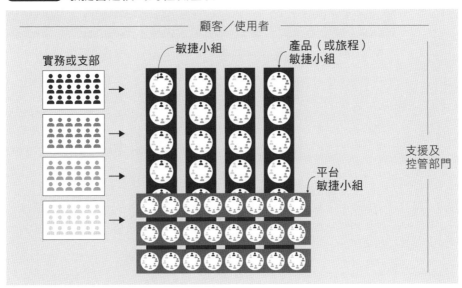

說明	例子
敏捷小組（pod）：自給自足的跨部門團隊，對端到端地交付產品、體驗或服務當責 其他英文用詞：小隊（squad）、單元（cell）、敏捷團隊（agile team）	（參見以下）
產品（或旅程）敏捷小組：端到端地向顧客或使用者交付一服務或解決方案 一群產品敏捷小組稱為一個產品群（Product Group）、領域（Domain）、產品資產組合（Portfolio）、部落（Tribe）或鎮（Town）	• 良率優化工具 • 訂價推薦 • 顧客加入 • 網站產品搜尋
平台敏捷小組：把相似的技術資產、人才與經費集合起來，為產品／流程敏捷小組提供（可重複使用的）服務 一群平台敏捷小組稱為一個平台（Platform）、部落（Tribe）或鎮（Town）	• 顧客360資料產品 • ML套裝 • 核心系統 • 基礎設施佈建
實務（Practice）或支部：負責員工專業發展的組織（與敏捷小組每天做的事區分開來） 其他用詞：基爾特（guild）、實務社群（communities of practice）	• 資料工程師 • 軟體工程師 • 產品負責人／產品經理

圖表14-2　3種營運模式的設計選擇

	選擇1 數位工廠	選擇2 產品與平台	選擇3 全企業敏捷
說明	一個區分出來的數位單位,使用現代敏捷工作方法及跨學科敏捷小組,為業務單位發展數位解決方案	此模式把業務、技術及作業結合於專門改善UX的敏捷小組(產品敏捷小組),以及專門打造可重複使用服務的敏捷小組(平台敏捷小組)	把敏捷的益處推廣到數位/技術領域之外,讓許多核心營運及功能單位能夠從敏捷協作中受益
典型配置	10至50支敏捷小組,觸及組織的部分少於2%	50至1,000支敏捷小組,觸及組織的20%至40%	1,000+支敏捷小組,觸及組織約80%
主要優點	實行起來最簡單的營運模式	把業務、技術及作業整合得更緊密,應付平台的演進	創造全企業敏捷文化
先決條件	各業務單位的經費支出和工廠營運模式必須一致	IT必須現代化(例如:人才、架構、雲端、DevSecOps)	組織就緒,為完全敏捷化轉型做好準備

如何使用技術來做為競爭差異化因子。

　　許多公司從數位工廠模式做起,因為實行比較容易。當技術被做為支持核心業務的一種「策略性強化因子」時,這是一種好模式,資源型公司往往採用這類別。

　　若技術是「競爭差異化的主要源頭」,例如:銀行業及零售業的情形,就特別適用產品與平台模式。一些領先的銀行及零售業者已經或正在從數

位工廠模式過渡到產品與平台模式。

至於選擇全企業敏捷模式的公司，是把敏捷的好處推廣到整個業務，而非只有技術密集領域蒙受其益。我們看到了銀行、電信公司及零售業者做出這種轉變。不過，這做法需要執行長年認真地投入。

由於這三種模式全都使用相同的組織基石來建構，因此你可以從一個模式推進至另一個模式，許多公司都這麼做。

許多組織往往設立一個卓越中心（center of excellence），藉此把數位專長引進業務單位，但經驗顯示，這種模式不是一個可行的規模化選擇，因為這種模式不支持跨學科團隊，而且因為缺少平台這個構造，導致執行人員得重複做很多發展工作。

● 數位工廠模式

數位工廠模式往往是合適的起始點，因為這模式獨立運作，而且實行起來相當快速，通常在 12 至 18 個月就能完全營運，甚至可能只花幾星期就開始營運了。❶ 在大型企業裡，數位工廠嵌入各單位裡，規模小的公司則由單一一個數位工廠服務多個業務單位。必和必拓礦業公司（BHP）和加拿大豐業銀行（Scotiabank）在展開數位轉型時，就是先採用數位工廠模式，二家公司分別設立 4 到 5 個數位工廠來服務公司的各單位，用一個協調層把重複使用及標準化程式最大化。❷

數位工廠通常是數位人才一起工作的實體據點，跟主要的業務單位區分開來。協同辦公室對於生產力和創造力的好處多多：協調成本降低、決策速度更快、降低重做次數。遠距工作團隊也可能有效地運作，但這需要更有目的性及有條不紊的溝通。若你要使用遠距或混合辦公模式，儘量把

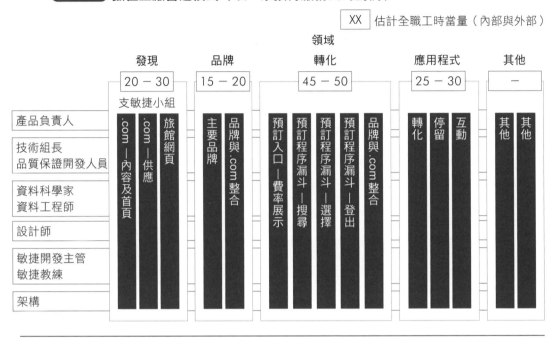

圖表14-3 **數位工廠營運模式**（以一家接待服務公司為例）

| XX | 估計全職工時當量（內部與外部） |

領域

	發現	品牌	轉化	應用程式	其他
	20 – 30	15 – 20	45 – 50	25 – 30	—

支敏捷小組

產品負責人													
技術組長 品質保證開發人員	.com ─內容及首頁	.com ─供應	旅館網頁	主要品牌	品牌與.com整合	預訂入口─費率展示	預訂程序漏斗─搜尋	預訂程序漏斗─選擇	預訂程序漏斗─登出	品牌與.com整合	轉化	停留	互動	其他	其他
資料科學家 資料工程師													
設計師													
敏捷開發主管 敏捷教練													
架構													

技術與資料平台

CMS❶ 與 DAM❷	15 – 25	CMS		旅館媒體與內容
付款	15 – 20	線上付款		旅館的付款解決方案
預訂系統	1 – 10	資料輸入與輸出	搜尋、可得性及預訂	OTA❸ 及通路 + D-Edge
API	10 – 30	API管理及入口	開放供應	交叉銷售 （第三方服務）
資料	15 – 20	資料治理	資料平台及CDP❹	資料產品

❶ CMS = 內容管理系統（content management system）；❷ DAM = 數位資產管理（digital asset management）；❸ OTA = 線上旅行社（online travel agency）；❹ CDP = 顧客資料平台（customer data platform）

敏捷小組成員之間的時區差異限制在 3 小時或更少的範圍內。

〈圖表 14-3〉顯示了一家全球性領先飯店如何組織 400 多名員工的數位工廠。

數位工廠通常是一個正式的組織單位，由數位長直屬管轄，組織內部有產品敏捷小組和平台敏捷小組，聚集了具有切要技能的專業人員（產品負責人除外），並將其組織成支部，由支部負責人管理與部署。

業務單位是數位工廠的贊助人，資助並領導由產品敏捷小組執行的工作。業務單位決定優先考慮哪些機會，訂定 OKRs 並提供經費，業務單位也提供產品負責人和主題專家。基本上，業務單位為了數位需求而使用數位工廠的產能，數位工廠則為業務單位提供數位專長，派置專業人員到產品敏捷小組及平台相關服務（例如：雲端運算與儲存、開發人員的工具、核心系統介面或 API）。

由數位工廠運作平台敏捷小組，其運作費用由公司統籌撥款，或是由各業務單位以成本分攤方式支出經費。粗略的經驗法則是，數位工廠的 2/3 資源部署至產品敏捷小組，1/3 的資源部署至平台敏捷小組。

年度預算規畫是以敏捷小組為中心，不是以專案為中心，這意味著根據敏捷小組的數目來規畫，這通常被稱為經常性經費，不同於傳統的專案型經費（參見＜圖表 14-4 ＞）。這種經費規畫模式也被建議用於產品與平台營運模式和全企業敏捷營運模式，參見下文。

我們的看法是，數位工廠營運模式對於技術很重要、但或許不是最重要的競爭差異化驅動因子的公司來說，具有重要意義。這種模式提供一個很好的途徑，讓業務單位能夠快速取得世界級數位能力。

從專案型經費轉變為經常性經費

	專案型經費	經常性經費
預算規畫	以年度方式,按專案來規畫預算	在企業層級,按領域(不是按專案)訂定年度預算目標
經費	上達50%的經費被非規畫內或優先順序較低的工作給吸收	在達到里程碑/階段關卡後,釋出更多經費
審查	每年或每半年審查專案1次及排定優先順序	在每季業務檢討會議時審查及排定優先順序

● 產品與平台模式

　　產品與平台模式被多數軟體公司、頂尖的全球性零售業者(例如:亞馬遜),以及頂尖的全球性銀行〔例如:摩根大通銀行(JPMorgan Chase)〕採用[3],他們個別採行某種版本的產品與平台模式,因為這種模式緊密地結合業務、作業和技術,從而加速創新客戶體驗,並通過平台基礎服務創造更可擴展的模型。

　　產品與平台營運模式是數位工廠的更進化版,其部署規模遠遠更大。數位工廠模式可能以 10 至 50 支敏捷小組來運作,產品與平台營運模式通常有幾百支敏捷小組,有時大公司甚至擁有上千支敏捷小組[4],這是因為產品與平台模式觸及所有技術資源和一部分的商業、營運資源。<圖表14-5 >展示一家國際性銀行採行產品與平台營運模式,部署設計了上千支敏捷小組。

　　產品與平台模式跟數位工廠有以下三點不同:

圖表14-5 產品與平台營運模式（以一家國際性銀行為例）

		零售銀行業務			理財業務				企業銀行業務			商業銀行業務			躉售銀行業務			資產管理業務			投資銀行業務		
企業策略		企業策略（整體、數位、技術、顧客體驗、作業等）																					
業務單位策略		策略&OKRs			策略&OKRs				策略&OKRs			策略&OKRs			策略&OKRs			策略&OKRs			策略&OKRs		
分銷		分行							客戶關係經理			客戶關係經理			躉售銷售員			業務員					
		顧問，行動銷售團隊			顧問，直接			客戶關係經理															
產品／旅程	旅程	日常銀行業務	房貸及房屋淨值貸款	信用卡、金融卡等	存款、投資	日常投資	諮詢	機構理財	零售理財	端到端旅程1	端到端旅程2	端到端旅程3……	端到端旅程1	端到端旅程2	端到端旅程3……	端到端旅程1	端到端旅程2	端到端旅程3……	端到端旅程1	端到端旅程2	端到端旅程3……	端到端旅程1	端到端旅程2	端到端旅程3……
	區隔作業	區隔作業			區隔作業			區隔作業								區隔作業			區隔作業					
								區隔作業															
通路夥伴		自助（自動櫃員機）																					
		幫助（分行、聯絡中心、託收、防詐欺）																					

平台	入市平台（校準業務）	顧客體驗	顧客互動	前台辦公室
				電子交易
			服務	數位客戶
		作業與風險	核心產品	生命週期作業
				創新
			信用	流動性
	企業平台	共通	資料即服務（DaaS）	資料管理
			支付即服務（PaaS）	
			保護（網路、洗錢防制、詐欺）	
		企業	企業服務	
			同仁經驗	合規
	賦能平台	賦能	平台與實務賦能工具	賦能
			基礎設施	

1. 整個 IT 部門被重組，應用程式開發及維修專業人員通常加入產品敏捷小組，基礎設施及核心系統專業人員成為平台敏捷小組成員。

2. 技術歷經大規模現代化，能充分發揮數位潛力。這意味著移向更模組化架構，利用雲端技術提供的新能力，採行現代軟體開發實務（參見本書第四部的更多討論）。

3. 當公司的敏捷小組數量增加時，風險管理、網路資安及遵規等控管功能變成一個卡關因素（gating factor），因為這些因素較晚導入敏捷開發流程，可能迫使敏捷小組得重工，甚至更糟糕的是，敏捷小組為了追求快速而繞過這些控管功能，但代價是風險不受管控。在產品與平台模式中，絕對少不了深思熟慮地整合控管功能，否則營運模式將無法擴大規模（參見方塊文）。

公司移向產品與平台模式時，等於做了一個重大的策略性決策：重新校準大部分的組織，使核心業務更妥善地利用技術。轉移到新的營運模式通常需要花 1 至 2 年，視公司規模而定，另外還要花 1 至 2 年的時間來達到充分的營運成熟度。這是只有執行長（以及其他最高決策領導層密切合作）才能做出的重大決定與承諾。

實行產品與平台營運模式的主要挑戰在於，在移變成新模式的同時，還要繼續維持業務的營運。為此，公司需要一份清楚的目標藍圖、一份順暢流程來動員及啟動有正確 OKRs 的敏捷小組、適當的人員配置、經費及敏捷治理。這是道道地地的邊造飛機、邊開飛機。

我們相信，在技術已然是首要績效差異化因子的產業中，產品與平台模式將成為主流模式。

如何在產品與平台敏捷小組中嵌入控管功能

　　最理想的狀態是，每一支敏捷小組擁有專業控管功能部門的資源，但實務上不可行。所以，第一步是先讓敏捷小組為他們的風險當責，成為第一道防線，避免可能造成敏捷小組草率行事的「這不是我的職責」心態。

　　敏捷小組可以實行全面風險評估流程，此評估涵蓋所有風險（包括第三方、合規、法律、管制等），通常（起碼剛開始）由風險管理專業人員提供支援，以確保執行得當（參見＜圖表14-6＞）。此風險評估流程自動觸發專業控管功能部門的涉入（第二道防線），視風險程度及種類而定。

圖表14-6 **如何把風險管理嵌入敏捷營運模式中**（以一家美國銀行為例）

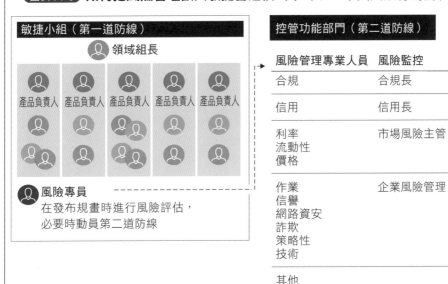

敏捷小組（第一道防線）　　　　控管功能部門（第二道防線）

領域組長

產品負責人　產品負責人　產品負責人　產品負責人　產品負責人

風險專員
在發布規畫時進行風險評估，
必要時動員第二道防線

風險管理專業人員	風險監控
合規	合規長
信用	信用長
利率 流動性 價格	市場風險主管
作業 信譽 網路資安 詐欺 策略性 技術	企業風險管理
其他	

　　例行的敏捷儀式中必須包含風險相關的討論，確保風險能被及時處理。在這些儀式中，團隊務必釐清敏捷小組（第一道防線）和控管功能部門（第二道防線）在管理一特定風險中的角色（參見＜圖表14-7＞）。

圖表14-7 如何把風險評估嵌入開發流程中

監控

每季 （若需要的 話）	❶	風險辨識 根據全面風險分類法進行風險評 估，以辨識史詩層級的風險	初步評估 自動觸發專業控管功能 部門的涉入
	❷	指派風險專業人員 指派風險專業人員共同設計／諮 詢，以減輕風險行動	
衝刺期間	❸	調整風險評估 可再次進行風險評估，在史詩層 級獲得更多釐清後，更新風險辨 識及風險程度評級	儀表板 在整個生命週期監測並 減輕風險程度
	❹	減輕風險工作流程 辨識減輕風險情境，自動生成到 敏捷小組的待辦工作清單裡	
	❺	執行減輕風險的行動 把風險情境指派給敏捷小組成 員、業務或風險專業人員，以執 行減輕風險的行動	
衝刺後	❼	報告及合規 為合規而記錄減輕風險行動，並 在衝刺回顧會議時討論	

　　優秀的公司不僅把風險辨識流程數位化，也把風險控管自動化，也就是所謂的「資安即編碼」（security as code）。即時處理實質風險領域是達成敏捷速度中的重要一環，參見第二十二章的詳盡討論。

● 全企業敏捷模式

小型、多元、聚焦於顧客、被授權的敏捷小組，優點不僅限於開發數位解決方案，近乎任何業務功能部門（例如：銷售、研發、行銷或產品開發）或支援性質功能部門（例如：人力資源或財務）也可以採行及受益於相同的心態及工作模式，獲得更高的生產力及員工滿意度。

不過，在數位／IT 團隊之外部署敏捷時，需要跨學科敏捷小組之外的新敏捷小組來做特定工作（參見＜圖表 14-8 ＞）。舉例而言，自主管理團隊常被用於聯絡中心，負責確保端到端的顧客與成本成果，鼓勵持續改善。當一個功能部門（例如：財務、人力資源或法務等）想針對最迫切的需求而彈性部署資源時，會使用「流向工作」（flow-to-work）的功能部門專家池，通常是流向業務單位。（取名「流向工作」，是因為資源會流向工作所在地。）最後，「網絡團隊」（network teams）常被用於分銷與銷售／分店網絡，以更少的層級和更多的現場領導來實現日常層級的協調與校準。

轉變為全企業敏捷營運模式的公司，例如：荷蘭安智銀行（ING Bank）、紐西蘭斯巴克電信（Spark NZ）、墨西哥沃爾瑪（Walmart - Mexico），聚焦於把整個組織重新想像成一個高效能團隊組成的網絡，每支團隊追求一個明確、端到端的業務導向成果，處理所有必須展現的技能。❺

＜圖表 14-9 ＞為一家中型電信公司的全企業敏捷模式，在通路分銷部署網絡團隊，使組織扁平化，驅動更快、更好的實務交流。該公司在聯絡中心部署了自主管理團隊，促成客戶服務的當責制，取得令人矚目的結果。接著，在公司功能部門層級使用「流向工作」模式，加快重新部署資

源給重要專案的速度。最後，該公司把核心業務組織成跨功能部門的敏捷小組，如同上述的產品與平台模式。

　　這種模式使得該公司的總員工數減少 20％，與此同時，改善顧客滿意度及平均每顧客總營收。同樣重要的是，在達成這些成果的過程中，公司的員工滿意度也提高，在轉型三年後，淨推薦值從原先的 +22 提高到 +78。

圖表14-8　4種敏捷單位模式

跨部門單位

例子：產品敏捷小組
用於數位工廠模式及產品與平台模式

產品負責人指導

行銷	敏捷小組1	敏捷小組2	敏捷小組3	敏捷小組4	敏捷小組5
資料科學					
資料工程					
設計					

自主管理團隊

例子：聯絡中心
每個團隊對一個顧客子集的端到端體驗當責

KPI 指導

團隊1　　團隊2　　團隊3

流向工作

例子：功能部門專家
部署在有最迫切需求的團隊

特別專案團隊　　　　專家池

| 專案團隊1 |
| 專案團隊2 |
| 專案團隊3 |

功能部門專家

網絡成分團隊

例子：分銷（分店、銷售團隊）

功能部門專家

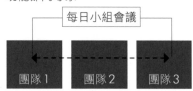

每日小組會議

團隊1　　團隊2　　團隊3

圖表14-9 全企業敏捷營運模式（以一家中型電信公司為例）

■ 跨功能部門敏捷小組　■ 自主管理團隊　■ 流向工作專家池　▨ 網絡充分團隊

通路與交付單位	聯絡中心		通路分銷與交付單位		
	聯絡中心：加入／使用		零售店	銷售和服務（南）	銷售和服務（北）
	聯絡中心：高級服務		業務中樞	專業服務交付	現場交付
	聯絡中心：外包			服務作業	帳務和收款作業

領域	通路領域	全通路			
	區隔領域	消費者	產品領域	行動	語音和協作
		企業		寬頻	託管數據
		躉售		數位服務	IT服務
	平台領域	帳務賦能	IT生產路徑	網路進化	實體基礎設施
		IT應用程式	資安	網路和基礎設施	資料和自動化

功能部門

價值管理	品牌和企業溝通	敏捷	法務	法規	人力資源	財務

實行全企業敏捷模式時，最困難的工作之一，是釐清組織如何創造價值，敏捷可以在何處及如何產生影響（例如：促成跨功能部門合作）。全企業敏捷模式並非適用於所有公司，我們相信，除了技術密集性應用程式之外，公司的績效差異化因子若是以顧客為中心、協作及彈性資源部署等層面，也可以成功地採行這種營運模式。

❶ Somesh Khanna, Nadiya Konstantynova, Eric Lamarre, and Vik Sohoni, "Welcome to the Digital Factory: The answer to how to scale your digital transformation," McKinsey.com, May 14, 2020, https://www.mckinsey.com/capabilities/mckinsey-digital/our-insights/welcome-to-the-digital-factory-the-answer-to-how-to-scale-your-digital-transformation.

❷ Rag Udd, "Pushing the velocity of value with digital factories," *BHP*, May 4, 2020, https://www.bhp.com/news/prospects/2020/05/pushing-the-velocity-of-value-with-digital-factories; Will Hernandez, "Why Scotiabank is building 'digital factories'," *American Banker*, October 18, 2019, https://www.americanbanker.com/news/why-scotiabank-is-building-digital-factories#:~:text=We%20 wanted%20to%20build%20 replicable,could%20make%20really%20good%20software.

❸ Tanya Chhabra, "Amazon business model | How does Amazon make money?," Feedough, February 21, 2023, https://www.feedough.com/amazon-business-model/; Bianca Chan and Carter Johnson, "JPMorgan is adding 25 'mini-CEOs' as part of a massive plan to overhaul its 50,000-strong tech organization and pivot the bank to operate more like a startup," *Business Insider*, April 15, 2022, https://www.businessinsider.com/insider-jpmorgans-massive-shift-product-oriented-tech-operating-model-2022-4.

❹ Oliver Bossert and Driek Desmet, "The platform play: How to operate like a tech company," McKinsey.com, February 28, 2019, https://www.mckinsey.com/capabilities/mckinsey-digital/our-insights/the-platform-play-how-to-operate-like-a-tech-company.

❺ See "ING' s agile transformation," *McKinsey Quarterly*, January 10, 2017, https://www.mckinsey.com/industries/financial-services/our-insights/ings-agile-transformation; "All in: From recover to agility at Spark New Zealand," McKinsey Quarterly, June 11, 2019, https://www.mckinsey.com/industries/technology-media-and-telecommunications/our-insights/all-in-from-recovery-to-agility-at-spark-new-zealand; "2020 Financial and ESG Report," Walmart (Mexico), December 31, 2020, https://informes.walmex.mx/2020/en/pdfs/2020_Financial_and_ESG_Report.pdf

第十五章
專業化產品管理

「找到優秀球員很容易，讓他們團隊合作才困難。」

——凱西・史丹格爾（Casey Stengel），前美國職棒球員、球隊經理

　　實行敏捷營運模式需要公司發展多種能力（例如：第十三章及第十四章所述），但其中有二項能力因其重要性而值得更詳細地討論：產品管理及顧客體驗設計（customer experience edesign，在第十六章說明）。許多科技公司和其他產業公司的一個重要差別在於，科技公司在工作中植入這二項能力的程度，以及軟體工程文化、資料與分析法的使用方式。

　　建立產品管理的深度，通常是數位與 AI 轉型中，升級核心技能的目標之一，其中涉及二個主要角色：領導敏捷小組的產品負責人，以及領導一群敏捷小組或領域的高級產品負責人。產品負責人是絕對不可或缺的要角，因為他們結合重要的營運及策略技能，包括了解業務的需求、對顧客有深入且廣泛的了解、有堅實的技術基礎（參見＜圖表 15-1 ＞）。

　　許多人基於產品負責人這個職務的責任，以及需要的技能的廣度，形容這個角色為「迷你執行長」。出於這些原因，產品管理快速變成頂尖業務人才輪職的新職務，也是現在許多科技公司執行長歷練過的職務。

　　但是，太少公司具有適切的產品管理能力。在麥肯錫管理顧問公司的

分析中，75%左右的受訪業務領導者說自家公司未採行產品管理的最佳實務，產品管理在他們的組織中是個新生的功能，或者根本不存在。❶

產品負責人跟領域領導者、UX 設計師密切共事，他們對產品的整個生命週期——從收集有關顧客的洞察，到打造解決方案，再到推動解決方案的採行——肩負全責。產品負責人負責實現一組明確的 OKRs，他們在每季業務檢討會議中評量與檢討這些 OKRs，也有權重新安排其優先順序。他們知道如何指導技術密集性解決方案的開發，確保敏捷小組處理正確的顧客／使用者問題，並對這些問題提出創新的解決方案。產品負責人安排敏捷小組所有成員的待辦工作清單，以及基本的維修任務，例如：修正漏洞，而非只是創造新的產品功能。這確保成員對敏捷小組開發的產品品質當責，幫助減少技術債（technical debt，為了加速開發產品而輕忽品質，導致後來需要修補，猶如未來的債務）。

找到技能廣度合格的產品負責人（或產品經理）可能有困難，因此公司應該考慮如何提供適當程度的支援。例如：若產品負責人對深度技術的主題沒有那麼遊刃有餘，公司最好能安排一位技能高強的高級工程師加入敏捷小組，以支援產品負責人。

圖表 15-1 優秀的產品負責人的技能

了解顧客體驗	市場導向	商業頭腦	技術性技能	軟性技巧
有能力設計整個顧客決策旅程中以顧客為中心的體驗	能深度了解市場趨勢、夥伴生態系及競爭策略	擅長業務策略、投資組合排序、問市訂價、追蹤 KPIs 及財務指標	深入理解技術趨勢、架構性疑問、技術堆疊控制點、路徑圖及管理生命週期發展	能領導小組、跟各部門團體溝通、對整個組織變革有影響力

現身說法 肯恩・梅伊爾（Ken Meyer），
儲億銀行（Truist Financial）資訊與體驗長

用他們的話來說：轉向產品管理的世界

對我們而言，長久以來的最大挑戰是從金融產品世界移往產品管理世界。一個對存款帳戶、信用卡或貸款知之甚詳的人，可能非常了解一項特定產品會有各種錯綜複雜的相關要求與規定，但這不代表此人必然是最佳的產品經理或產品負責人，能夠和敏捷小組共事，然後在市場上迭代產品、理清待辦工作清單，以及安排工作的優先順序。從金融產品世界轉向產品管理世界是一大演進。

我們已經看到一些人擁抱這一演進，做出職涯發展上的大轉軸，並且變成優異的產品經理。不過，跟學習任何事情都一樣，你必須成為學生，你必須學習，你必須樂於學習。那些把握這機會的人做得非常好。但是，我們也必須招募相關人才，因為你必須將楷模帶到組織裡，好讓組織中的其他人能向他們學習。了解思想及文化的多元性，這點也很重要。

職涯資歷發展途徑與專業發展

產品管理功能的專業化，包括設立職務與階級、相應的薪酬等級，以及專業能力檢定證明。要特別聚焦的是發展一條能不斷地擴大職責的職涯發展途徑，若沒有個人發展方案，可能導致大有可為的產品負責人離去。跟第十二章討論的技術性職涯發展途徑一樣，你的產品負責人職涯發展途徑看起來應該不同於管理職務，也應該釐清明確的職責和所需技能（參見＜圖表 15-2 ＞）。

職涯發展途徑有多少個分級，取決於業務中產品管理的成熟度和技術概況，各公司必然有所不同，有些公司有多達 10 個分級。各公司的職務

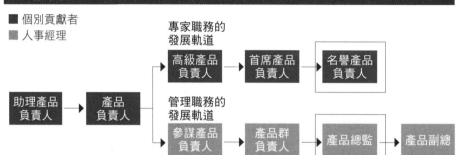

職涯發展途徑

■ 個別貢獻者
▨ 人事經理

角色與責任

	專家職務的發展軌道： 名譽產品負責人	管理職務的發展軌道： 產品總監
責任範圍	• 處理尖端技術、產品或顧客體驗 • 處理面臨激烈競爭的旗艦或策略性產品 • 處理對重要顧客（B2B）領導者及敏捷小組成員而言重要的策略性產品	• 管理旗艦產品或產品群（或旅程）的獲利力 • 領導多種功能或產品發展，並提供願景與管理績效
組織影響力	• 能夠號召各功能部門的高階領導層支持新產品體驗的願景與點子 • 能夠建立及領導一支搖滾明星級的跨部門團隊 • 被其他產品負責人及同事當成導師與教師 • 幫助招募、留住及訓練產品負責人和工程師	• 能夠號召來自各功能部門高階領導層的支持 • 能夠管理預算來完成特定專案或執行點子 • 能夠建立及指導一支產品負責人團隊，並管理其績效 • 對產品負責人及其他同事提供最佳實務指導 • 負責招募、留住及訓練產品負責人
市場影響力	• 思想領袖，發表技術主題的著作 • 跟生態系建立堅實的關係，例如：開放源碼軟體開發者、夥伴等 • 自在地向顧客及夥伴溝通產品願景，吸引產品的早期採用者	• 擔任產品／產品群的對外發聲筒 • 跟策略夥伴、影響力人士及顧客建立關係 • 輕鬆地向顧客及夥伴溝通產品願景 • 能夠研擬一個動人的員工價值主張來吸引好人才

名稱與職責也有所不同，科技業與其他產業之間的差異尤其明顯，但一般來說，入門級職務（例如：產品負責人、助理產品經理）根據業務目標、小組限制、利害關係人的期望來管理及排序小組的待辦工作清單，協助敏捷小組決定應該處理哪些事。

許多高階職務（例如：產品長、高級總監、副總）對最重要產品或產品群所肩負的責任更廣，從訂定產品資產組合的策略，到端到端地對所有產品的完整生命週期當責。他們掌管的團隊總人數可能多達 5,000 人，有些人更直屬執行長管轄。

公司應該清楚地依循產品負責人晉升的職涯發展途徑，詳細列出及清楚地溝通各職務的技能要求。＜圖表 15-3 ＞展示一位產品負責人的技能發展進程。

由於產品負責人必須了解自家公司的業務及所屬產業，因此公司通常從內部的行銷、業務、研發及 IT 部門中尋找產品負責人的人選。事實上，對業務感興趣的技術人員是產品管理職務的好人選，但公司往往從內部挑選一個從來沒有產品管理經驗的專案經理或某人來填補這個職缺，甚至也沒有提供訓練或支援。

要訓練出優秀的產品負責人並不容易，得花時間、支援及練習，產品管理是一門必須歷經多年學習的技能。一些為期約 8 週的產品負責人研習營，能夠提供密集指導以建立特定技能，例如：如何設計顧客問卷調查、如何制定 OKRs、如何為規畫中的產品撰寫簡短的新聞稿和常見的問題集（FAQ）等。最好的方案是結合模擬真實世界的顧客問題及課堂學到的沉浸式訓練。

＜圖表 15-4 ＞展示一家銀行如何處理 300 名產品負責人的訓練。該

產品負責人的重要技能

了解顧客體驗	**設計思維：**用同理心及設計導向方法來解決問題和決策	**以顧客為中心：**聚焦於從顧客需求及痛點中學習，以驅動價值	**使用者互動及回饋：**經常和使用者互動，引導出他們的回饋，並據以實行
市場導向	**產業與競爭者趨勢：**覺察重要的市場與技術趨勢，據以調整產品策略	**驅動創新：**驅動創新點子，對業務發展提供意見	
商業頭腦	**產品願景及路徑圖：**根據使用者需求，研擬產品願景及迭代路徑圖 **問市：**用問市計畫幫助產品的成長及採用	**排序：**維持排定優先順序的待辦工作清單，定義聚焦於使用者價值的目標 **追蹤影響情形：**定義及追蹤校準於產品策略和業務目標的成果指標	
技術性技能	**技術規畫與執行：**和專家一起設計可行的解決方案，得出及發布MVP **風險管理：**管理風險，讓其他人校準成果及業務需求	**工作方式：**和團隊一起做出正確取捨，以持續改善 **管理待辦工作清單：**根據使用者需求，研擬及管理團隊的待辦工作清單	
產品領導力	**有效執行：**通力合作、負責、推動及排序以使用者為中心的產品成果 **溝通：**成為對利害關係人及贊助人的溝通橋樑 **鼓舞及影響：**當思想領袖，透過見解，形成支持與追隨者	**人員發展：**透過熱情、信賴及通力合作，建立高效能團隊文化 **通力合作：**共同創造功能，並促進團隊之間依賴關係的協調性，以推動價值	

技能發展進程範例——使用者互動及回饋

發展	勝任	專家
能夠收集和考慮一些回饋意見，不會把注意力放在導致計畫脫軌的意見上	跟客戶和最終用戶定期互動，並將一些數據分析回饋到待辦事項中	從生成產品點子到營運部署的過程中，密切且持續地跟終端使用者、設計師通力合作，確保根據證實的顧客洞察來研擬及調整待辦工作清單

課堂及實地的產品管理訓練（以一家美國金融機為例）

	課堂 1	課堂 2	課堂 3	課堂 4
	探索階段	可行性階段 I	可行性階段 II	建造階段
學習目標	了解問題空間，定義產品願景	以同理心了解使用者情境，定義「如何」（創新、非漸進）	向顧客及工程師溝通價值，並與他們互動	把產品構想轉化為執行
課堂學習	5小時 了解問題空間及市場機會 • 市場必要條件文件 • 競爭分析 定義產品願景 • 研擬新聞稿及常見問題集 • 業務模式圖 • 路徑圖	5小時 安排項目順序（根據資料） 了解使用者及重要且未獲滿足的需求 • 使用者人物誌（包含研究方法） • 使用者旅程現狀 定義我們想如何解決使用者未獲滿足的需求 • 未來的使用者旅程 • 原型	5小時 定義及評量成功 • 產品成功指標 • OKRs 與顧客溝通及互動 • 定位說明 • 1頁產品說明 • 向顧客推銷的簡報 把產品構想轉化成必要條件 • 產品必要條件文件	5小時 綜述建造產品階段及持續改善方法 MVP心態 持續改善產品及安排優先順序 • 產品待辦工作清單 發展領導力，在不使用職權之下發揮影響 綜述產品演示日及目標
實地訓練	實地總整專案（20小時）	100名產品負責人；訓練課程為期3個月		
核心的產品負責人技能	• 市場導向 • 商業頭腦 • 了解顧客體驗	• 商業頭腦 • 了解顧客體驗 • 技術性技能	• 商業頭腦 • 了解顧客體驗 • 軟性技巧 • 技術性技能	• 軟性技巧 • 技術性技能 • 商業頭腦

銀行進行為期 3 個月的訓練課程，每一期訓練 100 名產品負責人。產品負責人有機會在一個總整專案（capstone project）中把他們的所學應用於實務，由專家親自指導。這訓練課程，包含約 20 小時的 4 堂訓練課，以及另外 20 小時、有 1 名產品負責人教練提供支援的總整訓練。

這類產品導向的訓練課程有助於提供技能基礎，但光有這些還不夠。我們經常看到受過技能訓練課程的人回到日常工作環境中無法使用新技能。你必須確保這些產品負責人使用相同的制定物（例如：工具與範本），了解產品負責人的職責，在每季業務檢討會議中使用相似的檢討流程，才能形成堅實的產品管理能力。

產品負責人的技能與能力也必須演進，例如：未來的產品負責人必須是分析法專家，能夠在雲端快速地整理出一個資料集群、拉出解決方案使用情況的資料、分析資料和汲取洞察。他們將擅長應用專門用來幫助產品負責人做決策的 ML 概念與工具。

我們預期，最新一代的產品負責人將至少投入 30％的工作時間在跟顧客及夥伴生態系互動之類的外部活動，這類互動不僅限於消費性產品，例如：IT 的持續消費者化、B2B 產品負責人將直接與終端使用者聯絡，而非只是透過多層的銷售中介來取得回饋意見。

❶ Chandra Gnanasambandam, Martin Harrysson, Jeremy Schneider, and Rikki Singh, "What separates top product managers from the rest of the pack," McKinsey.com, January 20, 2023, https://www.mckinsey.com/industries/technology-media-and-telecommunications/our-insights/what-separates-top-product-managers-from-the-rest-of-the-pack.

第十六章

顧客體驗設計 —— 神奇原料

「當你開始發展自己的同理心及想像能力時，整個世界為你開啟。」
　　　　　　　　　　　——蘇珊‧莎蘭登（Susan Sarandon），美國演員

　　你可以規畫、發展、招募及投資數位解決方案，但若顧客（不論是內部或外面的顧客）不想使用你打造出來的數位解決方案，一切都枉然。正是因為這種介於使用者需求跟公司想推出、也知道如何打造產品之間的拉鋸，使得顧客體驗設計成為數位與 AI 轉型的關鍵要素，驅動創新、顧客採用及價值。❶

　　公司都想以顧客為中心供應顧客／使用者喜愛的產品、體驗及服務，表現傑出的公司在這方面創造了很高的價值，我們的研究顯示，設計導向的公司，不但營收成長，五年間的總股東報酬（TRS）成長遠高於業界同儕❷。UX 設計（這是最常見的用詞）就像在數位食譜中添加神奇原料。

　　不論是 B2B 公司，還是 B2C 公司，UX 設計都能為其創造高價值，我們發現，有前線作業員採用數位解決方案的重工業領域，UX 設計很重要。所有認真進行數位和 AI 轉型的公司，都需要透過以下四種方式建立UX 設計的能力：

首先，招聘優異的設計師

別拖延招募設計師的工作。一些公司偏好把預算集中在招募骨幹工程師，這做法有誤，經過一年的發展後，這些公司會發現，顧客／使用者不採用他們開發出來的解決方案，因為使用起來很笨拙。

從小核心做起，大約以 5 至 10 名顧客體驗設計師為基礎開始發展。我們發現，可以從其他產業、設計公司、甚至研究所招募到優異的顧客體驗設計師，愈來愈多頂尖學校提供融入設計思維的企管碩士課程。

再者，必須明確知道你要尋找怎樣的設計師，設計師的專長都不相同。設計職務通常圍繞著四種能力來分類（參見＜圖表 16-1 ＞），在招募及發展設計能力前，先弄清楚你的公司真正需要哪些種類的設計能力。

投資於顧客體驗設計發展流程

顧客體驗設計方法可以精簡地定義為二部分流程：設計適當的產品、把產品設計得當。

設計適當的產品是指弄清楚使用者想要及需要什麼。設計師花時間在使用者身上，辨識出量化或行銷調查無法發現的使用者需求。透過身處在使用者的環境中觀察他們來收集第一手洞察，有助於發掘他們的功能性和情緒性需求。當然也要使用數據資料，但勿忘方程式中的「同理心」。

進行消費者研究的方法論愈來愈多，使用上需要清楚知道哪種工具最符合你的目的（參見＜圖表 16-2 ＞）。有關顧客需求未被滿足的洞察方法正在快速演進中，你必須確保設計團隊精通這些方法。

設計流程的第二個部分是把產品設計得當。唯有在公司了解顧客需求

圖表 16-1 不同的設計能力

	核心能力	核心方法*
服務設計	• 擅長分析前台與後台交付產品與服務的根本原因及和次級效應 • 能夠有系統地思考（亦即系統性思考），把元件視為大整體的一部分 • 能夠在業務、技術及使用者的需求與目標之間協商，達成各方都滿意的解決方案	• 業務模式圖 • 藍圖、生態系圖 • 功能排序矩陣 • 解決問題的架構 • 重要的設計工坊 • 工具：Figma、Sketch、Adobe Creative Suite
設計研究	• 擅長質性研究，例如：情境訪談、日誌研究，長期性定群工作研究等 • 能夠進行實地調查和可用性測試 • 精通最佳實務方法來確保合格結果及綜合洞察 • 了解與增進分析法及其他質性研究法的知識	• 訪談指南 • 問卷調查 • 人物誌 • 旅程、工作流程圖 • 路徑分析及分析法 • 工具：Dovetail、UserTesting.com
UX設計	• 擅長以人為中心的設計，以解決方案為主，但也包含服務設計 • 能夠發展出滿足使用者需求、又符合最佳實務的一致性解決方案	• 體驗概念、互動模式 • 資訊架構、導航 • 線框圖（wireframe） • 原型 • 工具：Figma、Sketch、Adobe Creative Suite
視覺設計	• 擅長結構平衡、色彩理論、圖符等 • 精通視覺設計型態與系統，包括、但不限於品牌架構 • 擅長視覺系統發展和記錄文件最佳實務	• 品牌表達及延伸 • 情緒板（mood board）、資產庫 • 互動設計框架 • 全通路設計型態 • 視覺設計 • 工具：Adobe Creative Suite、Sketch、Invision

＊ 這裡列出的核心方法僅為一部分

● 產品的自然使用方式　　　■ 稿本敘述的產品使用方式（通常是實驗室得出的）
▲ 去情境化／未使用產品　　◆ 結合／混合

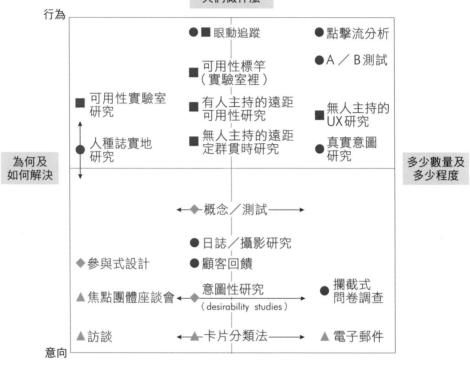

質性研究

回答「為何」

• 深度了解使用者行為及情緒性需求
• 發掘連使用者本身都不知道的需求
• 根據觀察；能夠和使用者共同創造

量性研究

回答「多少數量及多少程度」

• 數量資料，以及從一個樣本群歸納出結果
• 根據意見，用統計上可靠的資料來驗證假
  設或解決方案

和需要解決的問題之下，才有可能做到這點。別試圖躍進，在第一個部分未充分了解及未校準設計流程就逕自打造原型，必然會導致延誤。

設計流程歷經五個階段，如＜圖表 16-3 ＞所示。在每一個階段，設計師將利用一套設計工具來打造他們的最終產品，工具箱必須標準化，有利於提高團隊生產力，並使工作成果可被重複使用。

在這流程的早期階段，務必儘早讓構思的設計點子成型，因此我們建議先選擇一個應急的、低保真（Low-fidelity）的工具開始，通常是在一張紙上繪出圖樣，然後快速地向真實的顧客測試，用愈來愈精進的版本（例如：假的行動應用程式）進行迭代，最後落定於一個可行產品再交給工程師發展。雖然，這種流程看似費時，但卻總能加速發展（因為團隊確實知

圖表 16-3 從設計到發展的流程與工具

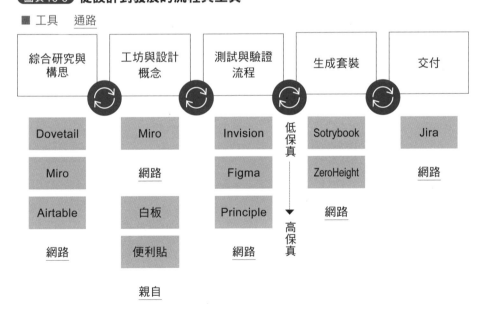

道要打造什麼），以及獲得更好的成果（因為使用者得到他們想要的東西）。

　　Figma 之類的工具可以快速地打造原型，測試功能強大的產品或服務時也不需要撰寫程式，這類的工具預示科技驅動設計流程加速的時代來臨了。新的低量程式／無程式及生成式 AI 技術，例如：GPT-4，也將快速改變開發流程的面貌，在背景中自動生成程式的拖曳與放置功能（drag-and-drop），把開發時間從幾週縮減至幾天，或從幾天縮減至幾小時，讓經驗豐富的設計師有愈來愈多的時間去測試與精修產品與服務。

　　在打造原型的流程中，我們經常看到公司遇到一個障礙，就是在發展 MVP 時過度聚焦於特性與功能，而這樣做可能產生一個如預期般可行、但未能讓使用者有良好體驗的原型。開發敏捷小組應該聚焦於開發一個「最小喜愛產品」（minimum lovable product），聚焦於終端使用者實際上有多喜愛使用這項產品或服務。舉例而言，這可能意味著，與其縮短作業人員抵達現場的時間（例如：有線電視公司把安裝員上府安裝的抵達時間範圍從 2 小時縮窄至 1 小時），不如改為聚焦在作業員快抵達顧客所在地時發出簡訊通知，顧客可能更喜歡後者。

　　這種聚焦於滿足使用者需求的做法，會提高產品或服務的採用率，產生更簡單的應用及體驗，顯著減少低價值功能，從而改善財務績效。

從一開始就讓 UX 設計師成為團隊的一分子

　　顧客體驗和設計專長必須從一開始就成為敏捷小組的核心部分，但太常見到的情形是，一個贊助敏捷小組的業務單位認為他們知道顧客的需求，因此覺得早期不需要顧客體驗設計師，直到開發流程的後期階段才需

要。這觀念是錯的，表現傑出的組織把設計嵌入發展產品或服務的每一個層面裡，因此得以產生優異的顧客體驗。

設計師指引產品或服務的發展流程，例如：他們確保在整個衝刺期間的顧客意見輸入；驅動概念設計，創造出核心體驗的產出物，例如：確保團隊在整個產品發展流程中使用人物誌及使用者旅程（為達成一目的的一連串互動）。設計師繪出每一段顧客旅程，聚焦於辨識痛點及潛在的快樂來源，而不是從「複製與貼上」前一個產品的技術規格著手。

把顧客體驗設計的每個部分和價值連結起來

最好的公司深度聚焦於建立顧客體驗和價值之間的連結。團隊在繪製顧客旅程圖時，他們會辨識旅程中的各點，並且把這些點和關鍵業務績效指標及其創造的價值連結起來。舉例而言，銀行改善顧客旅程中的顧客服務互動，進而產生更快樂的顧客，最後降低顧客流失率。這種分析使設計師聚焦於能夠創造最大價值差異的部分。

指標不是拿來當擺設用的，你應該像追蹤收入和成本一樣嚴格地評估設計性能。公司可以將設計指標（例如：滿意度評級和可用性評估）納入產品規格中，就像材料等級或目標上市時間的要求一樣。

---

❶ See "Driving business impact through customer centricity and digital agility," McKinsey.com, July 30, 2021, https://www.mckinsey.com/capabilities/mckinsey-digital/our-insights/driving-business-impact-through-customer-centricity-and-digital-agility.

❷ Benedict Sheppard, Hugo Sarrazin, Garen Kouyoumjian, and Fabricio Dore, "The business value of design," *McKinsey Quarterly*, October 25, 2018, https://www.mckinsey.com/capabilities/mckinsey-design/our-insights/the-business-value-of-design.

>>>>>> 第三部重點整理

以下一系列問題可以協助你採取正確的行動：

- 最高管理階層是否與營運模式保持一致，使數百支敏捷小組能交付數位創新？

- 每一支敏捷小組的 OKRs 是否校準業務的優先要務？

- 你的敏捷流程中除了業務和技術部分，是否也包含「控管功能」（例如：財務、法務、法規）？

- 你的財務及治理流程如何校準一個更敏捷的營運模式？

- 你如何評量組織在速度和敏捷度方面進步了多少？

- 你的組織中有多少團隊與解決方案是由一位學藝精通的產品負責人所領導？

- 你的敏捷小組成員中有顧客體驗和設計專家嗎？他們參與流程的時間是否夠早？

⫸⫸⫸ 加速技術與分散式創新

建立使全組織能夠從事數位創新的技術環境

以最單純的形式來說，技術的目的在於讓你的敏捷小組易於持續地為顧客及使用者發展並推出數位與 AI 創新。為達此目的，必須建立一個分散式技術環境，讓每一支敏捷小組能夠取得所需的資料、應用程式及軟體開發工具，以快速創新和交付安全、高品質的解決方案。

近期漸趨成熟的技術發展，包括思慮周到地使用 API 來解耦應用程式、開發者工具的可得性、選擇性地把高價值的工作負載移到雲端、基礎設施佈建（infrastructure provisioning）的自動化等，能夠創造這種分散式技術環境。

非技術背景出身的讀者可能想略過第四部，但請別這麼做！你需要知道技術的基本知識，才能在數位世界中當個有成效的領導者。第四部確實深入討論一些快速進步中的科技趨勢細節，也凸顯想成為一位成效卓越的數位領導者必須了解的最重要課題與主題。❶

第十七章：解耦架構可實現開發的彈性和操作的可擴展性。建立一個解耦架構的總設計原則與選擇，以及擁抱 API，使互依性最小化，賦能你的敏捷小組創新。

第十八章：更精確且價值導向的雲端方法。把你的應用程式移到雲端時，聚焦於重要的業務領域，才能確保雲端投資的報酬率最大化。

第十九章：快速且優質的編碼工程實務。為了建造及發布優質軟體，必須把軟體開發及部署自動化。

第二十章：提高開發人員生產力的工具。建立一個開發者平台，讓所有工程師易於提高生產力，避免工具增生。

第二十一章：提供生產等級的數位解決方案。透過自動化，創造一個安全、受控管、可擴展的生產環境。

第二十二章：從一開始就內建資安與自動化。把整個軟體開發流程的安全檢查點自動化，這會加快整體的開發速度，並且確保所有數位解決方案既安全、又可靠。

第二十三章：採用 MLOps 來擴展 AI。AI ／ ML 是「活的有機體」，需要監控和持續的資料再訓練，因此需要 MLOPs 的自動化工具來擴展 AI。

❶ Thomas Elsner, Peter Maier, Gerard Richter, and Katja Zolper, "What CIOs need from their CEOs and boards to make IT digital ready," McKinsey.com, December 1, 2021, https://www.mckinsey.com/capabilities/mckinsey-digital/our-insights/what-cios-need-from-their-ceos-and-boards-to-make-it-digital-ready; Steve Van Kuiken, "Boards and the cloud," McKinsey.com, November 18, 2021, https://www.mckinsey.com/capabilities/strategy-and-corporate-finance/our-insights/boards-and-the-cloud.

第十七章

解耦架構可實現開發的彈性和操作的可擴展性

> 「我們形塑建築物，之後它們形塑我們。」
>
> ——邱吉爾（Winston Churchill），政治領袖

　　平台架構支撐互動系統（前端）和記錄系統（後端），以及發展解決方案和驅動數位與 AI 轉型所需要的資料與分析。最好的架構提供彈性、穩定性及速度，使整個組織的敏捷小組能夠打造實現數位路徑圖所需的解決方案。這裡的關鍵概念是，需要一個分散式且解耦的架構（distributed and decoupled architecture），讓敏捷小組可以組合模組化、可重複使用元件（參見＜圖表 17-1 ＞）。

　　企業架構團隊為企業內的所有敏捷小組決定總架構設計理念和選擇，以及敏捷小組必須遵循的工程實務。

　　為了做到這種架構，你必須擁抱雲端做為技術基礎（參見第十八章的更多討論），並推動以下四個重要的運作模式轉變。

從點對點到解耦

　　從架構的角度來看，解耦（decoupling，把一系統上的各點和另一系

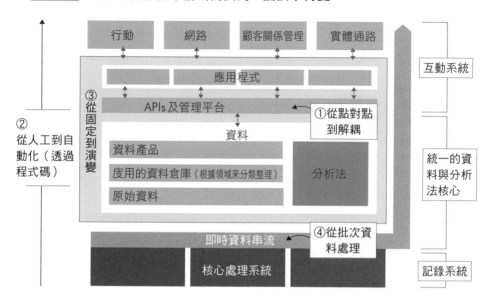

統上的各點之間的連結分開）能使組織的應用程式彼此獨立地演進，因此可以改善組織的敏捷度及擴展能力。以下二種方法被用於解耦。

● 採用API為基礎的介面，但管理增生

　　API讓敏捷小組公開資料及應用程式功能，給企業內部的其他敏捷小組或外部的顧客及夥伴，基本上，API把大型單體式應用程式分解成微型服務。這種轉變是讓數百或數千支敏捷小組能夠各自創新，而不必經常跟其他敏捷小組發生互依的問題。

　　亞馬遜的貝佐斯寫過一份著名的備忘錄，改變了亞馬遜和軟體世界。

❶ 這份備忘錄基本是在說：

- 所有團隊將透過服務介面（亦即 API），揭露他們的資料及功能，團隊必須透過這些介面來彼此通訊。

- 不容許有其他形式的行程間通訊（interprocess communication, IPC）：不能直接連結、不能直接讀取另一支團隊的資料儲存體、沒有共用記憶體模式、不能有任何的後門。唯一被允許的通訊方式是透過網路上的服務介面呼叫。

- 各團隊使用什麼技術都沒關係，HTTP、Corba、Pubsub、Custom Protocols 都可以，貝佐斯不在乎。

- 為了方便外部化，所有服務介面無一例外地必須從頭開始設計。也就是說，團隊必須規畫和設計能夠將介面對外公布的開發人員。

- 凡是不遵守上述規定者將被開除。

　　API 簡化應用程式之間的整合，因為這些介面使開發團隊免於遭遇不同層（layers）的複雜性、加快問市時間、減少導致既有應用程式出現新問題的可能性。當規定與要求改變而需要更換個別元件時，這些介面也使元件更容易更換。

　　不過，基於這些優點，公司往往創造出太多的 API。API 的大量增生，其不利性一如網路服務的繁殖，甚至如同傳統架構中的點對點介面。公司應該力求 API 數量最少化，並優化使用性。API 是解耦的絕對關鍵，但必須對其加以管理。❷

　　為了善加利用 API 的優點，呈現可用性很重要。使用管理平台〔這種管理平台通常稱為「閘道」（gateway）〕來建造與發布 API、實行

API 的使用及控管存取政策，以及評量使用情形及效能。管理平台也讓敏捷小組能搜尋既有的 API，重複使用它們，而不必重新打造一個。訂定標準及準則分類法，確保協調一致地打造及使用 API。

舉例而言，一家製藥公司透過 API 為所有員工建立了一個內部「資料市集」，簡化和標準化造訪核心資料資產的方式，而不是依賴專有介面。該公司在 18 個月的時間裡，逐漸將公司最有價值的現有資料來源遷移到以 API 為基礎的結構，並部署了一個管理平台對外向用戶公開。這種企業資料架構顯著加速了分析法的發展與部署，以及 AI 為基礎的創新。

現身說法 ┃ 德哈夫雅尼（Saud AI Dhawyani），
　　　　　┃ 阿聯酋杜拜國家銀行（Emirates NBD）技術長

用他們的話來說：一個 API 轉型

我們首先對自家的 API 做出優先順序，針對的是標準銀行業務領域（例如：顧客與產品）的企業服務匯流排（enterprise service bus，後文簡稱 ESB，從服務導向架構發展出來的）中現有的服務。我們也對特定的非銀行業務 API 排序為「共通」類或「通路互動」類，例如：行銷活動、優惠通知、光學字元辨識（opitcal character recognition，後文簡稱 OCR，將文字影像轉換為機器可讀格式）等功能。

接著，我們對服務做出優先順序，排序根據的是哪些服務對轉型有切要性（亦即我們何時需要解構每一個 IT 平台來推動現代化），以及這些服務的複雜程度。根據這些標準，我們可以更加了解把 IT 架構予以 API 化所需的努力。

接著，我們開始勾勒營運模式與治理，並詳細訂定其分類法、標準及準則。最後，我們決定 API 管理平台和其他相關元件的技術解決方案，展開首次的概念證明。

我們向管理階層概述 API 對於技術及業務的重要性及潛力，並且把預算的大部分撥給轉型行動。我們的初始經費足以鋪設技術基礎，定義必要的標準與政策，把所有服務從傳統的 ESB 轉變成可以透過我們標準化 API 取得的微型服務。現在，我們有大約 800 種微型服務。

這基礎讓我們能夠設立三支敏捷小組，專門負責打造不同領域的 API。我們在 IT 部門舉辦幾場認識 API 的研習會，藉此啟動 API 轉型行動，我們也在各業務之間推廣，讓同仁有機會認識 API。

為了推動同仁採用 API，必須推出一個對使用者友善的開發人員入口網站（developer portal），有良好的文件記錄和足夠的搜尋功能。我們之前在全球尋找最佳實務。此外，我們也投資並訓練我們的開發人員，使他們從一開始就熟悉開發人員入口網站、API 準則及標準。我們想奠定好的基礎，以便能夠在適當的時機擴展。

在獲得初步成功、有內部及一些外部使用案例後，業務需求顯著成長，他們想要快速獲得更多的 API，因此我們設立一筆敏捷預算，排定優先順序來服務增加的需求。

我們遭遇的最大挑戰之一，是找到合適人才來推動我們的 API 方法、完全重新設計整合的架構、設立一個 API 管理平台及開發人員入口網站、持續優先處理初始的 API 待辦工作清單等，一連串複雜的任務。一方面，我們需要有經驗、懂得技術細節的工程師，另一方面，我們需要有經驗的產品負責人，確保精準聚焦於正確的優先要務。

起初，對於能否在杜拜建立所需人才，我們有幾點疑慮，因為在這裡，科技人才不容易獲得。不過，藉由平衡地對外招聘及對內發展現有人才的結合，我們克服了這項挑戰。我們之所以成功，關鍵因素之一是為所需人才建立專門的學習旅程——結合內部及外面的課程，以及能力檢定方案。

在後來的轉型旅程中，我們面臨的挑戰是提高 API 敏捷小組的生產力。轉型之初，敏捷小組以 2 到 3 週的衝刺開發出一個 API，這生產力還可以接受，但為了遵循我們的路徑圖，需要大大提高生產力。我們利用 DevOps 自動化工具來優化整合，保持持續部署與交付，進而使 API 產出增加 1 倍。

利用雲端型資料平台

資料平台「緩衝」核心系統外的事務,為分析密集型應用程式匯集資料,並支援非同步的資料使用。這種緩衝可以透過資料湖(data lake,儲存、處理及保護大量資料的存放區)或分散式資料網格(data mesh,資料管理的方法)來提供,這是一種由最適平台構成的生態系,為每一個業務領域的預期資料使用及工作負載而打造出來的(關於資料架構,參見第二十六章)。

在更先進的資料架構中,透過創建資料產品來進一步緩衝,從而實現高品質資料和簡化資料使用(關於資料產品,參見第二十五章)。

<圖表 17-2 >展示一家醫療器材製造公司為消費者應用程式實行一個現代應用程式架構的綜覽。前門閘道控管入站流量及確保安全性,API層決定需要呼叫的是哪些應用程式服務,雲端型資料平台被組織成資料湖中的批次資料倉庫,以及立即可供使用者或應用程式使用的資料產品庋用(curated data products),例如:顧客資料、醫療產品及地點資料,以確保遵守當地法規。

<圖表 17-3 >用圖解來說明如何拼湊出這架構,通常到了這個詳細程度,解決方案架構和全端的工程師會參與。這個架構是添加了一流的及/或開放源碼工具在微軟蔚藍雲端服務平台(Microsoft Azure)上打造的。對<圖表 17-2 >和<圖表 17-3 >做一對一的映射,應該相當直接明瞭,所有業務領導者都應該了解<圖表 17-2 >層級的解決方案架構,而設計師和工程師應該熟悉<圖表 17-3 >層級的解決方案架構。

圖表17-2 現代應用程式架構❶——綜覽
（以一家全球性醫療器材製造公司的消費者應用程式架構為例）

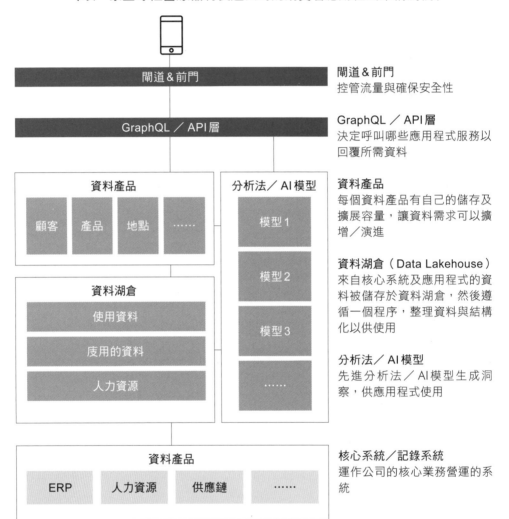

閘道＆前門
控管流量與確保安全性

GraphQL ／ API層
決定呼叫哪些應用程式服務以回覆所需資料

資料產品
每個資料產品有自己的儲存及擴展容量，讓資料需求可以擴增／演進

資料湖倉（Data Lakehouse）
來自核心系統及應用程式的資料被儲存於資料湖倉，然後遵循一個程序，整理資料與結構化以供使用

分析法／AI模型
先進分析法／AI模型生成洞察，供應用程式使用

核心系統／記錄系統
運作公司的核心業務營運的系統

❶ 無伺服器，使用資料湖倉儲存和資料科學功能的微型服務

現代應用程式架構——詳細圖解
（以一家全球性醫療器材製造公司的消費者應用程式架構為例）

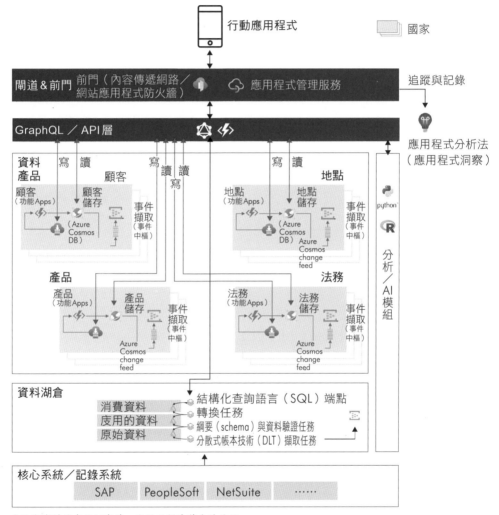

在決定資料儲存於何處時，公司必須清楚當地法規。

程式碼從人工到自動化

別低估人工佈建基礎設施或人工建造與部署軟體的成本，這流程不僅緩慢且繁重，也很容易出錯。為了免去這些問題，先進的公司實行基礎設施自動化和軟體交付的自動化。

● 基礎設施佈建自動化

使用基礎設施即程式碼（infrastructure as code，後文簡稱 IaC）能讓敏捷小組以可重複、具成本效益、可靠的方式佈建雲端環境與基礎設施、儲存系統及需要的任何服務。明確地把所有基礎設施規格編碼成設定檔（configuration files，也譯配置檔、組態檔），可以形成「單一事實源」（single source of truth），也為所有改變創造有用的足跡追蹤，在必要時簡化復原程序。

為了促進程式碼重複使用並避免重複，應該強制要求在撰寫基礎設施腳本時創造程式碼塊（blocks of code）。建立一個簡單、對使用者友善的方式來分類這些優質程式碼塊，把它們放在同一處，方便開發人員找到它們（參見第二十章）。谷歌雲平台（Google Cloud Platform）上的 IaC 程式碼塊的例子，包括建立一個雲端資產庫存（Cloud Asset Inventory）服務，方便清楚監視、分析及了解各項專案的所有資產。再舉一例：建立一個運算引擎（Compute Engine），這服務能夠在一個虛擬私有雲（virtual private cloud）中佈建高效能的虛擬機器。

● 把交付軟體到生產端自動化

把軟體的建造、測試、驗證及部署等作業自動化是非常重要的主題，

所以我們會用一整章來討論如何做到（參見第十九章）。

從固定到演變

建築業和電腦運算業有許多相似之處，但這其中不包含這個概念：先有一個完美、事先規畫好的架構才開始動工。技術快速演變，支撐組織的技術與架構也歷時演變，因此必須內建彈性，能夠在無需改變任何東西之下推出新資料、分析法及軟體開發。

透過轉向模組化架構可以實現這一轉變，使用單項優勢軟體系統（best-of-breed），通常是開放源碼的元件，在必要時可以用新技術取代它們而不會影響到架構中的其他部分。實務上，這需要發展清楚的標準，以防止或多或少程度上功能相同的工具不斷增生，並且讓元件之間有設計得宜的介面，以減少系統互依性導致的變化性與複雜性。

企業架構團隊不該待在象牙塔裡，把敏捷小組隔絕在外，二者必須密切共事、了解雙方的需求，並歷時調整標準。這需要企業的架構設計師和敏捷小組討論技術決策上的業務含義與關連性，因此公司必須僱用了解這些先進元件與工具、知道交付現代軟體需要什麼條件的企業架構設計師。

從批次資料處理到即時資料處理

即時資料通知與串流能力的成本已經顯著降低，為更多的主流使用鋪路。這些技術促成了許多新的商業應用程式誕生，例如：運輸公司能夠以精確到秒的預測準確度通知顧客計程車抵達時間；保險公司能夠分析智

慧型裝置匯入的即時行為資料，把費率個人化；製造商能夠根據感測器即時匯入的資料來預測儀器設備的問題。雖然，即時處理的單位成本持續下滑，但大資料集的總成本可能相當可觀，因此公司必須慎重考慮哪些數位解決方案真的需要這種處理能力。

考慮建置即時資料處理時，你必須決定應用程式之間的通訊（即時通訊平台）和串流資料的標準。即時通訊平台為數位應用程式的訊息發布提供通路，使用即時通訊平台的應用程式根據收到的訊息採取行動。企業層級的即時通訊平台選擇非常多，例如：ApacheActiveMQ、ApacheKafka、RabbitMQ 或 Amazon Simple Queue Service，決定一個標準的即時通平台可以讓數位應用程式以不跟其他應用程式綁在一起的解耦方式收發離散訊息。

串流通常用於分析或處理即時資料，有不同種類的串流，例如：感測器或庫存報導，每種串流應該有自己的標準。舉例而言，在詐欺偵察方面，串流能幫助你分析與解讀一群交易 vs. 每個個別交易（參見＜圖表17-4＞）。在即時通訊平台上，有很多企業層級的串流可供選擇，例如：Kafka、Amazon Kinesis、Apache Spark、Apache Flink。

企業架構團隊應該儘早和敏捷小組商議，決定組織內部需要哪些即時通訊及串流能力，儘早標準化將讓敏捷小組可以更有效地通力合作。

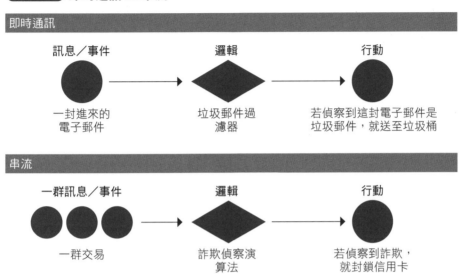

圖表 17-4 即時通訊 vs. 串流

即時通訊

訊息／事件　　　　　　邏輯　　　　　　　　行動

一封進來的　　　　垃圾郵件過　　　若偵察到這封電子郵件是
電子郵件　　　　　濾器　　　　　　垃圾郵件，就送至垃圾桶

串流

一群訊息／事件　　　　邏輯　　　　　　　　行動

一群交易　　　　　詐欺偵察演　　　若偵察到詐欺，
　　　　　　　　　算法　　　　　　就封鎖信用卡

---

❶ Augusto Marietti, "The API Mandate: How a mythical memo from Jeff Bezos changed software forever, " Kong, May 23, 2022, https://konghq.com/blog/enterprise/api-mandate.

❷ Sven Blumberg, Timo Mauerhofer, Chandrasekhar Panda, and Henning Soller, "The right APIs: Identifying antipatterns of API usage, " McKinsey.com, July 30, 2021, https://www.mckinsey.com/capabilities/mckinsey-digital/our-insights/tech-forward/the-right-apis-identifying-antipatterns-of-api-usage.

第十八章

更精確且價值導向的雲端方法

「天啟是在雲朵中發現的。」

——塞爾吉·金恩（Serge King），心理學家

　　你的數位轉型中應該進行多少的雲端遷移呢？這是一個難以回答的問題，再加上公司往往對雲端經濟學及有效遷移策略了解有限，更增添了回答這問題的難度。事實上，大規模雲端遷移帶來的效益往往不如期望，在許多案例中常導致高昂的投資和冗長的執行。❶

　　為了成功地在數位與 AI 轉型中結合雲端，需要一個價值導向的方法。❷ 換言之，在你的數位路徑圖上，決定那些業務領域優先，以及你需要哪種雲端遷移方法來因應這些領域的現有應用程式？雲端遷移方法愈精確，愈能快速地創造價值。

同時重新想像業務領域和基礎技術

　　雲端創造的價值大多來自為業務提高敏捷度、創新及韌性，而不是像資料中心那樣，以較低成本的雲端託管取代傳統基礎設施。

　　從你的優先業務領域做起，務必同時重新想像該領域及其基礎技術，

這會讓你更清楚地看出，把哪些應用程式遷移到雲端能獲得最大價值，同時也避免落入遷移一大群無關緊要的應用程式而未能充分利用雲端益處的陷阱。

舉例而言，一家保險公司想重新設計顧客加入旅程，該公司啟動二個工作流：第一個工作流是重新想像並簡化整個顧客加入流程，另一個工作流把雲端的基礎技術現代化，二者通力合作，把全通路平台及雲端的技術予以現代化，使他們把原本截然不同的、紙本作業的、區分通路的一組流

圖表18-1 **建造數位解決方案的典型架構選擇**

典型架構選擇	銀行業範例	工程考量
建造新的雲端應用程式	建造行動信用卡加入應用程式，把需要的點擊數減至最少	提供資料，從核心系統流至顧客加入的應用程式及信用分析
使用原來的核心系統應用程式（加上一個套件）	使用核心銀行業務系統中的「認識你的客戶」（know your customer，KYC）應用程式	使用API來存取KYC應用程式，並確保即時效能需求
建造新的雲端原生功能，以取代一個核心系統應用程式的一部分	建造新的信用評估決策引擎，以取代核心系統的信用風險評估	建造新的、且能夠即時地存取顧客資料的信用評估決策引擎
遷移及重構核心系統應用程式至雲端，以促進效能創新	遷移及重構整個信用風險評估應用程式至雲端，以加快問市時間	決定最佳的遷移選擇（參見雲端遷移選擇）
改變整個核心系統，以提高效能和降低單位成本	改變整個核心銀行業務系統，以降低單位成本，提供更全面的新功能	平行地運行舊的和新的核心系統，制定資料遷移策略

複雜度遞增

程，轉型成一個無縫的、數位賦能的全通路體驗。

為你的優先業務領域規畫技術路徑圖時，務必同時釐清路徑圖上每一個數位解決方案的架構選擇，不要逐一地做，如此一來你才能全盤了解它們的互依性和最適排序，從而獲得高價值。

＜圖表 18-1 ＞提供一個最常見的架構選擇，以及有關雲端工程考量的簡單框架，這些選擇與考量範圍從把一個應用程式繼續留在原處，或是遷移至雲端，或是讓它退役。

決定雲端部署和遷移方法

若一個解決方案必須遷移至雲端，而不是退役或被軟體即服務（Software as a Service，後文簡稱 SaaS）解決方案取代，那麼，第二個決策是究竟該把這個應用程式「重新託管」（rehost）至雲端、「重構」

圖表18-2 部署／遷移舊應用程式的6種選擇

❶ 退役 不再有用且可以在接下來1至2年內退役的應用程式	❹ 更新平台 在不改變核心架構之下，改變應用程式平台，以獲致一些實質益處
❷ 重買 從技術或業務角度來看已到了壽命終點而必須以一個雲端原生SaaS取代的應用程式	❺ 重構 改變架構，增加在現有的應用程式環境中難以做到的功能、規模或效能
❸ 重新託管──負載平移 把應用程式直接平移至雲端，快速實行較大規模的遷移，從而退出現有的資料中心	❻ 保留 還未做好遷移準備或是遷移不會帶來益處的應用程式

（refactor ／ rearchitect），抑或採取介於二者之間的做法，例如：更新平台（replatforming），參見＜圖表 18-2 ＞。

- **重新託管（負載平移，lift and shift）**：把應用程式遷移至雲端，不需要或只需要有限度地改變程式碼或架構。這是業務想要取得快速進展的一個選擇，但經驗顯示，直接把應用程式平移到雲端並不會創造多少價值。你需要更新平台或重構應用程式，才能利用雲端的益處。
- **更新平台**：相較於重構，更新平台比較容易執行（例如：改變資料層級互動），藉由利用一些雲端原生能力來快速驅動價值。
- **重構**：透過遷移至公共雲（public cloud）及重構，以利用雲端原生能力。雖然，這需要修改程式碼及新的投資，但若想要大幅增強應用程式來滿足新業務的要求，這做法通常是最佳的選擇。

　　先進的組織通常對業務領域應用程式採用混合方法。在現代化旅程中，通常第一步是重新託管或更新平台，先快速獲得價值（降低成本，取得一些雲端能力），爾後才邁向重構。不過，你應該同時評估業務領域的所有重要應用程式，並將其現代化，不要採取逐一的做法，因為這麼做的成本往往更高。

　　遷移應用程式通常需要矯正安全性及合規性，並優化雲端的系統。先遷移、再優化，這有助於突破許多公司在雲端專案中遭遇的僵局，不過這種方法需要組織能夠接受一些應用程式可能在短期內花費更多、提供的效能較差。

建立雲端基礎

　　許多雲端行動未能擴大規模，原因在於公司沒有在打造堅實的雲端基礎上做足投資，你將需要一些非常能幹的雲端架構設計師來把以下的基礎元素做好：

1. **基本的雲端能力**。這些能力，包括網路連結與路由；身分識別標準化；企業記錄、監控與分析（enterprise logging, monitoring, and analytics）；共享企業服務；黃金複本〔golden-image，或原始複本（primary-image）〕管道；合規與資安執行。公司可以一次建立好這些基本能力，之後在所有隔離區重複使用它們。

2. **隔離區（isolation zones）**。隔離區有時也稱為著陸區（landing zones），是應用程式所在的一個雲端環境，每一區內含雲端服務供應商的服務、身分識別與存取管理（identity and access

management）、網路隔離、容量管理、隔離區專用的共用服務、一或多個相關應用程式運行的變更控制。萬一其中一個隔離區當機了，其他隔離區可以創造冗餘（redundancy）。因此，你應該有不只一個隔離區，以便創造冗餘，但隔離區也不宜太多，會造成複雜性。

隔離區的數目是一個重要決策，只有單一一個隔離區的話，支援一個應用程式的配置變動可能無意間影響到其他應用程式，但若走另一個極端，每一個應用程式各自用一個隔離區，這將妨礙配置變動的有效率部署，要求相同的工作在許多隔離區執行。

3. **應用程式模式**（application patterns）。這些是程式碼成品，把有相似功能性和非功能性需求的應用程式的資安、合規及標準化配置與部署予以自動化。應用程式模式可以配置共用資源，把部署管道標準化，確保遵守品質與安全性規定。應用程式模式的例子，包括資料處理型樣，例如：關聯式資料庫（SQL DB）、非關聯式資料庫（NoSQL DB）、資料市集（data mart）／倉庫；網路應用程式，例如：靜態網站或三層式架構網頁應用程式；API 等。支援應用程式的模式數目要少一點，才能提高投資報酬率，例如：一家大型銀行成功地只使用 10 種應用程式模式來滿足 95％的必要使用案例。

這些基礎元素使得雲端遷移及採用的速度加快，可能快 8 倍，使長期的遷移成本降低達 50％。❸

增強你的雲端財務營運能力

效率最高的雲端經濟學是只在需要時為產能花錢，不使用的產能就不花錢。為了做到這點，你應該選擇最符合組織目前工作負載需求的雲端服務，這可能使你的雲端費用節省達 20%。

效能優異的公司發展雲端能力的方法是結合技術、財務及人才招募，成立雲端財務營運（Cloud Financial Operations，後文簡稱 FinOps）團隊來管理雲端支出。這團隊必須辨識業務的運算及網路需求，通常是使用先進的分析法來幫助預測需求，再把需求轉譯成最適雲端供應與預算。他們使用雲端工具建立自動化儀表板，透過追蹤雲端使用情況及重新分配資源，優化雲端支出。FinOps 團隊會追蹤全企業的雲端支出，確保財務紀律。

雲端是一個巨大的力量乘數，你需要雲端能力來推動數位轉型，但不意味著一定要把全部的工作負載遷移至雲端。一支頂尖的雲端架構設計師和 FinOps 團隊能夠研判及處理必要的權衡（當然，這些人本身的薪酬也會翻漲幾倍）。

❶ Abhi Bhatnagar, Bailey Caldwell, Alharith Hussin, and Abdallah Saleme, "Cloud economics and the six most damaging mistakes to avoid," McKinsey.com, May 3, 2022, https://www.mckinsey.com/capabilities/mckinsey-digital/our-insights/cloud-economics-and-the-six-most-damaging-mistakes-to-avoid.

❷ Aamer Baig and James Kaplan, "Five steps for finding value in the cloud," *CIO*, February 2, 2022, https://www.cio.com/article/304106/5-steps-for-finding-value-in-the-cloud.html; See "Seven lessons on how technology transformations can deliver value," McKinsey.com, March 11, 2021, https://www.mckinsey.com/capabilities/mckinsey-digital/our-insights/seven-lessons-on-how-technology-transformations-can-deliver-value.

❸ Aaron Bawcom, Sebastian Becerra, Beau Bennett, and Bill Gregg, "Cloud foundations: Ten commandments for faster – and more profitable – cloud migrations," McKinsey.com, April 21, 2022,https://www.mckinsey.com/capabilities/mckinsey-digital/our-insights/cloud-foundations-ten-commandments-for-faster-and-more-profitable-cloud-migrations.

第十九章

快速且優質的編碼工程實務

「工程師把夢想化為實現。」

——宮崎駿（Hayao Miyazaki），日本動畫師、導演

　　曾經，發布新軟體就像發布一款新車：累積多年的設計、工程及嚴謹測試，往往接下來還會有盛大的行銷活動和宴會。但是，更好的方法和工具已經出現，包括開放源碼軟體的優點愈來愈多，使得開發團隊能夠快速地、迭代地推進軟體開發的各階段及發布新性能。這徹底地改變了賽局，每家公司現在必須成為軟體公司。❶ 這場革命的核心是軟體開發生命週期的自動化，也是本章聚焦的主題（參見＜圖表 19-1 ＞）。

　　軟體開發生命週期的自動化讓敏捷小組能夠做出小改變、快速驗證（透過快速的回饋機制）、經常測試、持續迭代。這明顯有別於普遍的方法：在每次發布之間，團隊做出大量成批的修改，然後釋出到生產環節裡，由於這些修改的規模大、修改的數量多、產生的問題也可能很多，這延緩了敏捷小組快速迭代的能力。

　　網飛（Netflix）建立一個雲端型 IT 架構，讓開發人員一天能夠推出數百個軟體修改。其網站由數百個託管在雲端的微型服務組成，每一項服務由一個專門小組負責開發與維修，開發人員不需要向 IT 部門申請資源，

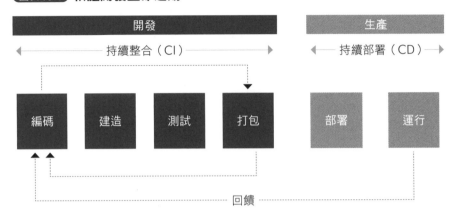

圖表 19-1 軟體開發生命週期

開發	生產

持續整合（CI）　　　持續部署（CD）

編碼　建造　測試　打包　　部署　運行

回饋

他們可以自動化地把每件程式碼內建於可部署的網站映像裡。當那些映像更新新性能或服務時，可以使用一個量身打造的網路型平台（平台上建立了基礎設施叢集）來和網飛既有的基礎設施整合。測試工作是謹慎地在生產環境中用一個使用者子集來進行。

　　網站映像上線後，一種平衡負載的技術把部分流量從較舊的版本傳輸至更新的映像版本上。自動化監控確保萬一新映像的部署出錯時，就把流量傳輸回較舊的版本，撤回新映像。基於這種程度的自動化，網飛能夠在幾小時內就把新程式部署到生產環境裡，反觀多數公司得花多個月才能做到。❷

　　雖然，網飛使用技術的能力比大多數公司更高超，但其實現代的軟體開發都能使用這些方法。這些軟體開發生命週期中成功的「小而快速」工程實務是基於下述三種需求：

把DevOps做為快速交付軟體的基礎

DevOps 追求把精實製造原則應用於組織交付軟體給使用者的方式，簡略地說：「我們把應用程式開發人員、跟運行及確保應用程式整合工作的團隊聚集起來。」要釐清的一點是，軟體運行作業並未消失，只是變成了軟體開發的一部分。

現在，許多公司已經聽過 DevOps、也試圖採用它。不過，許多公司仍然難以規模化地實行 DevOps，往往把 DevOps 想成要在現有團隊中加入的一種工具或一位專家。為了實行 DevOps，你必須採行三個原則和相關的實務：

1. **流動（flow）**。加快交付開發，使其快速且有效率地抵達使用者手上。首先，繪出整個軟體開發生命週期的價值流，亦即編碼、建造、測試、打包與在生產環境中部署軟體所涉及的步驟。這初期是人工作業流程。接著，辨識各步驟之間花費的時間，以及工程師在整個軟體開發生命週期中使用的人工處理流程，例如：可能辨識到一支敏捷小組裡的工程師必須請求另一支敏捷小組為他們做某項任務。最後，有系統地減少或移除辨識到的人工處理步驟，並將其自動化（參見下文討論的持續整合／持續部署）。這項工作的優先順序原則是：先處理浪費時間最多的那些步驟。

2. **回饋（feedback）**。在整個軟體開發生命週期的價值流中建立多個回饋迴路，幫助敏捷小組診斷出現的問題並迅速處理。做法是建立儀表板，把價值流視覺化，即時地從軟體開發生命週期的各步驟汲取意見。

3. **持續學習**（continuous learning）。創造一個交流啟示、學習
及持續改善的文化，定期檢討與改善整個軟體開發生命週期，確
保敏捷小組能夠在不需忍受人工作業流程之下，有效率地交付軟
體給使用者。

公司通常會成立一支 DevOps 團隊來執行這項專業化作業，此團隊
也將和敏捷小組共事，訓練並確保他們作業的一致性。

有了堅實的 DevOps 基礎，公司現在把那些能力延伸至其他的程式
開發實務，例如：DevSecOps、MLOPs 及 DataOps（參見＜圖表 19-2
＞）。這些能力的精神是持續推動自動化、ML 及資料管理，以提高開發
速度、改善安全性、降低成本。

- DevSecOps：把安全性這個環節嵌入軟體開發與發布流程
  裡，而不是在末端才做這部分。跟 DevOps 的情形一樣，使用
  DevSecOps 這個實務，公司可以把發布軟體的頻率從每季加快
  到每週、甚至每天，而且不損及其風險態勢。伴隨公司愈來愈依
  賴數位技術，導致系統更容易遭到網路攻擊，在軟體開發流程
  的一開始就嵌入安全性及合規已經成為必要步驟。[3] 在許多案例
  中，DevSecOps 已經取代 DevOps，二者可以交替使用。我們
  將在第二十二章深入探討安全性這個主題。
- MLOPs：MLOPs 建立於 DecOps 的基礎上，但針對的是 ML
  與 AI 模型。試圖發展、維持及改善數百個生產環境中 ML 與
  AI 的公司，應該都會遭遇確保預測模型穩定性與準確性、校準

演進中的資料環境挑戰，這就需要 MLOPs，我們將在第二十三章詳細探討這實務。

- DataOps：這也是一個相當新且快速成長的領域，基本上，這是一種加快交付新資料資產、更新既有資料資產，以及提升資料品質的能力，我們將在第二十六章探討它。

透過編碼規範及程式碼的可維護性來改善品質

伴隨敏捷小組數目增加、生成的程式倍增（通常，一款智慧型手機應用程式有 50,000 條程式碼），組織必須聚焦於編碼規範。一家電動車製

圖表 19-2 xOps **實務群**

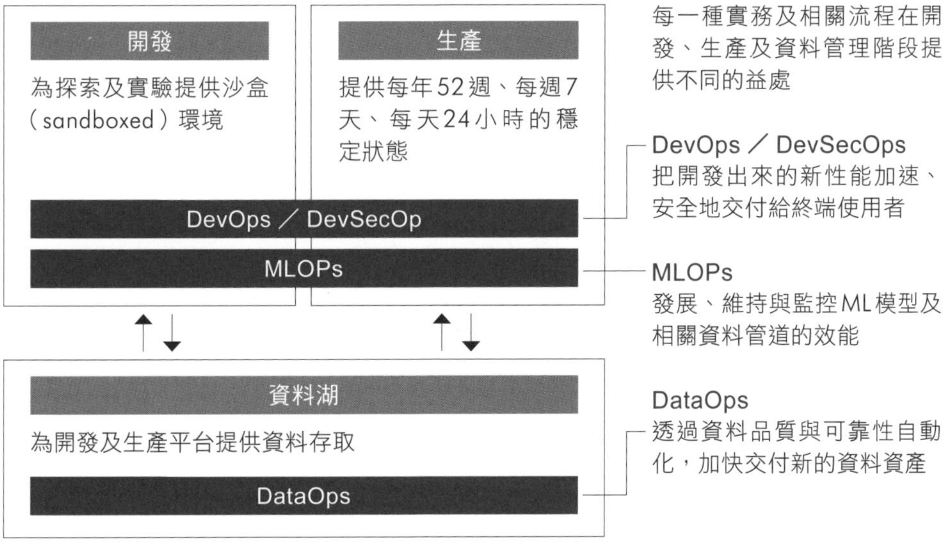

每一種實務及相關流程在開發、生產及資料管理階段提供不同的益處

開發
為探索及實驗提供沙盒（sandboxed）環境

生產
提供每年52週、每週7天、每天24小時的穩定狀態

DevOps／DevSecOp

MLOPs

DevOps／DevSecOps
把開發出來的新性能加速、安全地交付給終端使用者

MLOPs
發展、維持與監控 ML 模型及相關資料管道的效能

資料湖
為開發及生產平台提供資料存取

DataOps

DataOps
透過資料品質與可靠性自動化，加快交付新的資料資產

造公司的執行長在他的儀表板上包含程式品質這一項。

若不聚焦於編碼規範，修改程式所花費的時間會大增，程式碼變得愈複雜，工程師愈沮喪，技術負債也會增加。

優良的程式品質有許多特徵，包括：可測試性（testability）、可靠性

什麼是技術負債，以及如何衡量它？

當有大量的數位解決方案和敏捷小組支持數位轉型時，技術負債的顯著風險將會增加。技術負債是公司為了矯正技術問題而支付的「稅」，由糟糕的編碼實務累積而成，例如：為了抄捷徑而提交很糟糕的程式提案，只對問題做出權宜且暫時性的修正（這無可避免地變成了長期問題）所實行一次性的解決方案等。隱藏於架構中的技術負債可能突然觸發意外問題，導致專案超出預算或未能在到期日交付成果。技術負債過多之下，IT 人員將花更多時間在管理複雜性，而非創新地思考未來。

在我們檢視的組織中，大多數組織的技術負債持續攀升。此外，近半數完成現代化方案的公司未能成功地降低技術負債。為了釐清問題，技術領導者必須用財務面的成本效益來量化問題，基本上就是了解開發人員處理技術負債的時間損失成本（利息部分），以及降低技術負債本身（本金部分）的成本。

分析成本效益不是一件簡單的工作。首先，只能在應用程式層級處理，才能做到細部分析。其次，公司必須了解處理的是什麼類型的技術負債（我們已經辨識出 11 種類型的技術負債）❹，這些是技術負債的驅動因子，因此必須知道它們是什麼類型，才能知道如何一一矯正。舉例而言，資料類型的技術負債不同於基礎設施導致的技術負債。最後，公司使用這項分析來發展出一個成本效益分析，凸顯哪些應用程式在處理技術負債上能夠提供最大回報。

我們發現，在保持低技術負債方面，處於第 80 個百分位公司的收入增長比處於後 20 個百分位公司高出 20%。

（reliability）、可重複使用性（reusability）、可攜性（portability）、可維護性（maintainability）。為了確保高程式品質，你必須做到以下幾點：

● 選擇及使用適用於所有程式碼的版本控管系統

版本控管（version control）有其使用紀律，這是高效能敏捷開發小組的核心賦能因子。組織使用版本控管來儲存 IaC 腳本；應用程式源碼；任何的配置、測試及部署腳本。版本控管促成再現性（reproducibility）和可追溯性（traceability）。這是很多公司難以做到的二個關鍵要求，尤其是有許多繁雜人工作業流程的公司。

版本控管系統，包括 Git、CVS、SVN 等，這些系統也提供其他重要的能力，例如：程式碼稽核，這讓敏捷小組可以仔細檢視漏洞如何進入系統，並做出必要修正。

● 決定使用哪種軟體框架

一個軟體框架（software framework）為特定目的的程式撰寫提供準則，例如：若目的是建造網路應用程式，使用的程式語言是 JavaScript，那麼 React 或 Angular 之類的框架可能很有成效；若目的是產生輕量級、有優良的錯誤報告性能的微型服務，那麼 Python 或 TypeScript 可能是好選擇。此外，還有針對撰寫資料管道和 ML 模型的軟體框架，例如：Kedro。

軟體框架強化程式碼的組織，更容易重複使用程式碼的功能，從而加速軟體開發。

● 確保程式撰寫的一致性

程式品檢工具（code linter）是一種靜態程式分析工具，用於標記程式中的錯誤、漏洞、撰寫風格錯誤及可疑的結構。不同的程式語言往往有自己的工具（GitHub 的 Super Linter 支援多種程式語言），例如：Python 程式語言有 Pylint 之類的工具、JavaScript 程式語言有 JSLint 之類的工具。敏捷小組可以使用這些工具來驗證他們撰寫的程式是否遵循一致的品質規範。

● 決定用來驗證程式的測試框架

敏捷小組使用測試框架（testing framework）來為他們的程式撰寫單元測試。不同的程式語言有各自支援的測試框架：Python 程式語言有 pytest 或 unittest、JavaScript 程式語言有 Jest。不論選擇什麼測試框架（測試框架種類非常多），重點是框架的標準化，確保所有敏捷小組使用相同的測試框架。

敏捷小組的工程師撰寫各種不同的測試，參見＜圖表 19-3 ＞。

當解決方案的可靠性及效能特別重要時（例如：電子商務網站、合規、法規），可以考慮設立一個獨立的網站可靠性工程師（site reliability engineer），專門做效能與可靠性腳本。DevOps 工程師聚焦於解決開發管道問題，網站可靠性工程師則是解決營運、規模及可靠性方面的問題。網站可靠性工程師團隊是技能精熟的工程師，他們聚焦於解決一段期間發生的問題，解決後再去處理另一個解決方案的問題。

	滲透測試 （penetration testing）	驗證一應用程式抵擋網路攻擊的強健度
	回歸測試 （regression testing）	確保在新增一個新功能時，現有的軟體應用程式不會受到不利的影響
測試成本與時間遞增	效能／負載測試 （performance/load testing）	藉由模擬多使用者同時取用應用程式，確保應用程式在各種情況下能夠正常運作
	驗收測試 （acceptance testing）	確保從使用者的角度來看，應用程式運作正確
	端到端（系統）測試 〔end-to-end（system） testing〕	確保整個應用程式的整體行為符合期望
	整合測試 （integration testing）	驗證元件之間的通訊路徑與互動，以偵察出介面瑕疵
	單元測試（unit testing）	單獨地、跟應用程式的其餘部分區隔開來地測試個別單元（模組、功能、歸類）

● 最小化程式碼的複雜度

　　確保程式碼複雜度最小化是必要的一環。程式碼度量框架（code metrics framework）使用各種數學方法來分析程式碼，基本上是評量程式碼的複雜程度。各種第三方推出的產品，例如：SonarQube，檢視儲存於一個版本控管系統中的程式碼，以了解其複雜性，並提出健全性報告。這些工具（有些是開放源碼工具，有些是付費工具）也檢視程式碼的脆弱性及其互依關係的脆弱性。

● 自動生成文件以實現合規性

在一些產業，把程式碼部署到生產環境之前，必須先建立程式碼及 API 的說明文件。許多程式語言提供一個在程式碼中嵌入說明文件的機制，然後工具就可以掃描程式碼，把說明文件自動生成人能閱讀的形式。這種說明文件可以跟程式碼一起儲存於原始碼控管系統裡，用來審核程式碼。

從程式碼中生成說明文件，優於讓開發人員人工撰寫，因為自動生成更省時、也較正確（不過，仍然需要一位開發人員去驗證自動生成的說明文件是否百分之百正確）。在一些產業，這種說明文件能幫助合規性和監管人員「簽名核准」後立即讓程式碼發布到生產環境裡。

透過持續整合與持續部署灌輸端到端自動化

伴隨軟體變得愈來愈複雜，看似簡單的更改也可能會產生意想不到的副作用。當多個不同團隊的多名開發人員使用同一軟體時，複雜性可能會增加。持續整合（continuous integration，後文簡稱 CI）／持續部署（continuous deployment，後文簡稱 CD）是解決這問題的一種方法。以下是 CI ／ CD 流程的簡要概述（參見＜圖表 19-4 ＞提供的一個例子）：

持續整合（CI）以自動化方式處理開發過程中軟體修改的協調及驗證問題，以確保高品質。有多種工具可幫助實行 CI。

在一家全球性製藥公司，一支開發新的 API 功能的敏捷小組，將 CircleCI 做為他們首選的 CI 工具。程式碼的生命週期敘述如下：

圖表19-4 **Python 程式碼的**CI ／ CD**管道範例**

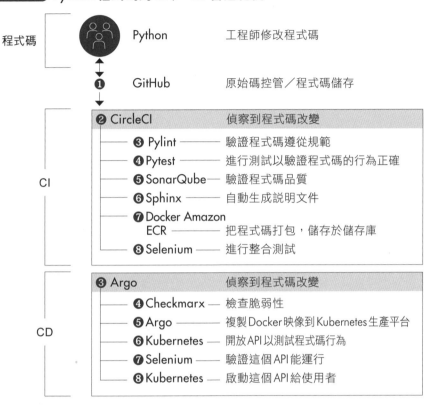

程式碼	Python	工程師修改程式碼
❶	GitHub	原始碼控管／程式碼儲存

CI
❷ CircleCI		偵察到程式碼改變
❸ Pylint		驗證程式碼遵從規範
❹ Pytest		進行測試以驗證程式碼的行為正確
❺ SonarQube		驗證程式碼品質
❻ Sphinx		自動生成說明文件
❼ Docker Amazon ECR		把程式碼打包，儲存於儲存庫
❽ Selenium		進行整合測試

CD
❸ Argo		偵察到程式碼改變
❹ Checkmarx		檢查脆弱性
❺ Argo		複製Docker映像到Kubernetes生產平台
❻ Kubernetes		開放API以測試程式碼行為
❼ Selenium		驗證這個API能運行
❽ Kubernetes		啟動這個API給使用者

1. 一支敏捷小組的工程師修改程式碼，這些修改被儲存於 GitHub（版本控管）。

2. CircleCI 偵察到版本控管中的程式碼改變。

3. CircleCI 運轉 Pylint（一種 linting 工具），驗證此程式碼遵從規範。

4. CircleCI 測試程式碼，在此例中使用 Pytest 來驗證此程式碼的行為正確。

5. CircleCI 運轉程式碼度量，在此例中，使用 SonarQube，驗證此程式碼遵從品質規範。

6. 使用工具來自動生成程式碼的說明文件，在此例中使用的是 Sphinx（一種開放源碼工具，從程式碼中提取文件說明，生成人能閱讀的文件說明）。

7. CircleCI 把程式碼打包成一個模組式建置組塊，儲存於一個套件儲存庫，在此例中，套件儲存於一個容器（Docker）中，儲存於 Amazon ECR（由亞馬遜管理的 Docker 映像儲存庫）裡。這些容器讓應用程式能夠在任何環境中運行，但應該明智審慎地使用。

8. CircleCI 進行整合測試，驗證當新模組式建置組塊跟所有軟體及其他小組成員做出的任何修改整合起來時能夠運行，在此例中，這測試使用的是 Selenium（一種開放源碼的自動化工具，以自動化方式撰寫測試）。

由於整個流程自動化，而且經常運轉（程式碼被修改時就自動運轉），讓開發人員能快速對程式碼品質做出回饋，有自信地發布高品質的軟體。

CD 是下一個流程步驟，屬於 CI 的自然延伸。軟體必須成功通過所有 CI 步驟後交付到生產環境中，移除流程中的任何人工步驟，自動地提供軟體給終端使用者。

這家製藥公司選擇 Argo CD 工具來把軟體部署於生產環境（一個 Kubernetes 叢集），該公司的流程涵蓋以下步驟（參見＜圖表 19-4 ＞，請注意，下列步驟的數目不同於＜圖表 19-4 ＞，目的是為了釐清）。

1. Argo CD 偵察到 GitHub（版本控管）中有 CI 做出的一個修改，這顯示有新東西要部署。

2. Argo CD 使用 Checkmarx 驗證這個套件的脆弱性，用於偵測程式包或已編寫程式碼中的安全攻擊向量。這是一個額外步驟，確保部署到生產端的東西是安全的，可以在生產環境中運轉。

3. 接著，Argo CD 把 Amazon ECR 中的 Docker 映像複製到生產端的 Kubernetes 平台。Kubernetes 平台簡化容器管理，使應用程式的可攜性提高。

4. 接著，Argo CD 確保這個新容器有一個私有的 API 可用於測試這個套件的行為正確運行。

5. Argo CD 請求 Selenium（一種測試工具）驗證這 API 正確地運行。

6. 最後，若至此為止，一切無誤，Agro CD 可以使用其策略之一，以安全的方式揭露 API 給終端使用者，而且不會干擾任何正在使用 API 的使用者。

如此部署 CI／CD 管道，幫助這家製藥公司把部署時間從數小時減少至僅僅 10 分鐘，並且顯著降低技術負債及安全性風險。

採行一個有條不紊的 CI／CD 方法，能一貫地在幾天內（甚至幾小時內）釋出可靠、優質的軟體，不需花上數個月或數季。基本上，CI／CD 是一條管道，新軟體功能通過此管道中的種種步驟，從起始的編碼，到釋出至生產環境中給使用者。

❶ Chandra Gnanasambandam, Janaki Palaniappan, and Jeremy Schneider, "Every company is a software company: Six 'must dos' to succeed," McKinsey.com, December 13, 2022, https://www.mckinsey.com/capabilities/mckinsey-digital/our-insights/every-company-is-a-software-company-six-must-dos-to-succeed.

❷ Oliver Bossert, Chris Ip, and Irina Starikova, "Beyond agile: Reorganizing IT for faster software delivery," McKinsey.com, September 1, 2015, https://www.mckinsey.com/capabilities/mckinsey-digital/our-insights/beyond-agile-reorganizing-it-for-faster-software-delivery.

❸ Santiago Comella-Dorda, James Kaplan, Ling Lau, and Nick McNamara, "Agile, reliable, secure, compliant IT: Fulfilling the promise of DevSecOps," McKinsey.com, May 21, 2020, https://www.mckinsey.com/capabilities/mckinsey-digital/our-insights/agile-reliable-secure-compliant-it-fulfilling-the-promise-of-devsecops.

❹ Vishal Dalal, Krish Krishnakanthan, Björn Münstermann, and Rob Patenge, "Tech debt: Reclaiming tech equity," McKinsey.com, October 6, 2020, https://www.mckinsey.com/capabilities/mckinsey-digital/our-insights/tech-debt-reclaiming-tech-equity.

第二十章

提高開發人員生產力的工具

「若你提供工具給人們，他們將用潛力及好奇心，以令你驚訝、出乎意料之外的方式發展事物。」

—— 比爾·蓋茲（Bill Gates），微軟共同創始人

GitHub 這家公司多年來試圖讓自家工程團隊在 macOS 上使用筆記型電腦本機環境（local development environments）執行開發工作，但儘管付出諸多努力，該公司發現，本機開發環境仍然不佳。無害修改也可能導致本機開發環境無用武之地，而且還得浪費不少寶貴時間去復原，不一致的本機開發環境設定導致的問題很常見。GitHub 應付這些挑戰的方法是移到標準化的虛擬環境，這些虛擬環境中有預載的工具，能夠在需要時存取任何資料。

當一個組織擴大規模，從 5 支敏捷小組增加到 20 支、100 支、甚至上千支敏捷開發小組時，應該轉移至自助（沙盒）的環境，這環境能自我擴充，為敏捷小組提供開發解決方案所需要的全部現代、標準化工具。如此一來，可以避免 IT 部門面臨佈建基礎設施與工具的繁重需求，並且讓敏捷小組可以開發出能夠在生產環境中運轉的程式碼。

一支特別的工程團隊，有時被稱為開發人員平台團隊，負責實行工具與技術，這些工具與技術遵循企業架構團隊提供的標準。這支工程團隊也

提供聚焦於 UX 的工具，以提升敏捷小組的效率，幫助他們聚焦於快速交付價值，不再為了如何管理及維修基礎設施與工具而陷入停頓。

現身說法　馬丁‧克里斯多福（Martin Christopher），前 CUNA 互助保險集團（CUNA Mutual Group）高級副總暨資訊長

用他們的話來說：改造在雲端創造服務的方式

我們認知到必須用全新的方法來管理及提供雲端的服務，便制定了我們得遵守的三個原則：

1. 我們為開發團隊提供的服務必須完全標準化與自動化……，使得未來不再有定製的／特別的需求。

2. 我們在雲端提供的任何服務必須從第一天起就符合安全性、隱私及法規的規範。因此，不再有一次性的例外或人為的變通。不僅如此，任何在這些服務上建造的應用程式也必須從第一天起就合規。

3. 最後，我們必須提出一個有創造力的方法來教育開發團隊如何使用這些服務去建造應用程式。長久以來，這些服務被用來向基礎設施團隊提出定製化的需求。

這就是現在我們所稱的「Atlas 平台」起源，我們研擬了一項計畫，檢視最想要的雲端服務，並建造出一個產品，將絕大多數服務範本化，確保它們建造完成後能夠組合起來。我們也確保它們能牢固地結合起來，連結至所有後端的安全性記錄系統。

為此，我們完全暫停雲端基礎設施團隊，引進一位產品負責人，跟我們一起徹底改變檢視雲端服務的方式。然後，我們圍繞著建構應用程式開發可以用自助服務方式提取和使用的產品概念，對員工進行了再培訓，而非只是建造基礎設施。最終產品——Atlas 平台——先讓應用程式開發團隊拉取程式碼到 CI ／ CD 管道中，這就是自我佈建。

為創造一個有效率與成效的開發環境，有二個要素，下文我們將繼續討論。

彈性且可擴增的開發沙盒

以往的情形是，一個團隊可能得花上數週、有時是數個月去申請、創造及存取一個開發環境，如今，這種情形已不復存在。現在，透過 IaC 的自動化，可以在幾分鐘或最多幾小時內就創造出開發環境，或稱為「沙盒」（sandboxes）。這使得敏捷小組能夠佈建自己的開發沙盒（參見＜圖表 20-1 ＞）。在更廣大的雲端環境中，每支敏捷小組有自己的沙盒、有標準化工具、有專門的記憶體及運算能力，能夠存取資料（測試自動複製的資料，或是存取生產資料的一個子集）。

運轉能夠在幾秒或幾分鐘內創造這些環境的 IaC 腳本，令一些工程師生畏。但若這些腳本中有你希望敏捷小組能夠建構的元素，例如：記憶體、運算系統或應用程式，甚至是要預載的應用程式呢？因為需要發展一個有成效的、能應付種種需求的自助沙盒能力，這促成了內部開發人員平台（internal developer platforms，簡稱 IDPs）的誕生，這是一個輕型的 UI 層，提取佈建基礎設施、安全性及工具的複雜性，但也提供了單一用戶體驗（亦即 UX）來配置這些環境。

在麥肯錫管理顧問公司，我們的平台工程團隊建造了一個定製化的、輕量級的自助式開發人員網站入口，名為「Platform McKinsey」，讓數百支麥肯錫敏捷小組能夠在無需擔心基礎設施或工具之下，打造數位及 AI 產品。這個網站入口做二件事（參見＜圖表 20-1 ＞）：

1. 對一小組的沙盒環境需求做出回應，自動化地遵循以下步驟：

   a. 設立對小組成員有適當存取控管及合適工具的沙盒。

   b. 建立必要的版本控管，使小組無需人工作業處理。

   c. 新小組能要協作建立任何工作，就像維基（wikis），並保持其產品／專案文件。

   d. 建立並配置 CI 工具，使小組能夠只聚焦於他們要開發的產品。

2. 透過一網站入口，對此小組提供他們開發產品所需使用的全部工具，包括：

   a. 用以發現及存取資料的工具；

   b. 撰寫程式碼的工具；

圖表20-1 開發人員平台範例

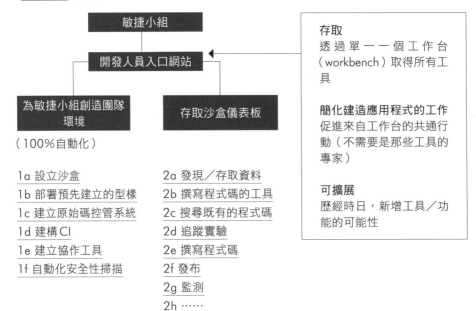

c. 用以搜尋其他小組已經撰寫非機密性質程式碼的工具（透過重複使用來節省時間）；

d. 讓小組成員追蹤實驗的工具（這對發展 ML 模型的工作尤其重要）；

e. 能夠看到 CI 建構狀態的工具（例如：是否有任何的程式碼修改影響到整個產品的品質？）；

f. 點擊一個按鍵即可把程式碼發布給生產環境的簡單方法；

g. 監控他們打造的解決方案在開發與生產環境中的工具健全性。

延伸案例

Spotify 如何處理開發人員生產力

　　當 Spotify 發展到有許多敏捷小組、使用的技術變得更複雜時，他們認知到並非所有工程師都精通這些技術，例如：建立基礎設施的 Terraform、各種雲端服務供應商的 GCP ／ AWS ／ Azure CLIs、版本控管的 GitLab CI、監控的 Prometheus、容器的 Kubernetes 及 Docker 等。由於不同的敏捷小組需要不同的工具去應付後端 API、前端行動應用程式等的開發工作，使得上述問題變得更加複雜。

　　為應付此挑戰，Spotify 打造了一個名為「Backstage」的 UX 工具（自打造以後就開放源碼）。Backstage 使得工程師無需學習一大堆的技術與工具，他們只需要在一個網站人口點擊一個按鍵，就能把更多的運算添加到他們正在處理的機器上，或是取得除錯記錄（debug logs）。歷經時日，Spotify 增加了更多功能來幫助敏捷小組發現其他敏捷小組開發的函式庫、應用程式及服務。這一切都只需在一站式入口網站執行，這使敏捷小組的工作能夠加快速度，並簡化與改善開發人員的體驗。

在每支敏捷小組有自己的沙盒之下，敏捷小組能個別地擴縮記憶體容量和運算能力。在發展分析法及資料產品時，這功能尤其重要，因為發展流程中涉及實驗，例如：決定正確的演算法或適當的資料處理量。

現代且標準化的工具

在沙盒內，工程師需要取得現代且標準化的工具，這些工具被整個軟體開發生命週期用於開發、測試、打包及儲存敏捷小組創造的程式碼（在部署階段之前）。許多雲端服務供應商也已經開始把工具打包起來成為套件，用於它們的 PaaS 供應的一部分。

對於發展數位解決方案的敏捷小組而言，重要的開發用工具可區分為以下五個基本類別，在此要特別指出的是，前二類工具的選擇高度取決於敏捷小組要建造什麼產品（例如：前端、後端、API、資料管道抑或模型）。

1. 開發人員工具。這些工具用於實驗和建造程式碼，這其中也包含整合型開發環境。這些工具的選擇視程式語言而定（例如：Python、R、JavaScript）。優良的開發人員工具將提供語法檢查及程式碼驗證，也可以讓多位工程師協作，同時處理相同的檔案。

2. 軟體打包工具（為發布給生產環境）。這些工具是針對需要打包多個程式碼塊的在製解決方案，例如：打包 js、css 及 html 的 webpack，以及必須和周遭其他版本的程式碼及互依性相連的程式碼。這讓開發人員能夠更好地把軟體模組化，也更易於發布

更新。

3. **套件儲存工具**。這些工具是用來儲存程式碼套件，Nexus、Docker、Hub 及 Jfrog Artifactory 之類的工具能夠儲存已經可供生產使用的套件。

4. **軟體開發工具**。這些工具為使用沙盒環境的敏捷小組提供版本控管和 CI 的整合與存取，使敏捷小組無需擔心如何建構與設立，能專注於交付高品質的軟體。

5. **監控工具**。沙盒環境必須被監控，確保其適當地運作且不胡亂燒錢（例如：取得許多工具的授權，卻沒有使用者；或是人員在下班後使用公司的基礎設施去挖掘比特幣。是的，的確存在這種情形）。這個工具類別的例子，包括 Grafana 和 Graphite。

開發人員平台團隊提供一套所有沙盒都能利用的標準化現代工具。一些開發人員喜歡挑選他們用慣的工具，組織應該採取一種核心／共通／定製的方法，定義什麼是「核心」？必須統一而不容有所不同的工具；什麼是「共通」？提供給所有人可以選擇使用的工具；什麼是「定製」，特別使用者或敏捷小組可以購買／下載／安裝的工具。但「定製」部分應該僅限於「這麼做將帶來實質的商業價值」時，才可被允許。

第二十一章

提供生產等級的數位解決方案

「在建立可靠性之前，浪費時間去試圖加快速度是毫無意義的。」
——卡羅爾・史密斯（Carroll Smith），職業賽車手暨工程師

　　轉型的資料產品、AI 模型及數位使用者旅程，這些必須被部署到需要的場合中讓人或應用程式使用，例如：銷售交易、供應商管理、訂價決策。生產環境必須可靠且可用，可靠性在生產環境中的重要程度遠高於在探索與發展環境中的重要程度。

　　平台工程團隊負責為所有敏捷小組創造這樣的生產環境，讓他們部署發展出來的產品。該團隊負責基礎設施和基礎技術堆疊的設計、建造、治理及服務，包括整合下游系統。生產環境遵循企業架構團隊訂定的標準，而且不該用人工方式打造，必須遵循標準的工程實務。不論敏捷小組想把什麼程式碼部署到生產環境中，都必須透過嚴格的 CD 流程來部署。

　　創造一個可靠且有效能的生產環境，涉及三個重要層面，下文逐一討論。

追求高度控管與可審查性

由於生產環境服務的是關鍵業務的應用程式，因此必須有高度的控管與可審查性（auditability），這不僅僅是為了可靠性，也是為了合規與法遵，例如：SOC 2、ISO 27001、PCI 等。這項能力應該聚焦於二個部分（參見＜圖表 21-1 ＞）：

1. **市場環境本身**，更具體地說，就是如何配置市場環境、制定什麼安全性政策、使用者的存取有何限制、容許什麼輸入（ingress）存取和輸出（egress）存取等。在 IaC 中明訂這些生產環境考量，儲存於版本控管中，組織就能充分了解並審查對環境所做的改變。只有平台工程團隊可以對生產環境做出改變，而且只能用 CI ／ CD 做出改變。
2. **生產環境中運轉的東西**，更具體地說，就是如何部署一個應用程式或 API 的運轉時間、誰能部署它等。敏捷小組用 CD 來確保進入生產環境中的產品可被審查且易於逆轉。藉由確保把整個生產環境狀態詳載為版本控管中的程式碼，就可以在必要時把程式碼回復至先前的生產環境狀態。

確保生產環境的安全性、可擴展性及可用性

為了確保生產環境能符合數位轉型的需求，必須提供三種能力：

1. **安全性（security）**。在生產環境中儲存或轉移的絕大多數資料

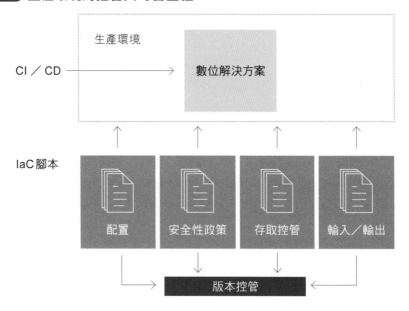

圖表21-1 生產環境的控管與可審查性

生產環境

CI／CD ──────→ 數位解決方案

IaC腳本

| 配置 | 安全性政策 | 存取控管 | 輸入／輸出 |

版本控管

必須加密，確保只有獲得授權的使用者或應用程式能夠使用一支金鑰存取資料。雲端服務供應商提供控管金鑰的控管服務，亦即 AWS Key Management Service、Azure Key Vault、或 Google Cloud Key Management Service。市場環境的直接存取應該受到限制與審查，每個雲端服務供應商有大量的存取控管，例如：身分識別與存取管理（IAM）。

2. **可擴展性（scalability）**。基礎設施應該要能夠根據需求來擴展，雲端服務供應商有這種擴展能力，但公司必須建立特定的服務來偵察可能需要擴展規模的應用程式負載。舉例而言，亞馬遜提供 AWS Auto Scaling 來監測應用程式的負載，並擴大產能、維

持效能。公司必須清楚、周詳地考慮他們使用的服務，因為每家公司有自己的一套互依性。

3. **可用性（availability）**。雖然，雲端服務供應商有高度韌性與可靠性，他們的環境也可能停機，因此確保公司有能力從一個地區切換至另一個地區而不發生中斷很重要。有很多機制可以做到這點，包括有一個區分開來的著陸區，或是在另一個地區運轉第二個生產環境，亦即一個對映生產環境（mirror production environment），第二個生產環境使用的 IaC 跟第一個生產環境相同。公司必須設立監控失靈狀況的系統，一旦偵察到失靈狀況，就從第一個生產環境切換至第二個生產環境。

結合監控與可觀測性

監控聽起來像個枯燥乏味的主題，但卻很重要，而且經常被誤解。公司需要一個好方法去了解基礎設施、環境、打造的解決方案，以及這些應用程式使用者的健全性及活動，監控是基於知道你在監視什麼，如此一來你才能定義儀表板，當你監控的問題發生時，才會顯示警告。

1. **監控應用程式**。敏捷小組發展的解決方案本身需要監控，除了監控其可靠性，也是為了獲得有關於使用者如何跟這解決方案互動的回饋及遙測資料。在這方面，Datadog、New Relic、或 Dynatrace 之類的工具常被使用。

2. **監控雲端與基礎設施**。這部分涵蓋進出雲端的資料、誰使用它、

效能如何，可以使用 New Relic 或 Zabbix 之類的工具。舉例而言，若你使用雲端的傳統虛擬伺服器，那麼了解其行為及負載就很重要，尤其是當診斷出應用程式效能出現問題時。虛擬伺服器通常有固定的大小，因此負載尖峰可能影響終端使用者獲得的效能及反應能力。資料流及資料品質的可靠性監控是一個還不夠成熟的領域，除了上述提到的工具，還有其他工具，例如：Azure Data Factory 的監控工具能夠監視資料擷取情況。

沒有任何一個單一的監控工具能使組織全盤了解端到端的資訊流，為了生產目的，平台工程團隊必須弄清楚團隊需要什麼，以確保不僅生產環境可靠，也能夠在發生問題時快速診斷問題。＜圖表 21-2 ＞展示麥肯錫財務分析（Corporate Finance Analytics）解決方案的效能監控儀表板，客戶可以透過一個網站介面或 API 來取得這些解決方案。

這個使用 New Relic 工具撰寫的儀表板，提供了解決方案開發團隊想監控的、典型的應用程式效能資訊。儀表板的上半部分，追蹤提供資料給使用者的反應時間，包括 Adpex 分數（滿意的需求占總需求的比率）。儀表板的中間部分，幫助解決方案開發團隊聚焦於反應力最差的功能（或者，在此例中指的是交易），以指引雲端及軟體工程師優先改善這些功能。儀表板的下半部分，藉由更好地將工作負載彈性需求與購買的雲服務相匹配，幫助優化雲存儲和運算力的使用。

每一個運轉中的數位解決方案應該有一個監控儀表板，追蹤 UX 和解決方案最重要的效能特徵。

圖表21-2 一個數位解決方案的監控儀表板範例

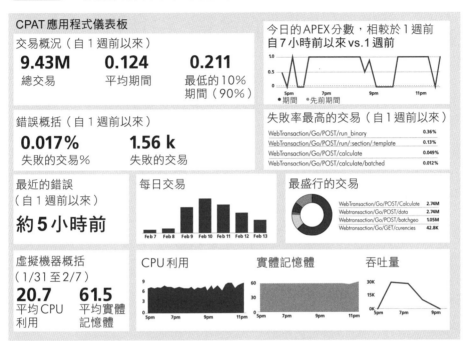

第二十二章
從一開始就內建資安與自動化

「像看待你的牙刷那樣看待你的密碼，別讓任何人使用它，每6個月更新。」

——克里夫・斯多（Clifford Stoll），資安專家

近乎所有的雲端安全性漏洞都源自人為錯誤及不安全的組態設定，而非網路攻擊所導致。[❶] 雲端需要設定應用程式或系統的資安組態。此外，傳統的網路安全流程機制並未設計成以所需的速度運行，因此公司必須採用圍繞自動化構建的新安全方法。[❷]

將安全性流程左移

「安全性左移」（shift left on security）是一種軟體產業的新生活運動，意指在軟體開發生命週期的更早階段注入安全性考量與設計，而非把它放在最後階段（參見＜圖表 22-1 ＞），亦即把安全性考量往左邊移至更早階段。這麼做有二個理由。

第一、讓開發團隊在撰寫程式時就處理安全性考量，這會比後面階段再處理的速度更快。一支敏捷小組可以在撰寫程式階段就處理安全性疑慮，無需等到後面階段再去偵測安全性問題（而且往往是另一支團隊執行

偵測工作），這將顯著縮短偵測及處理問題的週期時間。

第二、增加軟體開發生命週期每個階段當下的安全性檢查。舉例而言，在編碼階段，可以檢查軟體開發使用第三方元件的脆弱性，若偵測到脆弱性，小組就可以改用別的第三方元件。

為了執行安全性左移，首先繪出基礎設施和應用程式的整個軟體開發生命週期中，用來管理風險與安全性的人工控管與治理流程，然後尋求可用來減少或除去人工控管流程的工具與技術。舉例而言，使用儲存於原始碼控管系統中的 IaC，其附加好處是，能夠先使用工具來分析資安脆弱性或不安全的組態設定，確定無虞後再給其他團隊使用。對 IaC 靜態

圖表22-1 **左移以改善安全性**

從：**把安全性留到最後階段再處理**——部署軟體之後才進行安全性檢查

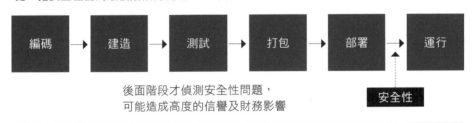

後面階段才偵測安全性問題，
可能造成高度的信譽及財務影響

到：**安全性左移**——在軟體開發生命週期的每個階段嵌入安全性檢查與程序

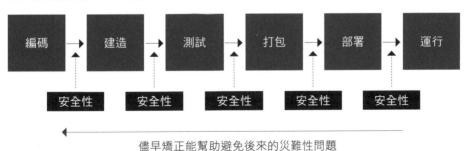

儘早矯正能幫助避免後來的災難性問題

程式碼分析可確保基礎設施程式碼中不存在脆弱性，例如：使用 tfsec、checkov 等安全性檢查工具。許多團隊使用模組化及可重複使用的開源元件來開發解決方案。雖然開放源碼有許多優點，但也會產生資安脆弱性，這些脆弱性可能嵌入數位解決方案中。你可以使用 Synk 之類的工具，在軟體開發生命週期的早期階段辨識及矯正這些脆弱的元件。

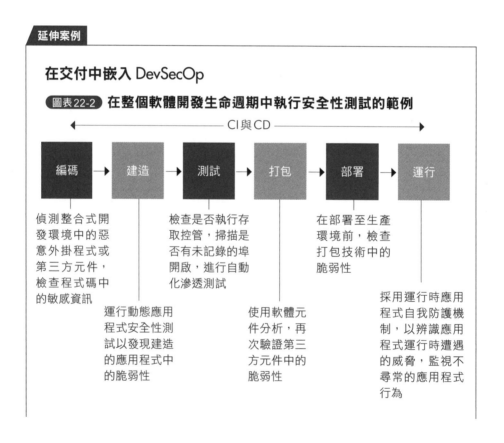

延伸案例

在交付中嵌入 DevSecOp

圖表22-2 在整個軟體開發生命週期中執行安全性測試的範例

◄─────── CI與CD ───────►

編碼 → 建造 → 測試 → 打包 → 部署 → 運行

偵測整合式開發環境中的惡意外掛程式或第三方元件，檢查程式碼中的敏感資訊

檢查是否執行存取控管，掃描是否有未記錄的埠開啟，進行自動化滲透測試

在部署至生產環境前，檢查打包技術中的脆弱性

運行動態應用程式安全性測試以發現建造的應用程式中的脆弱性

使用軟體元件分析，再次驗證第三方元件中的脆弱性

採用運行時應用程式自我防護機制，以辨識應用程式運行時遭遇的威脅，監視不尋常的應用程式行為

在CI／CD中執行安全性檢查

1. **編碼階段：**

   使用 Synk 之類的工具來檢查，偵測整合式開發環境（integrated development environment）中是否有開發人員安裝的惡意外掛程式，可能導致程式碼中的脆弱性。檢查原始碼控管中是否儲存了任何敏感性機密（例如：使用 AWS 的 git secrets，或是一些原始碼控管系統中的內建機密掃描工具，例如：GitHub 機密掃描）。最後，運行靜態應用程式安全性測試（static application security testing, SAST）分析撰寫的程式碼。這視使用的程式語言而定；就 IaC 而言，可使用 tfsec 之類的工具，至於 Python 程式碼，可以使用 semgrep 之類的工具。

2. **建造階段：**

   運行動態應用程式安全性測試（dynamic application security testing，DAST）來發現打造的應用程式中是否存在脆弱性，可使用 appcheck 或開放源碼的 OWASP Zed Attack Proxy 之類的工具。至於運行互動應用程式安全性測試（interactive application security testing, IAST）來發現數位應用程式運行時的脆弱性，可使用 Synopsys 或 Veracode 之類的工具。

3. **測試階段：**

   檢查是否執行傳統的數位應用程式存取控管（角色或政策），以及是否適當地限制存取。檢查是否有未記錄的埠開啟（除了必要且受保護的埠外）。

4. **打包階段：**

   使用軟體元件分析（software component analysis）再次驗證第三方元件中可能未被偵察到的脆弱性。

5. **部署階段：**

   在部署至生產環境前，再次檢查可能加入的脆弱性。脆弱性可能存在於打包技術（例如：Docker）中，或是使用軟體元件分析來檢查打包好的套件。

6. 運行階段：

  使用運行時應用程式自我防護（runtime application security protection, RASP），能檢查數位應用程式的內部資料，辨識應用程式運作時遭遇的威脅。使用 Datadog 之類的傳統監控／可觀測性工具，監視不尋常的應用程式行為。

現身說法 | 凱西·山多斯（Casey Santos），亞勝通訊公司（Asurion）資訊長

用他們的話來說：正確心態與安全性左移

資安工作可能令人覺得專橫，但我們有通力合作的關係，有我們稱為「資安行家」（security maven）的計畫，旨在我們的整個業務中訓練及認證資安人員，不論他們是開發人員、產品負責人，抑或工程師。資安團隊裡也有他們的贊助人，當他們執行專案中發現了需要修正的資安問題時，他們向高階管理層提報，我們就會稱頌他們在資安上的成功。我們把資安技能嵌入各個團隊裡，因為你不可能到處去處理這類問題。

我們也致力於把安全性左移，在雲端打造產品的初始設計階段處理安全性。因為雲端上的一切演變飛快，不把安全性左移終將錯失機會，你只會不斷地做清理與解決的工作。

使用DevSecOps把安全性嵌入軟體開發生命週期

實行「安全性左移」需要 DevSecOps，把安全性嵌入 DevOps 方法中意味著，把資安專家整合到 DevOps 團隊裡，在整個軟體開發生命週期中實行安全性措施。自動化是此方法的核心信條，在相同的端到端 CI ／ CD 流程中，平台工程團隊嵌入工具，並驗證與處理安全性風險（參見＜圖表 22-2 ＞），目標是歷經時日地把安全性檢查轉變成 100％自動化。

安全性自動化的實行應該成為 DevSecOps 團隊發展 CI ／ CD 管道時的任務之一，包括訓練敏捷小組使用它。

---

❶ Arul Elumalai, James Kaplan, Mike Newborn, and Roger Roberts, "Making a secure transition to the public cloud," McKinsey.com, January 1, 2018, https://www.mckinsey.com/capabilities/mckinsey-digital/our-insights/making-a-secure-transition-to-the-public-cloud.

❷ Jim Boehm, Charlie Lewis, Kathleen Li, Daniel Wallance, and Dennis Dias, "Cybersecurity trends: Looking over the horizon," McKinsey.com, March 10, 2022, https://www.mckinsey.com/capabilities/risk-and-resilience/our-insights/cybersecurity/cybersecurity-trends-looking-over-the-horizon.

第二十三章

採用 MLOps 來擴展 AI

「建造先進的 AI 就像建造一具火箭，第一個挑戰是把速度最大化，但一旦加速了，你就需要聚焦於操縱。」

——尚·塔林（Jaan Tallinn）

　　想要讓 AI ／ ML 對公司的獲利做出大貢獻，技術必須在整個組織擴展採用，使核心業務流程、工作流程及顧客旅程中充滿這項技術，並即時地優化決策及營運。就 AI ／ ML 模型來說，執行上特別困難，因為它們如同「活的有機體」，隨著輸入的資料而不斷地演變。AI ／ ML 模型需要持續監控、再訓練、去偏見（debaising）。就算公司只有幾個 ML 模型，都已經是相當大的挑戰了，若有幾百個，那可真是難以招架。

定義重要名詞

　　人工智慧（**artificial intelligence，就是俗稱的 AI**）涵蓋創造智慧型機器的廣義概念。

　　機器學習（**machine learning**）是 AI 的一個子集，是一種從資料「學習」以改善一組工作的效能的方法。

　　深度學習（**deep learning**）是 ML 的一個子集，使用龐大量的資料及複雜的演算法來訓練一個模型。

近年，ML 工具與技術的巨大進步，已經大大改變 ML 工作流程，加快應用程式生命週期，促成 AI 在各業務領域持續、可靠地擴展。但是，有了新能力的同時也要切記：有效的 MLOps 需要聚焦於整套的應用程式活動發展，而非只聚焦於模型本身。我們估計，有高達 90％的 ML 發展失敗並不是源於發展出糟糕的模型，而是源於糟糕的產品化（productization）實務，以及把模型跟生產資料、商業應用程式整合起來的挑戰，這些導致模型無法按照預期地擴展及運行。有效的產品化需要發展一套整合的元件來支持模型（或者是發展一套模型），例如：資料資產、ML 演算法、軟體及 UI。❶

MLOps 其實是一套應用於整個 ML 模型生命週期的實務（參見＜圖表 23-1 ＞）：

- **資料**：構建系統和流程，為 ML 應用程式持續地大規模收集、整理、分析、標記及維護高品質資料。
- **模型發展**：把模型發展業務化，確保高品質的演算法可以被解釋、沒有偏見、如期望地運行、被持續監控、定期更新資料。
- **資料模型與管道**：為了使業務價值最大化，並減少工程費用，必須建立整合的應用管道來接收資料或事件、處理與強化資料、運行模型、處理結果、生成行動、監控各種元件及業務 KPIs。
- **產品化與擴展**：強化資料處理及模型訓練元件來擴大運行規模，包括增加測試、驗證、安全性、CI ／ CD 及模型再培訓。
- **即時作業**：積極地監控資源、效能及業務 KPIs。

圖表23-1 AI ／ ML**模型生命週期**

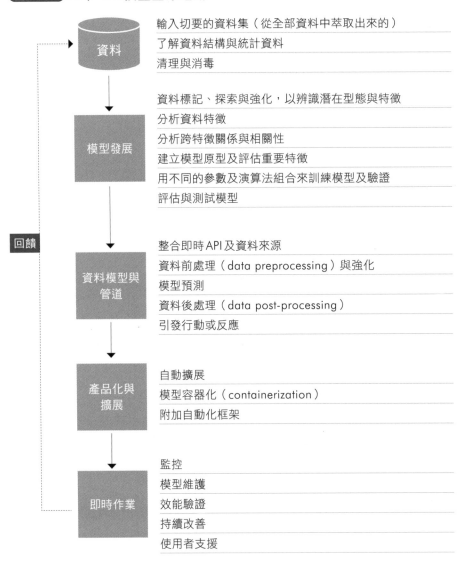

資料
- 輸入切要的資料集（從全部資料中萃取出來的）
- 了解資料結構與統計資料
- 清理與消毒

模型發展
- 資料標記、探索與強化，以辨識潛在型態與特徵
- 分析資料特徵
- 分析跨特徵關係與相關性
- 建立模型原型及評估重要特徵
- 用不同的參數及演算法組合來訓練模型及驗證
- 評估與測試模型

回饋

資料模型與管道
- 整合即時API及資料來源
- 資料前處理（data preprocessing）與強化
- 模型預測
- 資料後處理（data post-processing）
- 引發行動或反應

產品化與擴展
- 自動擴展
- 模型容器化（containerization）
- 附加自動化框架

即時作業
- 監控
- 模型維護
- 效能驗證
- 持續改善
- 使用者支援

這是一個持續進行中的流程，需要你建立堅實的工程和 ML 應用實務來持續發展、測試、部署、升級，以及監控端到端的 AI 應用。MLOps 是建立在前文討論的 DevOps 工程概念及端到端的自動化等基礎上，用以應付 AI 的獨特特性，例如：ML 系統輸出的機率性質、技術對資料的依賴性。

當公司採用 MLOps 最佳實務時，可以大大提高目標可實現的水準。這是使用 AI 進行試驗跟利用 AI 改變公司競爭地位之間的區別。有效的 MLOps 依賴於實施四個關鍵實務：

1. **確保資料的可用性、品質及控管來餵養 ML 系統**。ML 模型倚賴資料，沒有高品質的資料和可用的資料，ML 模型會不準確或不能用。因此，你必須實行資料品質檢查，現在有工具可以評估資料品質及偵測異常。在監控金融交易之類的高吞吐量工作場合中，這類工具很實用。

   為了確保餵養 ML 模型的資料可用性，你需要從原始資料中萃取驅動 ML 模型的資料特徵，這些特徵是 ML 模型的燃料。舉例而言，氣壓是用大氣感測器測量，但天氣預報模型中的特徵是氣壓的變化。特徵儲存庫（feature store）是這些特徵的中央保管庫，用來管理、維護和監控特徵，確保 ML 模型需要的燃料持續可得、可用。

2. **佈建工具以優化 ML 模型的發展**。撰寫可再現的、可維護的、模組化資料科學程式碼，這可不是件容易的事，Kedro（使用 Python 程式語言）之類的軟體框架旨在使這項工作變得更容易些。這類軟體框架借用來自軟體工程的概念〔包括模組化、關注

點分離（separation of concerns）及版本控管〕，把它們應用於 ML。

資料科學家喜歡實驗，嘗試用不同的資料／特徵、不同的演算法來發展滿足業務成果的模型。這些實驗及任何相關的詮釋資料（metadata，或譯「後設資料」，例如：使用的資料特徵或任何附加的模型組態設定）必須儲存於某處。MLflow 及 MLRun 之類的工具提供模型治理和重現這些實驗的能力，也追蹤哪些實驗已經得出較好的業務成果。

3. **建立 ML 交付平台，盡可能實現自動化。** 從小規模的資料科學探索及模型發展轉向大規模的生產，通常涉及程式碼重構（code refactoring）、轉換框架，以及大量的工程作業，這些步驟可能導致整個解決方案顯著的延遲，或甚至失靈。

因此，組織必須設計與建立一個持續性的 ML 應用程式交付平台，這個平台應該執行可擴展且自動化的管道，用以處理資料、訓練、驗證及打包高品質的模型，然後提供給生產端。此外，ML 平台應該部署，包含訓練模型的線上應用程式管道、運行資料前處理及後處理作業、資料來源及其他應用程式整合，並收集重要資料、模型、應用及業務指標來實現可觀測性。

4. **監控模型效能來驅動持續改善。** ML 模型跟軟體不同，當軟體被部署在生產環境中時，只要先前有嚴格聚焦於品質和測試，軟體大多如預期地運行。反觀 ML 模型是「訓練」出來的，這意味著人員必須監控每個模型的運作情況，並且歷經時日地做出調整以改善成果。ML 模型對真實世界的資料品質很敏感，因此模型

的運作也可能歷時變差，正因此如此，必須持續監控來確保其行為正確。

舉例而言，在全球新冠大流行而導致居家隔離時，顧客的行為一夕之間全改變了，使用以往的（疫情前）顧客支出型態來訓練的 ML 模型就不再能夠做出有效預測，例如：模型建議顧客應該光顧一家未營業的餐廳。所以，監控模型的效能必須快速診斷導致變異性的原因。

對模型的監控應該不只是注意有無模型飄移（model drift，資料分布和資料集大幅度的偏移導致模型表現下降）現象，也應該驗證資料品質與合規性，根據業務 KPIs 來評量模型準確度與效能。用更廣闊的觀點來監控也很重要，如此一來公司才不會只著眼於模型效能，也會評估模型對業務的助益程度。

延伸案例

縮短 AI 應用發展的時間

　　一家亞洲的金融服務公司把發展新 AI 應用的時間縮短超過 50%，他們是如何辦到的呢？該公司在源系統上建立一個共同資料層，提供高品質、現成可用的資料產品給無數以顧客為中心的 AI 應用使用。

　　該公司把資料管理工具及流程比標準化，打造一個可持續的資料管道，把資料標記和資料處理歷程追蹤（data lineage tracking）之類，耗費時間的步驟予以標準化和自動化。這非常不同於該公司先前的做法，在先前的方法中，每一次要發展一個 AI 應用時，團隊必須使用不同的流程與工具來整理和清理取自源系統的原始資料，這導致 AI 應用發展週期很長。

MLOps 是一個快速演進的領域，截至本書撰寫之際，坊間已有超過 60 個供應商提供不同的 MLOps 軟體工具，從一站式統包的平台，到利基型工具都有。

❶ Jacomo Corbo, David Harvey, Nayur Khan, Nicolas Hohn, Kia and Javanmardian, "Scaling AI like a tech native: The CEO's role," McKinsey.com, October 13, 2021, https://www.mckinsey.com/capabilities/quantumblack/our-insights/scaling-ai-like-a-tech-native-the-ceos-role.

第四部重點整理

以下一系列問題可以協助你採取正確的行動：

- 你有一個能夠吸引及鼓舞現代雲端原生世代人才的技術環境嗎？

- 你的組織中，有多少支敏捷小組能夠發展和直接發布數位解決方案的新版本給顧客／使用者？

- 你的組織發布解決方案的週期有多長？（你確定能正確地衡量週期時間嗎？）

- 你如何確知組織的敏捷小組妥適且負責地打造解決方案，而不是只追求快速？

- 為了成功，你的組織需要怎樣的功能性投資／新功能比率，你有實現這比率的流程嗎？

- 你的工程發展中，有多少比例使用 CI ／ CD 方法？

- 你的工作負載有多少比例在雲端，目標比例應該是多少？

- 你的安全性功能是否適當地整合到軟體開發生命週期的各階段，並且自動化？

- 目前的生產環境中，AI ／ ML 模型適切地校準你所期望的業務成果嗎？你如何確知？

≫≫≫ 無死角地嵌入資料

使整個組織易於使用資料

在老公司裡，資料往往是沮喪的源頭，根據我們的經驗，AI 型解決方案的發展工作中，約有 70％是投入於資料角力與協調。當中有許多問題可溯源至舊的封閉塔式系統，因此組織必須審慎周詳地架構資料，使其方便又能重複使用，否則擴展規模將變得相當困難。這裡的目標是有乾淨、切要、可用的資料，讓敏捷小組更好做決策，建造更好的資料賦能解決方案。

達成此目標的核心單位是資料產品，一組資料元素被庋用（curated）和打包成整個組織裡的任何團隊或應用程式都可以輕鬆使用。❶

你需要什麼資料產品？這些資料產品應該含有哪些資料元素？這個問題是第一個著手點，應該根據你的數位路徑圖來回答，使你的行動聚焦於最高價值的資料。

為了使資料產品的發展變簡單，頂尖公司建立一個堅實的資料架構，讓資料有效率地從源頭流向使用之處。他們也部署一個聯邦式資料治理模式（federated data governance model），業務單位領導者是其資料與資料產品的贊助人。這一篇將討論如何把你的資料轉化成一種競爭優勢。❷

第二十四章：研判哪些資料重要。評估你的資料資產中，哪些部分需要根據它們能創造的價值來調整並制定計畫，使其備妥就緒。

第二十五章：資料產品──可重複使用的規模化基石。組織必須認知到資料的近期與長期價值，把資料當成產品般地管理。專門的團隊把這些資料產品變得易於讓敏捷小組安全地使用。

第二十六章：資料架構或資料管道系統。建立你的目標資料架構時，要先解決組織的商業智慧（business intelligence，後文簡稱 BI）和 AI 的需求。使用現有的參考架構來減少實行上的複雜性。

第二十七章：組織要最大化地利用資料。釐清資料治理，確保你有適任的資料人才與工具，使你的組織能夠持續改善你的資料狀態。

❶ Veeral Desai, Tim Fountaine, and Kayvaun Rowshankish, "How to unlock the full value of data? Manage it like a product," McKinsey.com, June 14, 2022, https://www. mckinsey.com/capabilities/quantumblack/our-insights/how-to-unlock-the-full-value-of-data-manage-it-like-a-product.

❷ Veeral Desai, Tim Fountaine, and Kaybaun Rowshankish, "A better way to put your data to work," *Harvard Business Review*, July–August 2022, https://hbr.org/2022/07/a-better-way-to-put-your-data-to-work; "The data driven enterprise of 2025: Seven characteristics that define this new data-driven enterprise," McKinsey.com, January 28, 2022, https://www.mckinsey.com/capabilities/quantumblack/our-insights/the-data-driven-enterprise-of-2025?linkId=150307929.

第二十四章
研判哪些資料重要

「在有資料之前就提出理論是一個致命的錯誤。」
——夏洛克·福爾摩斯（Sherlock Holmes），

柯南·道爾（Sir Arthur Conan Doyle）筆下所塑造的小說人物

　　資料策略定義了你需要什麼資料？如何處理它？就能幫助你了解業務優先的要務。資料策略的產物是一份如何清理資料使其變得易於取用的計畫。

辨識與排序資料的重要程度

　　首先，辨識數位路徑圖上敘述的數位解決方案及其使用案例需要什麼資料。數位路徑圖通常會指出高層次的資料需求，但這些需求可以轉譯成集體的資料需求。

　　在近乎每一種業務情境下，你會發現你擁有的資料比你起步所需的資料還要多，因此你必須根據資料域在數位路徑圖中，對業務的重要性及其考量（例如：風險及法規要求）來排序資料域。

　　這種排序工作也應該延伸至每一個資料域中的資料元素，辨識何者最重要。舉例而言，在顧客資料域中，可能有數百或數千個資料元素，例如：

定義重要名詞

資料元素（data element）：資訊的基本單位，有獨特的含義，例如：顧客姓名、顧客地址、產品名稱、日期等。

資料域（data domain）：相關資料的概念分群，通常用於安排資料治理工作及資料架構。

資料產品（data product）：高品質、立即可使用的資料集，全組織的每位員工可以容易地存取及使用。一個資料產品通常是一個資料域的一個子集。

顧客姓名、顧客地址、信用卡卡號。辨識哪些資料元素對於使用案例最為重要（通常，所有資料元素中的 10％至 15％元素是最重要的），把你的大部分工作聚焦在最重要的資料元素上。

舉例而言，一家美國保險公司想為客戶提供更好的財產保護建議，這個排序流程意味著聚焦於災難及安全性資料〔例如：來自美國國家海洋暨大氣總署（National Oceanic and Atmospheric Administration, NOAA）、美國地質調查局（United States Geological Survey, USGS）及聯邦緊急事務管理署（Federal Emergency Management Agency, FEMA）的災害風險資料〕，以及資產市場資料，例如：過往的財產價格、購買史、鄰域／社區指數，參見＜圖表 24-1 ＞。

評估資料的整備程度

常見的情況是，解決方案所需資料的品質很差，這種情況導致典型的

從業務領域到資料元素（以一家美國保險公司為例）

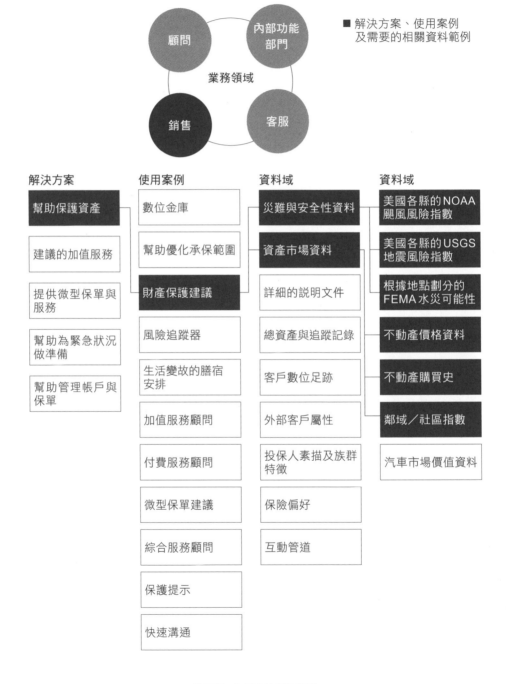

「進垃圾，出垃圾」（garbage in, garbage out）問題，品質差的資料會破壞數位與 AI 轉型的進展。在修正或清理資料前，你必須詳盡評估現有資料。這有時稱為「審問資料」（interrogating the data），辨識資料有何問題。<圖表 24-2 >展示評估資料品質時涉及的九個層面。

　　評估資料品質涉及對每一個資料元素進行三個步驟審查：第一、在已知且可能的未來業務資料需求之下，定義一套資料品質規範。拿「顧客地址」這項資料元素來說，適用於許多 B2C 公司的一條規範是：「顧客地址是正確的」。

　　第二、針對每一條規範，訂定符合業務需求的目標。例如：針對「顧客地址是正確的」這條規範，目標準確率可能要高於 95％。若公司有物流作業會出貨給顧客，那麼較高的準確率很重要；若公司提供的是數位服務，也許準確率就不是那麼重要了。但要避免修改目標超出一定範圍，因

圖表24-2 **評估資料品質的９個層面**

❶ 準確性（accuracy） 資料來源獲得使用同意的程度	❷ 及時性（timeliness） 資料應該更新的時間範圍，以及資料值改變時可接受的系統「延遲」程度	❸ 一致性（consistency） 不論儲存或展示於何處，相同資料必須有相同值的程度
❹ 完全性 （completeness） 資料欄必須填入資料，以及要求的廣度、深度與歷史紀錄的程度	❺ 唯一性（uniqueness） 資料應該只儲存於一處，而且一個顧客只有唯一資料的程度	❻ 連貫性（coherence） 資料定義歷時地維持一致，使歷史資料有相同脈絡的程度
❼ 可用性/可得性 （availability） 有目前及歷史資料各供分析的程度	❾ 安全性（security） 資料被安全保存、設有存取限制且具有可復原性的程度	❾ 可解釋性 （interpretability） 對資料有清楚定義而易於了解的程度

為這會驅動後端的資料治理工作。

第三、根據定義的資料品質規範，評量現有資料品質並提出報告。多數公司會使用套裝軟體（例如：TalendOpen Studio、Ataccama ONE、Informatica Data Quality）來更廣泛地掃描實際的資料品質，比對與發掘現有資料跟品質規範是否存在差異、品質有無問題。不論使用這類套裝軟體與否，定義資料品質規範與目標的流程都很重要。

若做得好，這個流程能發掘廣泛的問題，包括不正確的資料值導致計算錯誤、各業務單位的不同定義導致資料使用不當、資料整合的延遲導致資料錯過報告截止日期。

在這個流程中，公司遭遇的最大問題之一，是資料品質的評估與清理工作可能費時、費錢，儘管我們已經看到處理這項業務的 AI 工具問市。因此，務必聚焦於對你的優先使用案例最重要的資料，好節省時間與金錢。以＜圖表 24-1 ＞中的保險公司來說，重點在於有最近三個月內的資料且易於使用，同時也符合嚴格的隱私及保密要求，但不需要100％準確。或者，在一家不動產公司的案例中，資料的新近度（data recency）只有在紐約及洛杉磯市場才重要。

若有適當的臨界質量資料，而且團隊很清楚他們追求的價值，那麼，也許能成功地用不夠完美的資料來發展 MVP。此外，愈來愈多公司轉向使用 ML ／ AI 工具（例如：Talend、Trillium、Sypherlink、Syncsort、AI4DQ❶）來清理現有資料。不過，總是會有些問題需要一定程度的人工作業，例如：為了全球報告的一致性而必須校準各地區的產品層級。

在許多情況下，有可能透過「資料強化」（data enrichment）流程來改善資料品質與種類。你可以使用很多途徑去改善你的資料，例如：自

外部取得資料、增加新的資料源（感測器、網站）。資料強化是一個持續的流程，實務上，這意味著你的業務單位及功能部門領導者應該報告他們計畫如何歷經時日地改善資料資產及投入必要投資。這裡提供一個不錯的建議：在你公司的年度規畫工作中包含這項報告。

製作資料路徑圖

決定了優先的、重要的資料集，並且在了解這些資料的整備程度後，下一步是製作資料路徑圖。基本上，資料路徑圖成為安排工作順序的計畫，使資料能夠支援策略路徑圖發展數位解決方案。為了辨識及分配資源、使資料就緒，製作資料路徑圖的工作很重要。

根據我們的經驗，你將同時做三個層級的規畫工作：

層級 1、聚焦於設立資料敏捷小組，這些敏捷小組將負責特定工作，備妥優先重要的資料元素，並為這些資料建立使用途徑（參見下一章的更多討論）。

層級 2、為你的優先資料域及後面的資料域發展資料管道與儲存架構（參見第二十六章）。

層級 3、為健全的資料治理奠定基礎，以確保所有的資料清理與調整工作沒有白費，並保證未來的資料收集工作做得正確（參見第二十七章）。

---

❶ AI4DQ 是麥肯錫產品的一個 QuantumBlack 人工智慧。

第二十五章

資料產品——可重複使用的規模化基石

「資料彌足珍貴，其壽命比系統本身還要長。」
　　　　——提姆‧柏內茲 - 李（Tim Berners-Lee），英國電腦科學家

　　想要實現資料投資的短期與長期價值，組織必須把資料當成消費性產品般地管理。資料產品提供高品質、立即可用的資料集，這些資料以全組織、每一位員工及系統容易存取及應用於各種業務的方式去格式化。例如：資料產品能提供一個重要實體（顧客、員工、產品線或分支機構）的 360 度全面觀。新興的領域是使用資料產品做為數位分身（digital twins）的核心，數位分身複製真實世界資產的運作，將其置於虛擬世界。

　　這代表公司對資料的思考與管理方式必須徹底改變，參見＜圖表 25-1 ＞及＜圖表 25-2 ＞。

　　就這樣，資料產品成為擴展規模的祕方，而且效益可能很顯著，新業務使用案例的實現速度可能高達 90％，技術、開發、維護成本在內的總成本可能降低 30％，風險與資料治理的負擔也可能顯著降低。

　　資料產品也能讓不同的業務系統（例如：數位行動應用程式、報告系統）得以使用資料。每一種業務系統對於如何儲存、處理及管理資料有自己的一套要求，我們稱為「使用典型」（consumption archetypes）。

知識補給站 關於數位分身

數位分身是一個實體資產、人或流程的虛擬代表。在嵌入式感測器和物聯網器材產生大量資料的助燃下、在車載資通訊系統（telematics）的賦能下、在持續自我訓練的 AI 模型驅動下，數位分身技術正快速成為數位與 AI 轉型中的一個重要部分。

數位分身有二個主要部分：仿真器（emulators）和模擬器（simulators）。仿真器是資料產品，融合不同的資料集去監測真實生活中的系統；仿真器能夠大規模地記錄、儲存和中繼傳輸資料（例如：監測網路作業中斷、發現一條生產線的瓶頸）。模擬器是使用真實生活資料的軟體應用程式，讓公司去實驗假設性「如果……，會怎樣」（what-if）的情境，例如：改變存貨行經物流網絡的路線、修改一部引擎的設計。

最成熟的資料導向組織已經開始結合二者，發展能夠通知、分析、預測及持續自我再訓練的數位分身。這種方法讓資料能夠歷經時日地強化，促成模擬器或使用案例的演進，得出能夠解決許多業務問題、且高投資報酬率的數位分身。

成功的數位分身應用持續出現，典型的例子是 360 度顧客全面觀，包含公司的業務單位及系統收集到有關於顧客的全部細節，例如：顧客的線上和實體店內購買行為、族群特徵資訊、支付方法、跟客服的互動等。利用數位分身的 AI 使用案例可能包括顧客流失傾向的模型，或是顧客接下來可能購買的產品籃。

數位分身也可能複製真實世界的資產或作業流程（例如：整條工廠生產線、重要的機器設備），生成有關於設備平均停工期，或產品組裝平均時間的資訊。AI 使用案例可能包括預測性維修、流程的自動化及優化。

成功的數位分身專案需要專門的跨學科敏捷小組，成員包含資料科學家、資料工程師、設計師、開發人員及領域專家，協調並瞄準特定的應用程式來開發。❶

資料產品

代表電信網路 360 度全面觀的資料產品，接收網路感測資料（例如：來自基地台、住家、光纖電纜的資料）和描述性資料（例如：網路元素規格、消費者與成本資料），創造出整體電信網路的數位呈現。這資料產品能形成種種作業或消費者體驗的使用案例，例如：評估若此電信網路的某個部分故障了，顧客體驗將變得如何，並改善網路來減輕這種影響。

舉例而言，讓投資聚焦於環境、社會與治理（ESG）績效的資料產品匯集出資產細節，例如：碳排放強度、外界做出的 ESG 評分、投資組合資料，以了解此資產的整體投資情況，讓資料產品或資產經理人能夠計算組織目前及未來潛在投資產品的 ESG 友善程度，凸顯組織必須採取什麼行動去達成對外的承諾，例如：達成淨零碳影響。

雖然，組織的路徑圖上可能有數百個使用案例，但通常以五種方式來使用資料，我們稱為「使用典型」（參見＜圖表 25-3 ＞）。用以支援一或多種使用典型的資料產品很容易被應用於採用類似原型的多個業務應用程式。

並非每一個資料元素都應該被打包在一個資料產品裡，只需聚焦於具有高度可重複使用性（reusability）、且能夠在不同的使用案例中重複使用的資料元素。舉例而言，360 度顧客全面觀資料產品中，有關於顧客的建物地理位置資訊，可能是一個解決方案用來評估安全性風險所需的資訊，但其他的解決方案可能用不到這資訊。在這種情況下，直接從資料平台或專門為此需求而建立的資料管源系統中汲取資料，是更為合理的做法。

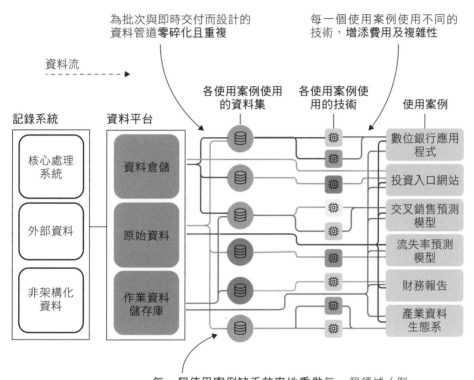

每一個使用案例缺乏效率地重做每一個領域（例如：顧客）的資料；品質、定義及格式不同

資料來源：Veeral Desai, Tim Fountaine, and Kayvaun Rowshankish, "A Better Way to Put Your Data to Work," *Harvard Business Review*, July-August 2022.

圖表25-2 資料產品方法標準化可以省時省錢　　　　　　　　資料流 ⟶

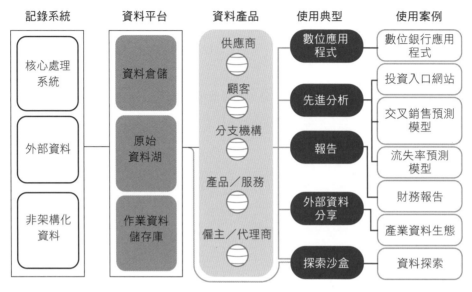

資料來源：Veeral Desai, Tim Fountaine, and Kayvaun Rowshankish, "A Better Way to Put Your Data to Work," *Harvard Business Review*, July-August 2022

圖表25-3 資料產品的5種使用典型

使用典型	要求	使用案例
數位應用程式	以特定格式與頻率清理及儲存的特定資料，例如：GPS活動串流或感測器資料的即時存取	行銷趨勢應用程式或車輛追蹤應用程式
先進分析系統	以特定頻率清理與交付，且可讓ML／AI系統處理的資料	模擬及優化引擎
報告系統	有清楚定義、受高度治理——品質、安全性及改變都受到密切管理——的資料，在一個基本層級匯總，以經過審查的形式交付	營運或法遵儀表板
探索沙盒	結合原始資料和匯總資料	為了探索新使用案例的特定分析
外部資料分享系統	遵守有關於資料所在位置及其處理方式的嚴格政策與協定，以管理資料及維護其安全性	分享有關於詐欺洞察資訊的銀行系統

資料來源：Veeral Desai, Tim Fountaine, and Kayvaun Rowshankish, "A Better Way to Put Your Data to Work," *Harvard Business Review*, July-August 2022

打造資料產品需要資金，你必須明智審慎地選擇打造什麼資料產品。

辨識能夠創造價值的資料產品

打造資料產品是數位與 AI 轉型中的必要步驟。雖然，公司可以打造廣泛種類的資料產品，但這麼做可能昂貴且費時，因此公司必須清楚辨識需要的特定資料。許多公司會在這個流程抄捷徑，原因在於對數位解決方案所需的資料集了解不夠精確、不正確，這可能導致投資了數百萬美去購買資料集或培養團隊，歷經多月實際上卻沒能創造多少價值。

要了解業務對特定資料產品的需求，應該進行下列一系列的銳利回答與分析：

- 這個資料產品獨特嗎？組織裡或市場上可能早已存在相似的資料。

- 這資料產品對最終使用者及系統切要嗎？公司可能有很棒不動產資料，但這些資料只對行銷團隊及顧客不關心的市場有用處。

- 「優良」的資料產品是什麼面貌？務必清楚品質的最低門檻。舉例而言，就商業不動產資料來說，擁有一個月內的資料可能對優先市場而言重要，但其他市場可能不需。同樣地，必須定義需要多高的資料精準度，就不動產的業況而言，需要精細到街區、社區或郵遞區號層級的資料嗎？

- 這資料產品能支援多少個使用案例，這些使用案例有何價值？資料產品應該服務多個使用案例，才能最大程度地利用資料資

產。就許多公司而言，這可能是指多支團隊——行銷、銷售、研發——能用來發展各自產品與解決方案的 360 度顧客全面觀資料產品。

這項流程的目標是縮窄選擇，辨識獨特、有價值、能共用的資料元素，完成這一步後，公司就能訂定資料產品的實際目標、制定打造計畫、招募適當類型與數量的人才。

成立資料產品敏捷小組

打造資料產品需要專門的敏捷小組與經費。每個資料產品應該有一位資料產品負責人和一支跨功能部門組成的敏捷小組，並且獲得經費來打造和持續改善資料產品，促成新的使用案例。資料產品負責人肩負多項職責：訂定方向、了解整體組織及顧客的機會與需求、優化投資價值、根據路徑圖來領導與執行、管理互依性、評量成功指標。

每支資料產品敏捷小組有 4 到 8 位具有特定技能組合的成員，所需技能因資料性質及資料產品的使用方式而異（參見＜圖表 25-4 ＞）。最佳實務是在敏捷小組裡引進業務人員來提供使用者觀點（回饋意見），促進改善資料產品及辨識新的使用案例。或許，也應該邀請法律、法遵及風險主題專家參與，進一步打造出合規且對社會負責的資料產品。

在建構營運模式時，資料產品敏捷小組往往是資料平台的一部分，因為他們打造的是敏捷小組用來面對顧客／使用者的服務（參見第十四章對平台的討論）。

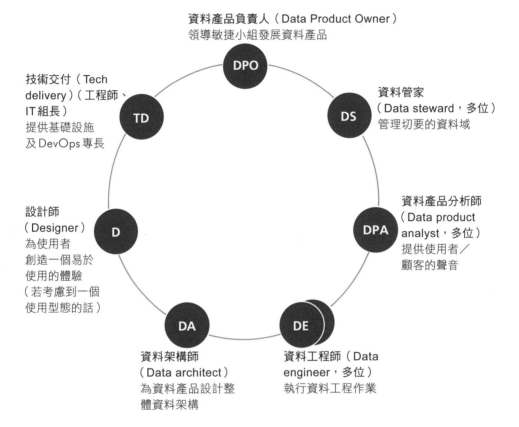

圖表25-4　資料產品方法得出省時省錢的標準化

資料產品負責人（Data Product Owner）
領導敏捷小組發展資料產品

DPO

技術交付（Tech delivery）（工程師、IT組長）
提供基礎設施及DevOps專長

TD

資料管家
（Data steward，多位）
管理切要的資料域

DS

設計師
（Designer）
為使用者
創造一個易於
使用的體驗
（若考慮到一個
使用型態的話）

D

資料產品分析師
（Data product analyst，多位）
提供使用者／顧客的聲音

DPA

DA

DE

資料架構師
（Data architect）
為資料產品設計整體資料架構

資料工程師（Data engineer，多位）
執行資料工程作業

公司的資料長應該制定有關於敏捷小組如何記錄資料溯源（data provenance）、稽查資料使用、衡量資料品質的規範與最佳實務，這些規範也涵蓋如何為每種使用典型結合必要的技術，好讓各種資料產品能夠重複使用。設立卓越中心通常有助於發展這些實務與模式。

想確定打建造出來的資料成本是否符合終端使用者需求、且獲得持續改善，資料產品敏捷小組應該評量資料產品的價值。適當的評量指標可能

包括特定資料產品的每月使用者數、資料產品在整體組織中被重複使用的次數、使用者問卷調查中資料產品的滿意度、促成使用案例的投資報酬。

由於品質問題可能侵蝕終端使用者的信賴度及採用意願，因此資料產品敏捷小組密切管理資料定義（例如：顧客資料的定義是否僅限於活躍顧客，抑或包含活躍顧客和前顧客）、可用性、每個使用案例的存取控管符合適當治理程度。為了確保資料完整性（data integrity），敏捷小組密切地和負責資料源系統的資料管家（data stewards）合作（參見第二十七章）。

發展資料產品

發展資料產品的流程是一種迭代流程，需要敏捷小組持續測試與調整產品，直到可以提供使用。打造一個 MVP 版本的資料產品通常花 3 到 6 個月，打造出來後，敏捷小組就開始根據使用者（內部或外部使用者）的回饋，對產品進行迭代。

在最高層級上，資料產品敏捷小組歷經的一個迭代流程：定義資料的要求、決定要使用什麼資料、取得已準備妥當的資料，然後再透過各種潛在的使用典型來分享整理過的資料。舉例而言，資料產品可以提供 API，以便成易於存取及使用，並直接整合重要的營運系統。資料產品也可以提供一組動態儀表板，以內建的分析法來幫助企業決策。參見＜圖表 25-5 ＞展示開發資料產品的最佳實務六步驟流程。

圖表25-5 發展資料產品的方法（以「6S」資料產品發展流程為例）

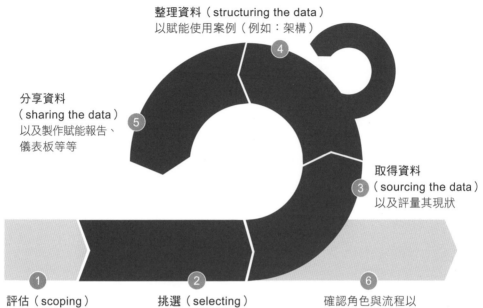

整理資料（structuring the data）
以賦能使用案例（例如：架構）

分享資料
（sharing the data）
以及製作賦能報告、
儀表板等等

取得資料
（sourcing the data）
以及評量其現狀

① 評估（scoping）
把發展工作聚焦於
何處以創造價值
————————
前置規畫──「第
0次衝刺」以訂定
產品待辦工作清單

② 挑選（selecting）
資料以歷經時日地
庋用
————————
敏捷衝刺以迭代地
發展產品

⑥ 確認角色與流程以
指導（steering）
產品
————————
研擬下次發布產品
的計畫

一家信用卡公司建立顧客的「單一事實源」(single source of truth)

　　一家大型全球信用卡發行公司用來管理顧客資料的應用程式有近 200 種，平均每一種應用程式每年得花 300,000 美元來維護，更糟糕的是，這種應用程式增生的情況為管理者帶來挑戰，他們説這些應用程式沒有一致的顧客資訊「事實源」可用於評估風險及其他因素。

　　為了處理這問題，該公司繪出資料產品的使用案例，評量每一個的價值，藉此辨識及發展出八種顧客資料產品（例如：客戶 360、零售商 360），這些顧客資料產品還有另一個附加的好處，那就是發掘支援其應用程式的新方法。該公司打造一組共用資產（例如：資料湖、資料型錄、分析程式碼的共用儲存庫），減少了維持資料產品所需的作業，有助於快速交付新能力、降低合規的複雜性。有了井然有序的顧客資料，該公司能夠從單一源頭向所有業務提供資訊，最終該公司一年省下約 3 億美元的成本，同時提供更好的服務及合規性。

❶ Joshan Cherian Abraham, Guilherme Cruz, Sebastian Cubela, Tomás Lajous, Kayvaun Rowshankish, Sanchit Tiwari, and Rodney Zemmel, "Digital twins: From one twin to the enterprise metaverse," McKinsey.com, October 2022, https://www.mckinsey.com/capabilities/mckinsey-digital/our-insights/digital-twins-from-one-twin-to-the-enterprise-metaverse.

第二十六章

資料架構或資料管道系統

「劇本是影片的藍圖,爛劇本很難拍成好電影。」
　　　　　　　　　──陶佛‧葛瑞斯(Topher Grace),美國演員

　　把資料想成水,資料架構就是把水從儲存地輸送到使用地的管道系統。資料架構是管理資料的儲存、轉換、分析,以及被使用者或應用程式使用的整體環境,沒有健全的資料架構,公司將陷入困境,因為那些資料往往陷在數十個資料封閉塔(例如:舊核心系統)中傳播。

　　實行得當的資料架構使公司能夠更快速地打造高品質、可重複使用的資料產品,並且讓各團隊更易於取用資料,促成更好的決策,使面對顧客的應用程式有更好的情報,對內有更好的資料存取及控管。❶

資料架構模式

　　用於建立現代資料平台的資料架構模式有五種(參見<圖表26-1>),每一種模式都是以領先的雲端服務供應商提供的雲端型可擴展儲存設備為基礎,但在此基礎上使用的資料庫和資料存取技術不同。

　　資料平台必須能滿足你想打造 AI 型數位解決方案的需求,也必須滿

足 BI 使用案例的需求，例如：製作管理報告和監控營運情況。這種雙重需求持續反映在公司打造的資料平台方式上，既有資料湖模式（針對 AI 型數位解決方案的需求），也有雲端資料倉儲模式（data warehouse，針對 BI 使用案例的需求），二者並存。二者在過去十年間是主流資料架構模式，2020 年代初期出現了一種新的資料架構模式——資料湖倉（data lakehouse），尋求統一資料技術堆疊，能同時滿足 AI 和 BI 的需求。

　　<圖表 26-1 >中的最後二種資料架構模式是最近才興起的，資料網格（data mesh）是因應資料管理分散化的趨勢，而資料編織（data fabric，或譯「資料經緯」）則是因應大型公司管理多個雲端環境的資料需求。

現身說法 阿尼爾・查克拉瓦提（Anil Chakravarthy），
奧多比（Adobe）數位體驗業務總裁

用他們的話來說：一個資料平台促成敏捷

　　在多數公司，傳統的 IT 管理方法是圍繞著大型的應用專案來規畫預算，現在大多數的公司客戶已經認知到必須採行更敏捷的模式，把開發的應用程式模組化、變得更小。有一個能支援各種應用程式的資料平台，對邁向敏捷模式有莫大的幫助。

　　一旦建立了獨立的資料平台，就能使應用程式的開發變得更敏捷。資料平台必須是詮釋資料型平台，如此一來你才能確實了解資料，並且有資料型錄。資料平台無需儲存所有的資料，這只是一個把資料處理成正確應用程式的地方。建立資料平台就是形成一個抽象層（abstraction layer）。

　　在沒有資料平台之下，想想那些來自後端系統和較舊系統的資料供給，資料供輸速度再快也快不到哪裡去，然而資料的使用變化遠遠比資料供給還快。透過建立資料平台，形成一個抽象層，可以在無需建立點對點連結之下，使新應用程式的開發速度變得更快。

圖表26-1 資料架構模式

雲端原生資料湖（cloud-native data lake）

集中化無伺服器資料架構，使用可獨立擴展的物件儲存與運算（object storage and compute）	優化很大規模的資料市集，以供SQL分析法及現代AI／ML應用	彈性基礎以增加能力（例如：資料倉儲、即時），但已開始被視為「老舊」的資料架構模式

雲端原生資料倉儲（cloud-native data warehouse）

高度可擴展且敏捷的SQL型平台，獨立的可擴展儲存與運算	實行由SQL或UI為中心的ETL工具（例如：dbt、Matillion）驅動的現代資料轉型	在絕大多數的企業分析法工作負載方面有很好的效能	有非常好的工具支援，資料使用者、分析師及資料專家具備的SQL技能很充足

資料湖倉（data lake house）

結合資料湖及資料倉儲的優點於一個整合的平台上以供分析（例如：商業智慧、SQL）及AI／ML使用案例	使用下一代技術（例如：Delta Lake或Iceberg）來支持物件式儲存的ACID交易	處理最複雜的批次資料工作和高量串流資料（例如：物聯網）	工具較不成熟，但技術創新的速度快

資料網格（data mesh）

新興的資料架構模式；徹底不同於集中化IT及資料功能	分散式資料架構方法，聚焦於完全由業務領域擁有的資料產	庋用資料產品以確保品質及型錄化，並透過定義周詳的資料服務來存取資料產品	使用前述定義的任何資料架構模式來建造資料產品

資料編織（data fabric）

新興的資料架構策略，橫跨整個企業，創造一個統一的資料環境	透過詮釋資料，編織成一個安全、統一的資料管理層	旨在解決多雲端情境下的不同資料源和基礎設施	目前市面上沒有現成工具可供真正的資料編織架構，必須由公司內部自建

下文逐一討論每種資料架構模式最適合做什麼，以及其限制。

● 資料湖

資料湖是最簡單的資料架構模式，所有主要的雲端平台上都有充分說明的參考架構。資料湖最適用於資料科學工作負載，尤其是適合用於處理非結構化資料，對於才剛開始涉獵先進分析和 AI ／ ML、因而需要能夠隨需擴展規模、簡單架構資料的組織而言，這是個不錯的起始點。

直到不久前，資料湖都是以複雜的 Hadoop 平台形式存在於地端（on premises，在使用者的環境中存在及運行），但雲端改變了這點。雲端服務供應商透過可擴展且堅實的資料服務管理，以物件儲存（例如：S3、ADSL）、Apache Spark（例如：AWS Glue、Azure Synapse Analytics）、分散式查詢引擎（例如：Amazon Athena、BigQuery）的形式，提供 Hadoop 的核心能力。

這種資料架構模式的缺點在於，不適合用於典型 SQL 的重度 BI 分析工作負載；它是重度工程的架構模式，往往導致資料過於集中化，最終可能變成組織的瓶頸。

● 雲端原生資料倉儲

雲端原生資料倉儲（例如：Snowflake、Synapse、BigQuery）是創造營運及管理報告的 BI，以及客製化 BI 報告的主流設計。這種資料架構大大簡化技術堆疊，以快速交付精巧的 BI 和分析能力。這種資料架構設計把 SQL 擺在資料工程作業的中心，而且仍然可以使用資料轉換工具 DBT，將其編排到經過充分測試的現代資料管道中。這種資料架構特別吸引雲端原生組織，以及遷移至雲端的大型組織。

這種資料架構的主要缺點是，目前還不能良好地支援先進分析和 AI ／ ML 發展。此外，SQL 向來不是處理高度複雜的資料工作流程最有效方法。最後，這種架構的易於使用特性，可能導致額外的大量使用，若不審慎治理，最終可能拖延、而非加快價值創造。

● 資料湖倉

資料湖倉是資料磚公司（Databricks, Inc.）推出的一項創新，把資料湖和資料倉儲的能力整合成單一的平台。相較於資料湖，這種平台的能力向前邁進一大步，尤其是在處理大規模結構化資料時，除了能力大幅提升，還完全不損及處理非結構化資料的能力（例如：ACID❷ 交易、即時支援、資料版本控管、資料管理、SQL 支援）。

儘管這種資料架構擴展了使用功能，但還是需要一定程度的工程技術來發展，並具有成本效益地管理。從財務角度來說，這種架構最適合用於大資料集（100 GB 以上規模）。所有主力雲端服務供應商和新的利基型雲端服務供應商，例如：Tabular（Apache Iceberg）、Onehouse（Apache Hudi）、Dremio（Arctic），都在推進這種資料架構模式的發展，由此可見，資料湖倉是一種現代資料架構模式，而非只是單一供應商的專有設計。

● 資料網格

資料網格是一種分散式資料架構，旨在使資料能力已經高度發展、但仍難以應付爆炸性需求的大組織，使其能夠邁向下一個成長階段。

IT 部門在這種資料架構中交付經策畫、可充分使用的資料產品，然後由使用資料的業務領域（例如：行銷與銷售、地區性營運單位、製造廠）

直接掌握。當多個業務領域建立了各自的資料能力，並相互取用資料〔最好是使用資料聯邦（data federation）工具做為共通的資料服務層，以減少不必要的資料移動〕時，就形成一個網格。各業務領域負責自己的資料，這意味著必須自行修正資料可用性及品質，其他業務領域則透過網格來存取資料。

做出「從資料湖倉架構轉變為資料網格架構」的決策很容易，因為它與資料操作模型有關，與資料技術的選擇無關。對於資料高度集中及 IT 能力剛起步的多數組織，各業務領域的資料成熟度及權限程度較低，可能不適合採用資料網格的架構。但是，資料網格架構並不是一個「非全或全無」的命題，大型組織也許會在一種混合模式中發現其優點，這種混合模式是：讓最成熟的業務領域進入資料網格模式，擁有自己的資料，並建立資料產品來滿足需求；較不成熟的業務領域繼續使用集中化資料。

● 資料編織

資料編織是現代化、集中化的資料架構，若說資料網格為「陽」，資料編織就是「陰」。資料編織這種資料架構的特點是，透過虛擬化來連結資料源與資料編織，無需不必要的資料移動，因此有望以更低的成本大大加快整合作業，這解決了大型組織在多個雲端環境中營運所面臨的挑戰。雖然，資料編織有巨大的未來潛力，但能跨大型複雜組織的自動連結與資料整合能力才剛開始出現，截至本書撰寫之際，考慮這種資料架構可能稍嫌過早。

挑選一種資料結構模式時，必須考慮你目前的雲端旅程和數位路徑圖。若你預見在基本負載的 BI 應用程式之外，將會加入許多 AI 密集型

應用程式的話，你可以考慮採用資料湖倉的架構模式。另一方面，若你的數位路徑圖指出將有許多 BI 密集型應用程式，那就考慮建立一個雲端型資料倉儲。

決定所需的資料能力和採用的參考架構

本章敘述的每一種資料架構涉及一群必要的能力，例如：事件串流

雲端 vs. 地端資料基礎設施

利用大型公有雲服務供應商的雲端基礎設施，可以成功地加快大規模資料的實行能力和低成本營運。雲端原生服務為資料團隊的生產力提供諸多好處，使他們不再被迫管理過於複雜的資料系統，可以把時間和心力聚焦於發展能夠創造業務價值的使用案例。

已有無數的雲端原生資料技術問市，可幫助建造數位與 AI 型解決方案。建立現代雲端型資料能力的旅程愈來愈容易，於是曾經可視為差異化因子的技術，現在優勢早已不再，因為每家公司都能取得。

一些組織選擇建立地端（on-promises）資料能力，或是選擇混合地端及雲端資料能力。雲端抑或地端，抑或二者混合，這項決策通常受到以下二點影響：第一、對於使用雲端來處理高敏感資料或重要工作負載的疑慮；第二、相信自家組織能夠設計與打造出媲美雲端服務供應商提供的現代資料能力。

想跟上雲端服務供應商的創新速度與能力並不容易，所以通常只有擁有技術創新史的大型組織會選擇地端或混合方法。但請留心，想要成功，自家得有頂尖的工程技能，打造及維護現代資料中心是必要且長期的投資。現代雲端平台通常投資金額較小，而且經常性地推出大型組織難以匹敵的創新，尤其是對 AI 工作負載而言，需要的創新速度特別快，需要的基礎設施最為複雜。

（event streaming）、資料倉儲、讓資料有效率地從資料源（＜圖表 26-2 ＞底部）流向資料使用處（＜圖表 26-2 ＞頂部）的資料 API。你的組織需要哪些資料能力，取決於使用案例，挑戰在於有數百種資料技術能打造及運行資料架構，這也反映了該領域創新速度之快，使資料技術的挑選與整合變得更加複雜。

組織通常把實行資料架構視為一項多年的「瀑布式」專案，規畫從打造資料湖及資料管道，到實行資料使用工具的每一個階段，而且只有在完成前面階段後才會處理下一個階段。你可以透過數位路徑圖的指引，採用參考架構（reference architecture）──一群經證實能夠很好地協同工作的技術以交付你選擇的原型。

在此方法中，你的首席資料架構師將先訂定所需資料能力的高層級目標（＜圖表 26-2 ＞的版本），聚焦於建立一個能滿足優先數位解決方案（包括 BI 密集型解決方案和 AI 密集型解決方案）所需求的「最小可行資料架構」。這份資料能力圖將校準組織需要的資料能力，並在分析資料架構的狀態時，提供一個好的標竿框架。雖說，由首席資料架構師負責評估，但來自資料使用者、資料經理／管理人員、能夠說明所需技術能力的資料產品和應用程式負責人的意見也很重要。

挑選了你需要的資料能力，安排好建立這些能力的順序後，就可以開始挑選資料技術了。一般來說，核心技術元件將取決於你挑選的資料架構模式和雲端服務供應商。＜圖表 26-3 ＞展示在 Azure 雲端服務上使用資料磚公司建立資料湖倉架構的技術選擇，在此例中，設計最大化地使用資料磚公司的特性。換成另一個設計，可能會把開放源碼軟體的使用最大化，以降低被服務供應商鎖定（vendor lock-in）所導致的過高依賴性，

圖表26-2　資料能力

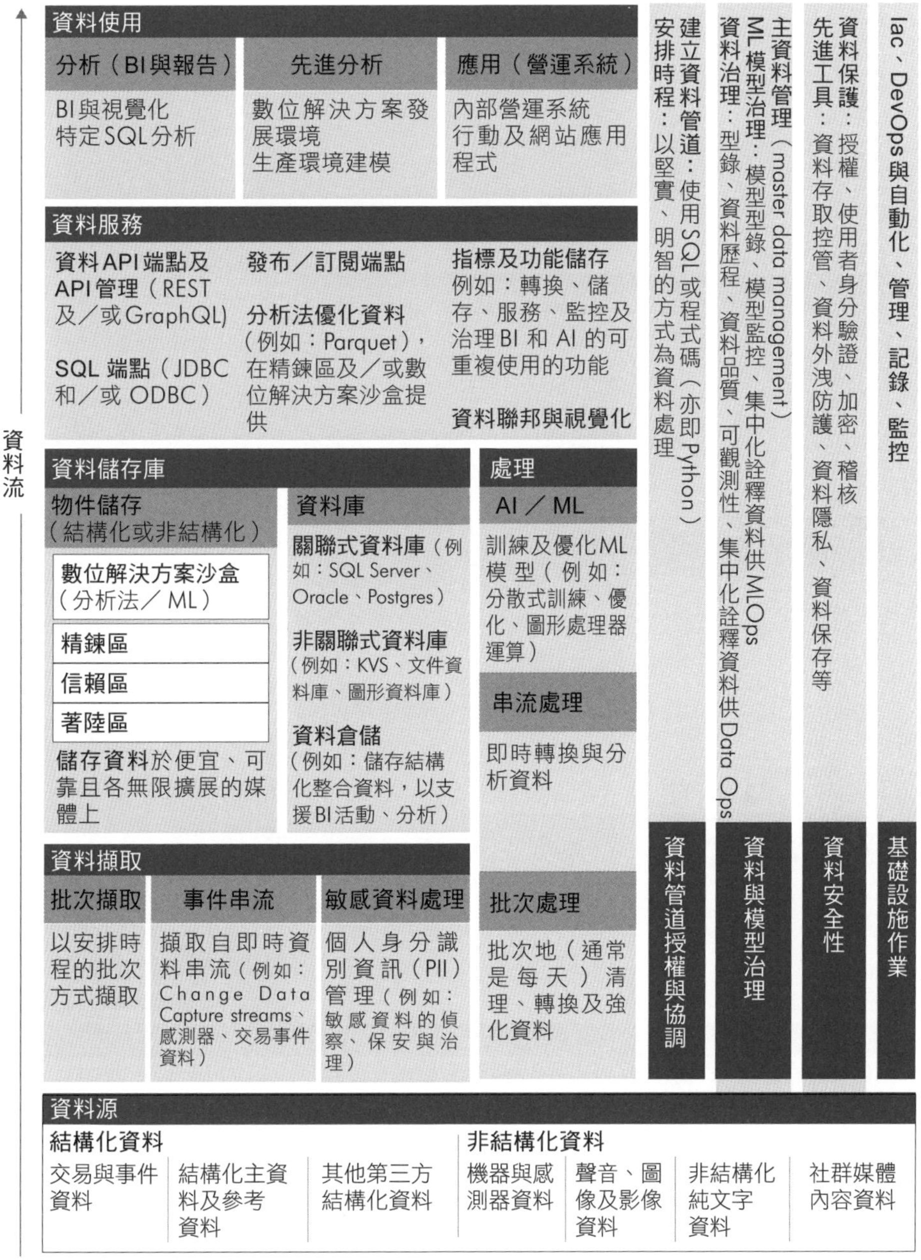

資料流 ↑

資料使用

分析（BI與報告）	先進分析	應用（營運系統）
BI與視覺化 特定SQL分析	數位解決方案發展環境 生產環境建模	內部營運系統 行動及網站應用程式

資料服務

資料API端點及API管理（REST及／或GraphQL） SQL端點（JDBC和／或ODBC）	發布／訂閱端點 分析法優化資料（例如：Parquet），在精鍊區及／或數位解決方案沙盒提供	指標及功能儲存 例如：轉換、儲存、服務、監控及治理BI和AI的可重複使用的功能 資料聯邦與視覺化

資料儲存庫

物件儲存（結構化或非結構化）	資料庫	處理
數位解決方案沙盒（分析法／ML） 精鍊區 信賴區 著陸區 儲存資料於便宜、可靠且各無限擴展的媒體上	關聯式資料庫（例如：SQL Server、Oracle、Postgres） 非關聯式資料庫（例如：KVS、文件資料庫、圖形資料庫） 資料倉儲（例如：儲存結構化整合資料，以支援BI活動、分析）	**AI／ML** 訓練及優化ML模型（例如：分散式訓練、優化、圖形處理器運算） **串流處理** 即時轉換與分析資料

資料擷取

批次擷取	事件串流	敏感資料處理	批次處理
以安排時程的批次方式擷取	擷取自即時資料串流（例如：Change Data Capture streams、感測器、交易事件資料）	個人身分識別資訊（PII）管理（例如：敏感資料的偵察、保安與治理）	批次地（通常是每天）清理、轉換及強化資料

資料源

結構化資料			非結構化資料			
交易與事件資料	結構化主資料及參考資料	其他第三方結構化資料	機器與感測器資料	聲音、圖像及影像資料	非結構化純文字資料	社群媒體內容資料

（右側縱向欄位）

- 建立資料管道：安排時程：使用SQL或程式碼（亦即Python），以堅實、明智的方式為資料處理 ／ 資料管道授權與協調
- 資料治理：型錄、資料歷程、資料品質、可觀測性、集中化詮釋資料供Data Ops ／ 資料與模型治理
- 主資料管理（master data management）／ ML模型治理：模型型錄、模型監控、集中化詮釋資料供MLOps
- 資料保護：授權、使用者身分驗證、加密、稽核　先進工具：資料存取控管、資料外洩防護、資料隱私、資料保存等 ／ 資料安全性
- Iac、DevOps與自動化、管理、記錄、監控 ／ 基礎設施作業

資料流 ↑

資料使用

分析	先進分析	應用
BI 與視覺化： Power BI、QlikView、DB Notebooks SQL 分析 Datbricks Notebooks	數位解決方案實驗室建模環境： Azure ML Azure ML Studio DS Notebooks Kedro ML pipelines	資料驅動、智慧型應用程式及其他營運系統

資料服務

| 資料 API 端點：
Azure 應用程式開發介面管理、內部應用程式

SQL 端點：
資料磚公司 SQL | 發布／訂閱端點：
Azure EventHubs 的卡夫卡主題

分析法優化資料
ADLS 上的增量表 | 指標及功能儲存：
資料磚公司的特徵平台（Feature Store）

資料聯邦與視覺化：
Denodo, Trino／Starburst, Dremio |

資料儲存庫

資料磚公司資料湖倉

金		
銀	沙盒（數位解決方案實驗室）	Azure 資料湖第二代
銅	Delta Lake	
著陸區（原始資料）		

處理

AL／ML
Databricks ML Runtime
Azure ML

串流處理
資料磚公司（Spark Streaming）

資料擷取

批次擷取	事件串流
Azure Data Factory、Airbytes、Fivetran	Azure Even Hubs（包括 Event Hubs for Apache Kafka）、Confluent

批次處理
資料磚公司（pySpark、Spark SQL）

資料源

結構化資料			非結構化資料			
交易與事件資料	結構化主資料及參考資料	其他第三方結構化資料	機器與感測器資料	聲音、圖像及影像資料	非結構化純文字資料	社群媒體內容資料

右側垂直欄：

- 資料管道授權協調：資料磚公司
- 資料管道授權：Python、ADF、DB Notebooks Jobs、ADF、Airflow
- 資料歷程與詮釋資料：Marquez and OpenMetadata
- 可觀測性及可靠性：Mote Carlo Data、Datafold
- 資料型錄：Purview、Datahub OSS、Collibra、Alation
- 模型治理：DB mlFlow 或 Azure ML Registry
- 身分管理：Azure Active Directory
- 機密管理：Azure Vault
- DevOps：Azure DevOps、Github、Gitlab
- Iac：ARM 範本、Terraform、Pulumi
- 記錄與監控：Azure Monitoring

- 資料管道授權與協調
- 資料與模型治理
- 基礎設施作業
- 資料安全性

一家零售銀行把內部資料架構遷移至雲端

一家快速成長中的亞洲零售銀行在數位轉型中展開一項計畫：把資料架構遷移至雲端，使資料與分析能力現代化。該銀行決定優先建造一個 360 度顧客全面觀「超市集」（super-mart）資料產品，以支援 BI 和 AI 使用案例，但公司原有一個地端的 Hadoop 資料平台，雖然歷經了幾年的發展，這平台只能支援幾個報告使用案例，IT 功能高度集中化，沒有資料 API。

想遵守銀行業雲端法規，又想同時利用雲端創新，該銀行認知到需要建立一個混合型平台（包含：地端及雲端），使用雲端中立（cloud-neutral）工具避免被挑選的雲端服務供應商鎖定，在最少或不需要改變的情況下，利用現成可部署於地端（例如：Kubernetes）或雲端的工具來成為雲端原生。該銀行也需要 360 度顧客全面觀「超市集」來處理每天超過 100 GB 的資料量、數百個同時運作的分析使用者，並透過 API 的支援輕鬆地連結至營運系統（例如：B2C 行動應用程式）。

該銀行團隊決定打造一個混合的開放源碼型資料湖，在地端使用 Kubernestes，同時也選用一家雲端服務供應商，二者使用相同的雲端原生開放源碼軟體工具（例如：S3 上的 Python ／ Spark ／ Airflow ／ Parquet）。來自銀行營運系統的資料被擷取至地端的一個共同著陸區，經過匿名化處理後，再傳送到雲端，用以建造資料產品和支援分析使用案例。同時遵守法規，沒有任何的匿名化資料留在地端。該銀行開發資料 API 來調解 360 度顧客全面觀資料產品的存取，他們使用資料聯邦工具（例如：Dremio、Trino）做為能夠橫跨地端及雲端資料集的共通 SQL 存取層。

他們花了約 10 個月打造資料平台和 360 度顧客全面觀資料產品，大大增加使用案例的部署和速度。這方法使每個使用案例平均提升 50％資料處理速度，並且讓模型能夠交付更多的洞察，產生更大的影響（每日創造的價值大於 100,000 美元）。

以及降低成本、取得單項優勢軟體系統（best-of-breed）能力。其他雲端環境也存在相似的資料湖倉架構。

總之，別重造輪子，採用一個經證實有成效的參考架構來加快你的設計，降低實行風險。

設計資料架構的最佳實務

從小做起。若你的組織不具備許多資料能力，那就定義一個能滿足最高優先需求的最小可行資料架構，從這裡做起。打造與部署一個最小可行資料架構，交付每一個使用案例需要的特定資料元件。舉例而言，一家中型資產管理公司定義雲端型資料平台，並用僅僅幾個月的時間，建立一個讓他們能夠用來開始架構資料的初始版本。

驅動整個資料生命週期的成熟度，而不是只在資料流的某個階段過度投資。架構的強度取決於最弱的元件，換言之，其他元件再堅實，若其中有任何一個元件有漏洞，也會降低你的資料架構強度。舉例而言，若需要即時資料流及資料處理，只投資即時的資料擷取還不夠，就算資料快速流動，但在倉儲或其他點被批次處理流程阻礙的話，也快不起來。

建立資料彈性。在探索資料或支援數位使用案例時，為了獲得更大的彈性，設計資料架構模式時應該使用較少的實體表，這通常被稱為「輕度綱要」（schema-light）法。這種方法使資料的探索更容易，為資料的儲存提供更大彈性，並且簡化資料查詢來降低複雜度。

建立一個高度模組化與演進化的資料架構，使用單項優勢軟體系統元件，必要時可以用新技術取代個別元件，而不影響到資料架構中的其他

部分。聚焦於資料管道及 API，以簡化各種工具與平台之間的整合。打造一個 API 管理平台（通常稱為 API 閘道），以建造及發布以資料為中心的 API、實行應用程式使用政策、控管存取、評量使用情況及效能。Amazon SageMaker 及 Kubeflow 之類的分析工作台以簡化了在高度模組化資料架構中，構建端到端解決方案的過程。

建立一個跟業務資料域一致的語意資料層（semantic data layer），將其做為資料的單一事實源，並且視為一個基礎的資料產品來管理。這種方法可以提高資料品質及可靠性，對所有團隊、顧客及使用者都有益。圖形資料庫（graph database）最能達成這個目的，尤其是對那些需要高度可擴展性和即時能力的數位應用程式、服務 AI 應用的資料層。圖形資料庫使你能夠以強大且彈性的方式來為資料之間的關係建模。

---

❶ Sven Blumberg, Jorge Machado, Henning Soller, and Asin Tavakoli, "Breaking through data-architecture gridlock to scale AI," McKinsey.com, January 26, 2021, https://www.mckinsey.com/capabilities/mckinsey-digital/our-insights/breaking-through-data-architecture-gridlock-to-scale-ai; Antonio Castro, Jorge Machado, Matthias Roggendorf, and Henning Soller, "How to build a data architecture to drive innovation – today and tomorrow," McKinsey.com, June 3, 2020, https://www.mckinsey.com/capabilities/mckinsey-digital/our-insights/how-to-build-a-data-architecture-to-drive-innovation-today-and-tomorrow.

❷ ACID 指的是交易特性：原子性（atomicity）、一致性（consistency）、隔離性（isolation）、持久性（durability）。ACID 交易提供最高可能的資料可靠性與完整性，確保絕對不會因為一個只部分完成的營運而使資料落入一個不一致的狀態。

第二十七章
組織要最大化地利用資料

「亂中之亂並不有趣，但秩序中的混亂就有趣了。」
——史提夫·馬汀（Steve Martin），美國演員

　　資料營運模式是組織管理資料的總方法，有四個主要面向：組織、人才與文化、工具與 DetaOps、治理與風險，參見＜圖表 27-1 ＞。

　　一些公司擔心，建立這項能力如同發展另一個科層制，或是只有對大型銀行才切要。但根據我們的經驗，把這資料治理及 DetaOps 做對，絕對是成為一家資料密集型企業的關鍵環節。當你只有 1 或 2 個資料使用案例時，很容易忽視必須有一個堅實的資料營運模式，因為這麼少的使用案例，在缺乏堅實的資料營運模式下也行得通。但是，沒有成效且組織不良的營運模式，根本不可能從數百或數千個使用案例中獲得價值。釐清資料營運模式的這四個部分，可避免阻礙資料工作的衝突、困惑及延遲。❶

組織

　　公司該如何組織有成效的資料管理及分析呢？許多公司在這方面傷透腦筋。誰應該擁有及負責資料？我們應該有資料組織嗎？它以什麼方式跟

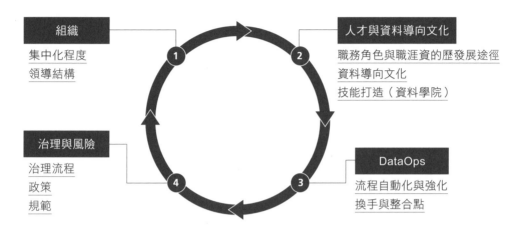

圖表27-1　有效的資料營運模式的4個面向

組織
集中化程度
領導結構

1

人才與資料導向文化
職務角色與職涯資的歷發展途徑
資料導向文化
技能打造（資料學院）

2

治理與風險
治理流程
政策
規範

4

3

DataOps
流程自動化與強化
換手與整合點

我們的業務連結？如何和 IT 部門連結？誰應該擁有及負責資料工程？資料隱私及合規／法遵應該區分開來嗎？這些問題錯綜複雜，因為資料觸及組織的每一個部分。

公司必須做出二個核心的設計決策：集中化程度，以及需要哪些高階領導角色和管理論壇。

集中化程度

一些公司主要採取集中化模式，資料人員團隊服務全公司；其他公司則則採用分散模式，每個業務單位及功能部門自行發展滿足自身需求的能力。這二種模式都能有限度地營運，但通常反應速度不足也無法擴展以應付更廣泛的業務需要。

數位領先的公司部署一種聯邦模式，由一個中央部門（通常稱為「資料管理處」，或「總資料處」，或「公司資料處」）制定政策與規範，提供支援與監督，各業務單位及功能部門則管理資料活動，包括日常的資料治理、定義與管理資料產品、建立資料管道以賦能資料的使用。

聯邦模式應該在中央與地方的功能職責之間取得適當平衡，＜圖表27-2＞描述實踐最佳聯邦模式中，資料功能領域的典型設置。

領導結構與管理論壇

愈來愈多的組織有一位資料長或相當於資料長的主管負責領導資料功能部門，這位領導者往往直屬資訊長管轄，但這一點在各組織的情況顯著不同，視組織的結構、需求、資料營運的目的而定，例如：在一些組織，資料長隸屬營運長或風險長，甚至直接隸屬執行長管轄。有時候，資料長的角色和分析領導者的角色合併，稱為「資料與分析長」，這麼做通常是為了確保資料工作緊密地校準使用案例所分析的實施與影響。在有明顯的資料相關法規與管制的產業（例如：銀行業），資料治理及資料風險管理的重要性極高，資料領導者角色與分析領導者角色合併的情況較不常見。

資料長的職責範圍總是包含資料策略與資料治理，他們通常也監督資料產品管理、資料架構、DataOps、資料風險及資料人才與文化。各公司的資料組織規模不一，例如：一些面對高度監管、有一個大致上屬於集中化模式的大型銀行，其資料組織有數百名人員；另一方面，一家才剛開始有資料與分析組織的中型規模零售業者，其資料組織可能只有不到 20 名人員。

聯邦模式在資料能力領域的最佳實務安排

	集中化程度❶	資料能力隸屬何處管轄	中心提供什麼❷	以聯邦模式交付什麼
資料策略	>50–75%	總資料處	企業資料策略、各業務單位的價值保證	業務單位層級的資料策略、使用案例及機會與問題領域
資料產品管理	<25%	總資料處	資料產品規範、工具、營運手冊；一些企業產品的管理	由業務、資料與技術資源組成的跨功能團隊管理大多數的資料產品
資料架構	>75%	總資料處或IT部門	企業資料架構、架構護欄及審查	擁有及管理源系統、辨識對外部資料的需求
資料工程	25–50%	總資料處或IT部門	深度專長、實現使用案例的總產能	資料工程團隊校準業務領域（尤其是提高資料成熟度）
資料治理	<25%	總資料處	資料治理政策與規範、指標與儀表板、一些企業領域的資料治理	日常的資料域管理（例如：詮釋資料的定義、資料品質的評量與改善）
資料營運	50–75%	總資料處或IT部門	資料營運團隊，負責管理問題及資料需求（例如：資料萃取、新資料集）	矯正一業務單位特有的問題，或是要求深度的業務專長
資料風險（包含資料隱私）	>75%	總資料處或法務／法遵處	資料風險分類法、法規解釋、管理風險的政策、規範與控管	業務單位的特定風險與法規考量、指導有關於業務可接受的風險容忍度
資料人才與文化	>75%	總資料處或人力資源部門	資料能力的建立、人才策略與管理、變革管理	以身作則地示範期望的文化與行為、對資源效能提出意見、建立業務單位需要的能力

❶ 通常是中心的全職工時當量（FTE）的%
❷ 通常是由公司總資料處提供，但一些領域通常由IT部門、法務處、風險處及其他部門負責

在聯邦組織模式中，必須建立論壇，匯集全公司的團隊和領導者來確保一致性。組織通常在二個層級執行論壇：一個是資料域層級的論壇、另一個是高階主管層級的論壇。資料域層級論壇通常由掌管資料治理的領導者（資料長的直屬部下）主持，匯集所有資料域負責人。這個委員會監視各資料域的進展與問題，根據資料長制定或改變的規範或方向來調整，致力於決解障礙。

高階主管層級論壇通常由資料長主持，匯集高階領導者（通常有執行長及其直屬部下），共同研議與制定資料策略，做出有關於方案、人事與經費的重要決策。他們也處理資料域層級論壇未能解決的問題。

人才與資料導向文化

想要妥適地管理資料，需要在資料與業務交匯處設立新角色，這些重要角色，包括資料域管家、資料產品負責人及資料品質分析師（參見＜圖表 27-3 ＞）。在一些案例中，這些角色可以由現有員工填補，但必須加以訓練和支援。較技術性質的角色也很重要，例如：資料架構師、資料工程師及資料平台負責人，參見本書第一部和第三部的敘述。

資料域相關角色通常是兼職性質的職責（尤其是資料域負責人），或是採行一種「奮進後維持」（burst then sustain）的模式：全職角色和一支團隊運作 3 到 6 個月，快速建立資料域（例如：定義詮釋資料、制定資料品質規範、矯正高優先的資料品質問題），然後資料域負責人及管家再以兼職模式管理資料域。

資料營運與管理的重要角色

類別	角色	職責
資料域相關角色	資料域管家	推動一特定資料域的治理工作，致力於改善資料品質與可用性
	資料域負責人（有時稱為「資料負責人」）	資料域中資料品質的最終當責者，必須簽名以示資料正確；通常是兼職性質的職責，或是採行「奮進後維持」的模式
資料產品相關角色	資料產品負責人	訂定方向，監督資料產品的發展工作，亦即最少程度地集合一群資料來解決一個特定的業務需求（通常是從多個資料域擷取資料）
資料架構相關角色	資料平台負責人	訂定方向，監督資料平台的發展工作，亦即賦能資料的使用、調處（data manipulation）及分析的一群技術
	資料架構師	為資料建立資訊架構策略，協助資料工程師建立資料擷取流程
跨能力角色	資料工程師	建立可重複使用的資料管道，用於擷取資料至架構裡，以及讓結構資料供領域、產品及使用案例使用
	資料品質分析師	根據業務需求來評量資料品質、辨識問題，並提出與執行改善資料品質的解決方案

DataOps 工具

DataOps 使用敏捷原則與技術，減少用於發展新資料資產和更新現有資料資產的時間，並提高資料品質。跟 DevOps 一樣，DataOps 被架構成 CI／CD 階段，聚焦於去除「低價值」及可以自動化的活動，例如：自動化地把資料工程師開發出來的新程式推進至生產環境裡，或自動化地檢查資料品質與監控效能。雖然，數位領先的公司目前仍在形塑真正一流的 DataOps 面貌，但至少你必須以三種方式重新布置你的流程：

1. **充分整合 DataOps 活動**，成為敏捷小組在解決方案生命週期各階段的一部分，包括開發、測試、部署與監控階段，而不是到了流程後面階段才由另一支團隊處理。

2. **自動化最大化**，使用專門的 DataOps 管道，規畫完全自動化部署，以及安全性與資料風險控管，包括重要的資料隱私考量。完全自動化後，就可以釋出管理。

3. **建立堅實的工具**，用於自動化測試、端到端資料歷程、自動化基礎設施部署及全面監控。

治理與風險

基本上，資料治理就是資料必須通過的「關卡」，讓企業能夠有信心地加快創新，也確保資料能重複使用，並且符合相關的風險與法規要求。以往的資料治理主要聚焦於風險，現代的資料治理實務也能驅動速度與規模，一些組織甚至把資料治理改名為「資料賦能」（data enablement）以強調這個事實。資料治理為資料建立可靠的定義，並監控及改善資料品質，幫助資料工作聚焦於在業務需求下最大的資料課題。資料治理也確保流入組織內的資料（例如：從第三方流入）及從組織流出的資料（例如：流向客戶）是健全且受到妥適保護的。

資料管理處應該成立一個資料治理委員會，由全組織的資料域管家組成，通常也有公司最高層領導者參與。資料管理處應該和最高層領導者互動，幫助他們了解其需求，凸顯目前面臨的資料挑戰與限制，解釋資料治理的角色，並校準業務優先要務。

資料管理處應該說明資料域的界限與責任，並且跟業務領導者共同研議，提名及確認資料域管家。這些資料域管家推動日常的資料治理工作，對資料元素的重要性與必要性進行排序，有助於清理資料並建立資料品質規範。他們應該了解自身角色將創造的價值，並且具備這些角色需要的技能，例如：了解相關的法規及資料架構的核心元素。

資料治理中很重要的一環是，建立明確有形的方式去追蹤進展與價值創造，例如：衡量資料科學家和 BI 分析師為了優先發展的數位解決方案，花了多少時間尋找、庋用或賦能資料，或者品質差的資料和相關的業務錯誤導致多少金錢損失。

追蹤這類影響性指標能確保管理高層的關注與持續支持。這些指標應該匯集成一個簡單的儀表板，讓領導階層易於取得，幫助指出何處存在資料問題，使組織能快速處理。＜圖表 27-4 ＞展示一家大型銀行使用的儀表板範例。

在資料治理方面，數位領先的組織採行一種「需求導向」方法，採用適合其組織的複雜程度，再根據資料集來調整治理的嚴格程度。設計資料治理方案時，應該跟法規與管制程度，以及資料的複雜程度保持一致。舉例而言，對於只用於探索、不超過研發團隊界限的資料，組織可以採取輕度的資料治理。為了確保隱私，公司可能要採用資料遮罩（data masking），再加上嚴格的內部保密協議。不過，一旦這類資料被用於更廣泛的情況，例如：跟顧客互動時使用，此時就需要使用更嚴格的治理原則。

資料治理工具與平台幫助組織追蹤所有資料、改善資料品質、管理主資料等。市面上有廣泛種類的資料治理工具，包括更新的平台（例如：Alation、Tamr、data.world、Octopai、erwin），以及確立的解決方

案（例如：Informatica 和 Collibra）。[2]

　　此流程中的一個重要部分是，必須建立資料該如何使用及不該如何使用的護欄（guardrails），並且向員工、客戶及其他利害關係人傳達與溝通這些護欄。資料治理方案不能只是遵守法規，保護顧客隱私及使用顧客

圖表27 -4　資料治理框架與主管層級儀表板（以一家全球性銀行為例）

○ 問題　● 有危險　● 成功在望　● 完成

框架		追蹤指標的樣本				
名稱	定義	指標名稱	指標結果	趨勢	資料贊助人	資料領導者
資料治理方案進展	追蹤資料治理方案的執行進展	里程碑完成％，由當責團隊（負責人） 里程碑逾期％，由當責團隊（負責人）	●**96%** (47／49) ●**4%** (2／49)	⬆ ⬇	約翰 約翰	強森 強森
資料政策與規範合規	評量資料治理政策與規範的合規程度	推出日常資料治理所需要的資料治理論壇	●**100%** (10／10)	➖	凱特	凱特
資料品質	從業務流程和資料提供者的角度評量資料品質	開放資料瑕疵數	●**開放資料問題** 27,671中有243個	⬆	凱特	凱文
資料技能與人才	評量推動資料治理方案所需的技能與人才現狀	領導階層及往下一階的資料職缺優先招募	●**87%** (94／108) 95% (103／108)	⬆	凱特	馬文
資料風險	追蹤資料使用案例中的風險降低情況	受調整影響的風險價值％（3個月移動平均） 使用案例1內總費用變異降低	○**69%** (目標的45%) ●**21%** (減少121億美元) 減少目標的29%	⬆ ⬇	約翰 約翰	蘇珊 蘇珊

資料的部分，也應該重點聚焦於收集了什麼資料、如何收集、資訊被如何使用、使用案例是否適當地透明化。建立 AI 模型時，這部分會更複雜，公司必須特別小心處理，確保不會無意間在模型中輸入偏見。此外，公司應該定期檢視資料及資料使用情況，看看這些遵守的法規是否有修改。

公司也應該考慮成立一個跨部門的資料道德委員會，由來自各業務、法遵與法務部門、營運部門、稽核部門、IT 部門及最高管理階層的代表組成。（參見第三十一章對數位信任度的更多討論。）

---

❶ Bryan Petzold, Matthias Roggendorf, Kayvaun Rowshankish, and Christoph Sporleder, "Designing data governance that delivers value," McKinsey.com, June 26, 2022 , https://www.mckinsey.com/capabilities/mckinsey-digital/our-insights/designing-data-governance-that-delivers-value.

❷ 詮釋資料（metadata）：「詮釋資料是說明一資訊資產的各種面向以改善它在整個生命週期中的可用性的資訊。」上述定義來源：顧能公司（Gartner），「資料歷程（data lineage）包含：資料起源、資料歷經了什麼情況、它歷經時日的移動情況。資料歷程提供能見度，大大簡化在資料分析流程中追溯錯誤根本原因的能力。」Source: Natalie Hoang, "Data lineage helps drive business value," Trifacta, March 16, 2017.

⟩⟩⟩⟩⟩ 第五部重點整理

以下一系列問題可以協助你採取正確的行動：

- 你的資料清理工作是否聚焦於能夠驅動價值的資料域及資料元素？

- 你是否了解組織需要哪些資料產品才能成功？

- 你是否有專門的資料產品團隊？

- 你是否清楚在何處結合內部和外部資料才能創造競爭優勢？

- 你如何能讓組織內的大多數人員更易於造訪資料，讓數位解決方案可以直接存取？

- 你是否能夠衡量資料使用情況？

- 你是否有一個管理資料的資料營運模式，其中所有重要的利害關係人都清楚他們各自的角色與目的？

- 在你的組織中，誰是資料管家，他們做出什麼貢獻？

>>>>> 促進「採用」及 「推廣」的要領

如何讓使用者採用數位解決方案，並在整個企業推廣

發展優良的數位解決方案可能既複雜、又困難，但這一切的努力與聚焦還只是第一步，通常最大的挑戰是促使顧客或企業使用者在日常活動中採用這些解決方案，以及推廣至你的各種顧客群、市場或組織單位——每一個群組都有自己的特殊性與講究。

通常，爭取投資去發展數位解決方案比爭取投資去推動大家採用數位方案更容易，因此若數位方案不被採用，公司將無法看到數位方案的投資獲得回報。根據經驗法則，每投資 1 美元去發展數位解決方案，你至少得再花 1 美元（有時更多，視數位方案而定）去確保它被充分採用及推廣。這額外的 1 美元將用於實施流程改變、使用者訓練、變革管理方案，有時若涉及生產力提升的話，甚至這筆錢得用於支付裁員的遣散費。❶

推動使用者採用及在整個企業推廣時，面臨的主要挑戰是處理阻礙優異的解決方案實現其充分價值的技術、流程及人的細部問題。雖然，在本書接近尾聲才討論採用及推廣的課題，但你必須在數位與 AI 轉型的一開始就認真思考這些挑戰。

第二十八章：推動使用者採用，促進基礎業務模式的變革。為了實現解決方案的價值，除了滿足使用者的需求，你還需要改變基礎的業務模式，許多組織忽視了這個層面。

第二十九章：設計易於複製及重複使用的解決方案。設計複製功能，使數位解決方案易於在不同的顧客區隔、市場或組織單位分享及重複使用。

第三十章：追蹤要點以確保成效。有效的追蹤需要一個連結 OKRs 和營運 KPIs 的績效管理架構，以及一個堅實的、有工具支援的階段關卡追蹤流程。

第三十一章：**管理風險和建立數位信任度**。當心你的數位與 AI 轉型對網路安全性、資料隱私及 AI 偏見等領域引進的新風險，在開發流程中嵌入控管功能，以此來管理這些風險。

第三十二章：**那麼，文化呢？**注意你的頂尖 300 人的「數位」領導力特質，投資於建立全公司的技能。

---

❶ Michael Chui and Bryce Hall, "How high-performing companies develop and scale AI," *Harvard Business Review*, March 19, 2020, https://hbr.org/2020/03/how-high-performing-companies-develop-and-scale-ai.

第二十八章

推動使用者採用，
促進基礎業務模式的變革

「任何夠先進的技術都跟魔術沒兩樣。」

——亞瑟・克拉克（Arthur C. Clarke），科幻小說家

　　我們常聽到沮喪的領導者說類似這樣的話：「我們好像永遠陷在試驗煉獄（pilot purgatory）裡，」或是：「我們這裡有很多的慣性及阻力阻礙變革，」抑或是：「敏捷小組交付了優秀的解決方案，但我們的業務就是不採用。」這些抱怨是我們稱為「最後一哩路」（last mile）的典型結果，這些是當公司想實行他們發展出來的解決方案時，總是會冒出來的問題，使用者不想要這個解決方案，或是這解決方案不如期望地奏效。

　　想要解決這些問題，需要決心和持續努力，但最重要的是，需要致力於從開發到採用整個流程中的管理解決方案。

 定義「採用」及「推廣」

採用（adoption）：員工及／或顧客使用數位解決方案。

推廣（scaling）：數位解決方案被推廣至各顧客區隔、市場或組織單位，充分發揮解決方案的價值。

以自由港麥克莫蘭銅金公司為例，這家全球性礦業公司發展出一系列的解決方案，用於優化銅礦選礦機的設定值。開發團隊並不是交付發展出來的解決方案就完事了，在推出這些解決方案後，他們和前線使用者肩併肩地共事了 8 個月。他們制定每週 7 天、每天 24 小時、每隔 3 小時的「報到」，集合作業員、機器工程師和冶金專家，一起討論先進分析模型建議的設定值，即時做出作業調整與改變。

這種方法確保前線團隊知道如何使用解決方案，學會信賴它們，並為改善它們做出回饋，變成這些解決方案的忠實擁護者。這種對整個端到端流程的聚焦程度獲得極大回報，僅僅 1 季後，一處礦場每日產量超過 85,000 噸礦砂，比上一季增加了 10％，而銅礦回收率提高了 1 個百分點，礦場作業也變得更穩定（參見第三十三章的案例）。

你可以從二個部分來思考解決方案被採用的好處：第一、顧客或使用者（解決方案瞄準的受益對象）採納解決方案，基本上就是要確保數位解決方案本身如期奏效，使人們相信、進而熱切地使用它。第二、了解實行解決方案如何影響其他領域的業務，在必要時做出調整。

雙管齊下的使用者採用策略

推動顧客或使用者採用，既是 UX 的挑戰，也是變革管理的挑戰。若設計與發展出來的數位解決方案不符合使用者的需求，或是不能自然地融入使用者的工作流程，這個解決方案終將失敗，再多的變革管理都解決不了。這是一種迭代過程，也是頻繁地學習與測試的循環，以使用者如何跟解決方案互動的資料做為根據（有關於顧客體驗與設計，參見第十六章）。

若解決方案改善了 UX，你可能仍然需要推動變革管理方案，確保解決方案被採用。變革管理是透過一系列特定的干預措施來影響終端使用者，促使他們確實使用此解決方案。一個已被公認為確實有效的影響力模型，闡述了這些干預措施❶ 要包含四個要素（參見＜圖表 28-1 ＞：

1. 領導階層參與，以及領導者和同儕以身作則地對推出的解決方案展現支持、熱忱及鼓勵。

2. 一個具有說服力的故事，說明何以這解決方案對終端使用者、對顧客、對整個公司都很重要。

3. 評量與績效指標（領先績效指標及落後績效指標），用以追蹤期望的行為與成果，並據以給出適當的獎勵。

4. 角色訓練與技能建立，確保使用者具備成功使用解決方案的正確知識並協助升級技能。

設計變革管理方案時有一個重要考量，就是要把所有相關的解決方案匯集於單一一個對終端使用者的變革干預方案中，不要分別針對每一種解決方案去干預相同的終端使用者。舉例而言，若一家航空公司的貨運業務銷售員需要了解如何使用三種新的解決方案：第一、評估可用的貨運產能；第二、優化可用產能的訂價；第三、客戶帳務。那麼，把這三種新的解決方案匯集成單一一個變革管理方案是更合理的做法。這也是在數位與 AI 轉型行動中，比起逐一地實行個別解決方案或使用案例，讓整個業務領域一舉轉型可能更有成效的原因之一。

影響力模型（以一家航空公司推動250名貨運業務銷售員採用
一款營收管理解決方案為例）

領導階層參與及以身作則	具說服力的變革故事與溝通
・貨運業務領導者參與解決方案的重要發展里程碑 ・在銷售年會中展示解決方案	・在公司的業務通訊中溝通新的營收管理解決方案對顧客、公司及員工的價值
角色訓練與建立技能	評量與績效指標
・訓練位於全球的250名業務員如何使用新應用程式 ・推出解決方案的頭3個月提供聽候召喚的支援服務	・透過應用程式使用頻率來評量解決方案的採用率 ・在高階銷售主管的績效評量中加入解決方案採用率評量

業務模式的調整

　　許多公司看待數位解決方案就如同在一份食譜中添加一種材料，期望烹飪出來的料理更美味。更好的比喻是：部署解決方案就像增建房屋，除非一起施作這棟房屋的地基、牆、水電管路系統以支撐增建的部分，否則根本行不通。這不僅僅是訓練人員如何使用新工具而已，還需要公司分析所有跟此解決方案有關的相依性，研判它如何牽連及影響業務模式的未來營運方式。

　　現在大家比較能了解這種系統層級的創新，尤其是在實行 AI 型決策方面。❷ ＜圖表 28-2 ＞舉例說明了我們在工作中經常觀察到的業務模式轉變。

　　舉例而言，一家保險公司發展出一個分析法解決方案，幫助保險經紀

圖表28-2 推出新的數位解決方案引發的業務模式轉型範例

銷售

直接現場銷售 電子商務

| 對業務模式的牽連 | 歷經時日，調整現場銷售人員數量 | 增加客服團隊規模 | 把IT人員整合到電子商務團隊裡 |

營收組合

產品 服務

| 對業務模式的牽連 | 需要現場服務支援 | 顧客接洽時間與複雜度增加 |

作業

人工組裝 協作式機器人（Cobot）❶

| 對業務模式的牽連 | 歷經時日，調整直接人力與品質控管 | 協作式機器人設計和製造作業團隊之間的新協作模式 |

資本支出／營運支出

低資本支出、高營運支出   高資本支出、低營運支出（例如：投資新的數位解決方案進而促成的自動化）

| 對業務模式的牽連 | 資本支出密集度提高品質控管 | 需要維護性投資（可能是投資於人才、分析法或二者） |

❶ Cobot：協作式機器人（collaborative robot）能學習多種工作，幫助人類，反觀自主機器人（autonomous robot）則是硬編碼（hard-coded，寫死的），只能重複執行一項工作，獨立作業，保持固定不變。

人推進顧客購買保單。但是，為了使這個解決方案在銷售現場運作，必須改變該公司的訂價演算法、現場人員獎勵制度、通路模式、顧客互動模式、評量指標與績效指標等措施。這些改變涉及建立一個業務模式的未來狀態，更新一系列相關業務流程，才能夠充分實現新解決方案的價值。

　　基本上，這需要跟所有相關的上游及下游功能部門（通路、供應鏈、行銷、銷售等）共同合作，辨識為了使數位解決方案實現其充分價值所需重大改變的流程、績效管理、組織與技能等層面。而如此廣泛的跨功能部門影響正是數位與 AI 轉型的特質，也是它不同於其他轉型類型的一大特色，也因此，需要執行長或單位領導者參與校準，以驅動跨功能部門的行動（參見第七章的討論）。

　　一家商業航空公司正為貨運銷售部門實施一套新的收入管理解決方案，＜圖表 28-3 ＞展示了他們如何處理上游與下游的全系列變革課題。

　　變革管理的目標是盡可能地事先預測這些課題，但實際上，難以辨識上游與下游的所有相關阻塞點，而且難免有些阻塞點是在現場使用解決方案時才會發現，人員能看出它的實際運作情況，因此採用過程也是迭代性質，需要不斷地檢視與修正。

建立一支推廣採用團隊

　　採用各種解決方案需要的支援程度大不相同，取決於解決方案本身的複雜度、終端使用者群的數量規模及所在地區的分散程度、基礎業務模式需要做出變革的數量與重大程度。通常，領域領導者對解決方案的成功與否當責，動員適切的資源來支援推動工作是他們的職責所在。

圖表28 -3 端到端流程影響評估（以一家航空公司的為例）

透過提高利用率與訂價，優化飛機貨載銷售

航空公司發展一套AI型解決方案，幫助貨運銷售部門把客機的貨載空間利用率與訂價最大化

上游影響的例子	下游影響的例子
端到端流程：這流程如何受到影響？	
銷售代表必須知道哪些航班有可用的載貨空間及價格	在機場裝／卸更多貨物需要更多時間
績效管理：如何追蹤績效？	
伴隨愈來愈多可銷售的載貨空間，必須重新訂定銷售獎勵	更多的乘客行李，必須制定新目標
組織與技能：人員如何受到影響？	
銷售代表必須了解如何使用新的營收管理解決方案	機場貨物作業人員需要接受最適棧板化程序的訓練
心態與行為：如何使人員進入狀況？	
銷售代表必須擁抱變革	貨運業務及客運業務管理團隊之間更好地跨部門合作

若解決方案的採用特別複雜，需要長期支援，應該考慮建立一支推廣採用團隊。推廣採用團隊由具備各種技能的人組成，工作是變革管理與溝通。此團隊以敏捷方式運作，從早期就參與解決方案發展的流程，發掘採用問題，評估採用支援的需求。

　　推廣採用團隊清楚地說明這些採用支援的需求後，還要指出切要的目標、工具集及技術——其中一些重複使用來自其他專案的工具與技術，其餘的工具與技術則需要重新建立，以支援解決方案的推廣及充分採用。

延伸案例

一家保險公司建立一支推動採用團隊

　　一家大型保險公司推出超過 15 種數位與分析解決方案，推動全國各地超過 2,300 名實地保險經紀人、150 多位實地領導者，以及 300 多名業務代表採用這些解決方案。在實行這些解決方案的頭 24 個月，其營收增加超過 2.5 億美元。

　　該公司投資了一支專門的推廣採用團隊，成員除了領域領導者之外，還有來自全組織、具備各種必要技能的人員，例如：溝通、變革管理、法務與法遵、技能訓練等。

　　該團隊把一群已經可以在業務中推行的數位與分析解決方案匯集起來，然後採用計畫的基礎就在上述的影響力模型裡——確保新解決方案的採用順利（透過訓練）、具說服力（在實地提倡人、領導階層以身作則及溝通的幫助下）、受評量（追蹤成功指標，收集回饋意見）。

---

❶ Scott Keller and Colin Price, *Beyond Performance* (Hoboken, NJ: Wiley, 2011).

❷ Ajay Agrawal, Joshua Gans, and Avi Goldfarb, *Power and Prediction* (Boston: Harvard Business Review Press, 2022).

第二十九章

設計易於複製及
重複使用的解決方案

「往往當你認為自己到達了某件事情的終點時，你正處於別件事情的起點。」
——弗瑞德·羅傑斯（Fred Rogers），電視節目主持人暨製作人

　　推廣就是在不同的環境中複製解決方案的採用流程，以達到對全企業的影響力。需要複製典型的業務情境，包括推廣至各座生產工廠、不同地區市場、不同的顧客區隔或不同的組織群，在本章，我們把這類複製對象簡稱為「單位」（units）。

　　推廣需要設計最有成效的複製方法，好在每個單位推行解決方案，建立一個在不同的單位中重複使用數位解決方案、且根據各單位特性來調整解決方案的有效方法。

設計有成效的複製方法

　　先定義要推廣哪些解決方案，以及在何處推廣。這通常需要各單位的領導者贊同解決方案在他們特定單位中的價值，了解推行解決方案時你對各單位的期望，騰出適當的財務及人力資源，並要他們為期望的效益當責。接著，你需要決定部署解決方案的單位順序，在安排此順序時，通常

有三個重要考量：實現價值的時間、實行的容易度，以及單位的整備程度。＜圖表 29-1 ＞是一家礦業公司使用這些考量來決定推廣順序的例子。

接下來是選擇推廣模式的時候了。合適的推廣模式取決於解決方案整體的複雜度、組織面對變化的準備情況，以及在整個企業推廣轉型的急迫度。不同的解決方案可以使用不同的推廣模式（參見＜圖表 29-2 ＞）。三種主要的推廣模式選擇是：

1. **線性波（linear waves）**。這種模式是依序、逐一地推廣至每個單位，由中央團隊在每一個新實行的單位建立能力。這種推廣模式較緩慢，但可以穩定地推進，確保解決方案在一個單位實現價值後，才繼續推廣至下一個單位。這種推廣模式最適合只有少數、但高價值單位的組織，例如：採礦業或提煉業。

圖表29-1 **決定推廣的順序**（以一家礦業公司為例）

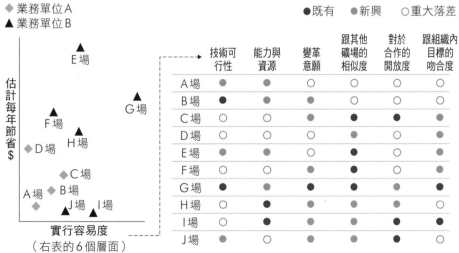

案例種類	定義推廣哪些解決方案，以及在何處推廣	決定部署解決方案的單位順序	挑選一個推廣模式	方法
礦業 一家礦業公司為其選礦機發展出一個設定值優化器解決方案	·設定值優化器 ·推廣至所有12台選礦機	根據潛在影響、IT成熟度，以及感測器資料的可用性來排序選礦機的部署	線性波	·逐一礦場實行 ·在每座礦場先評估資料、客製化、訓練、再實行 ·為1號礦場建立客製化解決方案，再把2號及3號礦場資料共有化，以便更快速地在3號以後的其他礦場實行
汽車業 一家汽車業公司為不同的產品（例如：系統與元件）發展出一系列的品管解決方案	·推廣系列解決方案 ·在各車輛平台上推廣	根據潛在影響及平台相似度來排序工廠部署	指數波	·在生產相同產品的工廠推行，首先是一個先導工廠，第二波2座工廠，第三波4座工廠，第四波8座工廠，以此類推。 ·為產品平台建立客製化解決方案，把產品平台2及產品平台3的方法標準化，以為推廣做準備
航空業 一家航空公司發展出營收管理解決方案，有助於全球各地250名貨運銷售代表把商用航空網路的貨運營收最大化	·營收管理解決方案 ·推廣至所有1,200航線網路	所有航線的優先順序一樣	大爆炸	·對所有貨運業務銷售人員施以訓練 ·為所有航線發展解決方案的生產版 ·啟動整合到後端貨運規畫系統中的解決方案

2. **指數波（exponential waves）**。這種模式是在連續更大的波浪中推動，第一波可能是在 2 個單位實行，第二波是 4 個單位，第三波是 8 個單位，一波比一波大。這通常需要使用「培訓講師」（train the trainer）模式，例如：各單位的領導者會被指派到第一波的實行單位裡，讓他們能夠先學習，為自己的單位做好準備工作。指數波創造的影響更快速，但較難維持品質。這種推廣模式最適合有大量（較低價值）單位的組織。

3. **大爆炸（big bang）**。這種推廣模式是同時在整體組織部署解決方案，例如：規畫航線班表的解決方案，適合同時在所有地區實行。這種模式需要所有關鍵角色同時建構能力，通常在整體組織部署協調實行團隊。這種推廣模式最適合網路型企業。

建立重複使用解決方案的方法——資產化概念

若公司針對每筆訂單都從頭開始生產每一個元件，沒有任何標準化或一致的組件、流程及品質規範，結果會如何呢？大概所有主管都會認為這種方法是阻礙規模經濟，以及不可接受的風險信號，並立即處理這種情況。

不幸的是，在推廣數位及 AI 解決方案方面，公司往往重複做很多事，這是推廣殺手。有成效的推廣仰賴能夠在整個企業部署時，盡可能多地重複使用解決方案。

為了實現重複使用的效益，數位及 AI 解決方案必須包裝成一套模組或資產，稱為「資產化」（assetization），以便易於針對各單位的差異情況做出調整。舉例而言，一家礦業公司的各台銅礦選礦機可能是用不同

圖表29-3 根據標準化程度來區分的數位與AI解決方案類型

	客製化解決方案	資產	標準化軟體產品
說明	用以解決一特定問題的解決方案,有時重複使用程式碼片段(code snippets),但大致上是從頭建造。	用以解決多個單位(例如:工廠、市場或業務單位)共通的問題解決方案,需要針對各單位做出一些客製化。利用一個核心的程式型UI及交付處方,在企業層級進行維護。	獨立的企業軟體應用程式,在極少或沒有客製化之下,服務多個終端使用者
例子	為調查設備惡化根本原因的特定分析	用以優化工廠產量的AI型顧問系統	統計分析工具組
標準化程度	10%	60%至90%	> 90%
元件	• 資料(通常是離線資料) • 模型(通常是在一筆記本電腦上發展,鮮少放入生產環境裡)	• 資料(通常是線上資料) • 核心的程式碼庫、模型框架、UI • 交付處方及深度的領域專家支援 • 使用者訓練、採用支援 • 企業產品管理 • MLOps及持續的績效管理	• 資料(通常是線上資料) • 標準套裝軟體 • 全企業實行、使用者訓練 • 服務支援中心 • 企業產品管理(內部或第三方)

的礦砂處理技術打造而成，雖然優化產量的數位解決方案可能有一部共通的 ML 引擎，但還是必須針對每座礦場，建立從礦砂處理設備中擷取資料的資料管道。

在發展重複使用解決方案的方法時，首先要做的是，認知到數位解決方案有不同程度的可重複使用性（參見＜圖表 29-3 ＞）。一些解決方案是高度特定與客製化，可能難以被重複使用；有些解決方案則是完全標準化，可以包裝成軟體應用程式。更多的解決方案類型是介於二者之間，約有 60％至 90％能被重複使用，大多數公司發展的數位與分析解決方案都屬於這個類型。

有效資產化的核心原則是重複使用性，以實現高效和快速的解決方案部署。有成效的資產化需要管理以下三個部分（參見＜圖表 29-4 ＞）：

1. **實行流程的步驟**。這些是逐步交付及作業準則，讓團隊能夠使用數位解決方案。基本上，這是用標準化方法來訓練人員如何使用及管理解決方案，包括針對單位的特定需要來使用特定模組。

2. **模組化技術元件**。這是指使用可以透過 API 來取用、且易於置換而不會影響到解決方案其餘部分的程式碼塊，這有助於在推廣時，加快針對特定情況的量身打造或調整。在＜圖表 29-5 ＞的例子中，一家礦業公司使用一個拆解成多層的模組化架構，讓其他技術與資料環境不同的礦場可以最大化重複使用的程度。

3. **解決方案支援人員**。你將需要一支由主題專家（例如：ML 工程師、企業產品負責人）組成的團隊，他們了解如何在不同的環境中部署解決方案，以及根據環境做出調整。這些人應該知道如何

訓練使用者及實行組織變革。

一個考慮周到的資產化方法能夠顯著加快部署速度及效率。＜圖表29-6＞展示在二種不同的工業情境中布署設定值優化器的情況，單位的標準化程度愈高，資產化效益愈大，＜圖表29-6＞是發電廠的情況，由於解決方案的大部分通用於各發電廠，因此資產化效益更高。反觀礦物處理作業，各礦場及各種礦砂有較高的差異性及特定性，需要較多的客製化。

為了確保解決方案的重複使用性成為全企業推廣方法的一部分，公司

圖表29-4 **有成效的資產化處方**

流程	技術	人員
診斷指導 逐步指導辨識、衡量規模及排序部署機會，包含一個評估影響的標準方法	**程式碼基石** 模組化、且可重複使用的元件（可應用於許多使用案例）	**交付／推廣專家** 主題專家、資料科學家、業務翻譯員
作業及支援指導 逐步指導如何運行及維護資產、角色與職責，擴展規範	**分析流程** 針對特定使用案例預先建立的、易於組態的端到端程式碼	**建立能力的方案** 定義角色與職責、建立或強化能力的方案
交付指導 逐步部署資產的方法，包括標準及客製化元件	**編碼及協作的規範** 用文件定義跨方案規範及協作開發分析應用程式的準則	**維護／創新的人員** 產品負責人、ML工程師、企業產品負責人
	領域知識文件 使用案例說明，價值何在及學習建立流程模式（例如：流程說明、營運KPIs、問題樹）	**組織結構** 治理、如何成立團隊及角色互動、跟其他組織單位的關係
	MLOps基礎設施 應用部署的技術堆疊、監控、績效管理	

可以考慮設立一項鼓勵重複使用的經費計畫及一套獎勵制度。這通常意味著：（1）制定明確的投資預算，以便在解決方案通過 MVP 階段後，將其資產化；（2）建立中央經費與資源來支援部署；（3）評量各單位的採用情況，據此獎勵單位領導者。

圖表 29-5 一個機器設定值優化解決方案的模組化架構範例

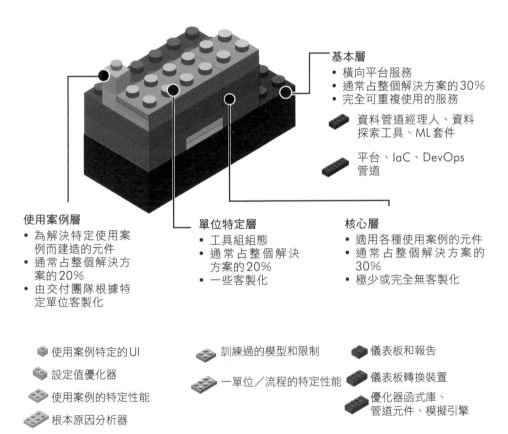

基本層
- 橫向平台服務
- 通常占整個解決方案的 30%
- 完全可重複使用的服務

資料管道經理人、資料探索工具、ML 套件

平台、IaC、DevOps 管道

使用案例層
- 為解決特定使用案例而建造的元件
- 通常占整個解決方案的 20%
- 由交付團隊根據特定單位客製化

單位特定層
- 工具組組態
- 通常占整個解決方案的 20%
- 一些客製化

核心層
- 適用各種使用案例的元件
- 通常占整個解決方案的 30%
- 極少或完全無客製化

使用案例特定的 UI

設定值優化器

使用案例的特定性能

根本原因分析器

訓練過的模型和限制

一單位／流程的特定性能

儀表板和報告

儀表板轉換裝置

優化器函式庫、管道元件、模擬引擎

推廣 400 種 AI 模型的採用與推廣

　　總部位於美國德州的偉斯達能源公司（Vistra Corp.），投資了一種快速擴展 AI 解決方案的方法，旨在優化發電廠。這些解決方案由 400 個 AI 模型組成，經過調整以優化發電廠營運的不同部分。

　　從解決方案發展流程的一開始，設計師就和作業人員就一起共事，以了解他們的日常活動面貌。AI 工具必須使作業人員的工作變得更輕鬆，因此，舉例而言，展示 AI 解決方案與建議的螢幕被整合到作業人員早就已經在使用的介面中，他們無需去監視另一個螢幕。這些顯示器本身被設計成易於閱讀，例如：若工廠正處在最適化運作，解決方案就顯示綠燈；若否，則就顯示紅燈，並且展示相應的建議行動，以及採行此建議可獲得的價值。

　　當解決方案在一座先導試驗廠展現價值、並且被核准推廣時，一支由軟體工程師和 ML 工程師組成的團隊會立刻進駐，進行程式碼的重構、模組化及容器化，這使得每一個部署有單一一個可以更新及改善的「核心」套裝軟體。由於每座發電廠有各自的特性，當然也要一些客製化調整。

　　專門的客製化團隊由資料科學家、工程師、作業人員及發電專家組成，跟每座發電廠一起研議此廠的特殊情況並調整解決方案。此團隊建立一個 MLOps 基礎設施，把偉斯達生產每一個電力單位的即時資料傳輸到單一一個資料庫（關於 MLOps，參見第二十三章）。他們使用 GitLab 軟體來管理程式碼版本控管，以及把程式碼容器化，使其能夠容易地部署到任何環境裡。該團隊也建立儀表板來監控模型績效及使用情況，管理每個模型的持續改善情況。

　　最後，這行動涉及三個層級的訓練：前線人員的訓練（學習如何使用這些 AI 模型）、技術團隊的訓練（學習如何發展及維護這些 AI 模型）、領導團隊的訓練（了解如何使用 AI 模型，以及如何轉變業務的營運方式）。

部署解決方案花費的週數

　強化　　發展　■ 概念驗證　■ 準備

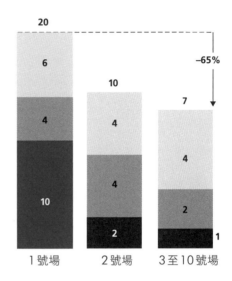

礦物處理作業的設定值優化應用

各發電廠設定值優化應用

第三十章

追蹤要點以確保成效

「別誤把活動當成就。」

——約翰·伍登（John Wooden），美國籃球傳奇教練

　　很多執行長不清楚自家公司的數位與 AI 轉型進展如何。❶ 我們正朝一個更數位的業務模式前進嗎？我們說公司需要建立數位能力，我們正在這麼做嗎？我們的數位與 AI 轉型是否在顧客體驗及公司獲利方面帶來貢獻呢？

　　公司必須評量轉型進展，這點不會有人持異議，問題是，要評量什麼？如何評量？績效追蹤若設計不良，又沒有正確的支援工具，可能很快就被自己的重量壓垮了。

　　一個優質的績效評量有三個重點：（1）設計正確的績效管理 KPIs；（2）用「階段—關卡」流程及支援工作流程工具來追蹤；（3）設立一個有成效的轉型辦公室。

績效管理架構與KPIs

　　清楚要評量哪些績效指標，只算成功了一半。在數位與 AI 轉型中，

圖表30-1 數位與AI轉型績效管理架構

	創造價值	敏捷小組健全性	變革管理
目標	• 評量數位解決方案對核心業務/營運KPIs的影響	• 評量敏捷下載的健全與成熟度	• 評量建立新能力及動員組織的進展
指標	• 營運KPIs	• 敏捷小組成熟度KPIs	• 能力建立與變革管理KPIs
例子	• 顧客採用率（%） • 線上營收占總營收比例（%） • 流程良率（%） • 交叉銷售率（%）	• 敏捷小組人員配置的合適度 • OKRs的達成 • 敏捷／DevOps成熟度 • 解決方案發布頻率	• 動員的敏捷小組數目 • 員工投入程度 • 人才招募／技能升級 • 達成里程碑
分析單位	• 解決方案及領域	• 敏捷小組	• 特定能力、領導力、員工投入程度
對誰切要	• 最高管理階層及領域領導者	• 領域領導者及敏捷小組負責人	• 最高管理階層及轉型領導者

KPIs 通常分為三類：創造價值的指標、敏捷小組健全性指標、變革管理指標（參見＜圖表 30-1 ＞）。

透過業務／營運KPIs來追蹤創造出的價值

數位解決方案通常瞄準一個或幾個業務／營運 KPIs，這些 KPIs 通常可以用財務或顧客效益來解釋。這些指標對領域領導及最高管理階層而言非常重要，也是向投資人提供數位轉型進展的有力證明。

＜圖表 30-2 ＞展示一家國際性銀行每季向投資人報告重要的數位轉

型指標，包括顧客對該銀行的行動應用程式採用率、數位通路營收、從分行網絡轉移至線上的交易量、分行員工的減少人數。

　　價值驅動因子樹狀結構圖（value drivers tree）幫助辨識數位與 AI 解決方案可望在何處改善核心營運 KPIs。這種樹狀結構圖也跟敏捷開發小組的 OKRs 相連，從而創建如何實行改善作業的統一表現形式。

圖表30-2 銀行業數位轉型追蹤的典型業務營運KPIs
（以一家國際性銀行對投資人的報告為例，2016 年至 2020 年）

我們的行動應用程式被顧客使用嗎？
數位互動顧客％

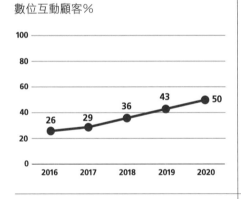

容易在線上購買我們的銀行產品嗎？
線上營收占總營收％

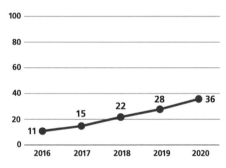

交易從分行網絡轉移至線上嗎？
分行交易量占總交易量％

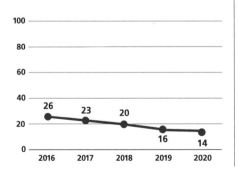

流程是否自動化？
分行網絡員工數（100 ＝ 2016 年）

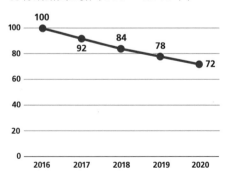

<圖表 30-3 >為一家退休保險公司，這類保險業務的營收驅動因子，包括委託保險公司提供退休計畫的公司數目、平均每個計畫的參與員工數、平均每個參與者帶來的營收。

圖表30-3 **用價值驅動因子的樹狀結構圖來辨識數位解決方案在何處影響KPIs（以退休保險為例）**

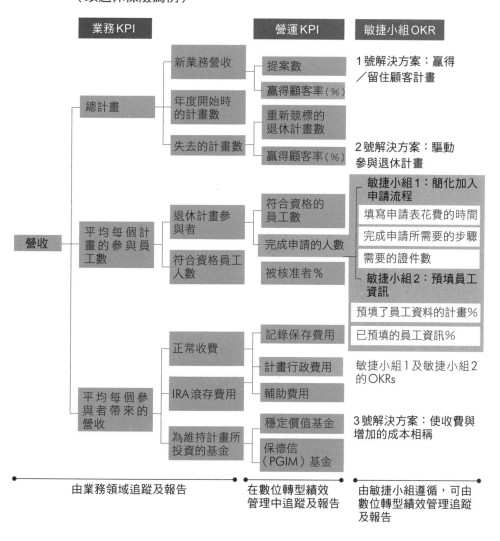

用樹狀結構圖解析得出營運 KPIs，例如：向潛在顧客提案的數量以及贏得顧客率，數位解決方案通常在這個層級上影響業務績效。在此例中，商業領域領導者決定發展三種數位解決方案，如＜圖表 30-3 ＞所示。此例中的 2 號解決方案聚焦於使退休計畫參與者更容易完成計畫流程，2 支敏捷小組將發展這解決方案，第一支敏捷小組負責簡化退休計畫申請流程，第二支敏捷小組負責開發一個 API 來預填員工資訊。

商業領域領導者應該追蹤營運 KPIs 的進展，就 2 號解決方案而言，這指的是完成加入退休計畫申請流程者的比例，以及使用者滿意度（後者未呈現於這幅樹狀結構圖上）。另一方面，敏捷小組負責人應該追蹤他們可以直接掌控、且能夠在數週、或幾個月內實現進展的關鍵結果，此例中是減少完成申請所需的步驟數，通常簡化工作只需幾個月就能完成。

＜圖表 30-4 ＞展示如何為每支敏捷小組訂定 OKRs，以及把期望達成的關鍵結果和最終改善目標劃分階段。這張圖表也顯示 2 號解決方案何以能降低申請放棄率，以及驅動更多人參與退休計畫的背後假設。

這些假設的形成可能有困難。你難以先驗地得知簡化申請流程和預填員工資料能使申請放棄率降低多少，這需要判斷。因此，很重要的是把期望達成的關鍵結果劃分階段，觀察此解決方案的版本 1 如何影響申請放棄率，有信心地繼續努力推出新版本，最終推出版本 3，或是把敏捷小組的方法轉向較有希望的途徑。

設計價值驅動因子樹狀結構圖，追蹤相應的 KPIs，都對數位轉型的成功很重要，這能提供一顆清晰的北極星，確保轉型強烈聚焦於創造價值，並且形成清楚的當責制。

把業務／營運KPIs連結到敏捷小組的OKRs
（以OKR驅動員工參與退休計畫為例）

2號解決方案的業務效益

去年有400,000人放棄申請，參與的淨推薦值為10	這解決方案將使申請放棄率從20%降低至5%，使申請者增加300,000人，淨推薦值提高到50	通常完成申請者中有2/3成為計畫參與者，因此這等於使計畫參與者增加200,000人	平均每個參與者的利潤為500美元	稅息折舊攤銷前盈餘（EBITDA）1億美元 淨推薦值　＝　50

目標	關鍵結果	版本1 — 第一年	版本1 — 第二年	旅程目標 版本3 — 第一年
敏捷小組1 使填寫申請表格的時間減少60%	關鍵結果1.1： 減少需要的證件數	8 ▶ 5	5 ▶ 2	2
	關鍵結果1.2： 減少申請步驟	40 ▶ 30	30 ▶ 20	10
敏捷小組2 使50%的退休計畫有預填員工資料的功能	關鍵結果2.1： 有API連結至人力資源系統的計畫%	0 ▶ 30	30 ▶ 50	50
	關鍵結果2.2： 預填員工資訊種類	員工基本資訊	先前參與的計畫資訊	配偶＆被撫養人資訊

評量敏捷小組的健全性

　　敏捷小組是數位與 AI 轉型的「戰鬥小組」，沒有健全成熟的敏捷小組，你無法成功實現數位轉型。

許多數位轉型的進展比原先規畫慢得多，原因主要出在敏捷小組配置不良（例如：兼職的小組成員、不適當的技能）、未採用現代的工作方法（例如：敏捷、DevOps）或缺乏重要能力（例如：產品管理、UX 設計）。根據我們的經驗，低效能與高效能敏捷小組之間的生產力差距可能達 5 倍或更多。因此，評量及管理敏捷小組的健全性真的很重要。

　　敏捷小組健全性的評量使用以下三面透鏡：

1. **敏捷小組配置指標**。這是一個簡單的問題：敏捷小組有適當的成員嗎？看似很有道理，但每個公司的資源有限，敏捷小組可能在缺乏適當的資源之下運行很長一段期間。你應該回答二個核心疑問：這個敏捷小組有專用資源嗎？每個角色都由一個具備切要技能的人擔任嗎？這評量最好由敏捷小組負責人及領域領導者執行，每季業務檢討是評量的好時機，而且報告中應該包含這部分的評量結果。

2. **敏捷小組效能指標**。這是關於敏捷小組的運作情況，這些指標通常取自待辦工作清單的管理工具，例如：Jira、Azure DevOps、Digital.ai，因此訓練敏捷小組以一致方式使用這些工具是很重要的。雖然，業界對於應該追蹤的最佳指標存有爭議，下列指標的前四個是標準的 DevOps 研究與評量（DevOps Research and Assessment，DORA）指標，參見＜圖表30-5＞：

　　• 部署頻率（deployment frequency），衡量平均每個應用程式從成功發布程式碼到部署於生產環境中的花費時間。若發布因業務原因受限，可以改用使用者驗收測試（user

圖表30-5 敏捷小組效能評量（以一家全球性財富管理公司為例）

■ 傑出　■ 高　■ 中　■ 低

平均效能	月趨勢	分群效能
過去30天		過去30天

部署頻率

平均每個應用程式從成功發布程式碼到部署於生產環境中的花費時間

33.1天

天

41　45　35　22　21　23　24　27　45　31　53

產品與平台群

部署前置時間

從發展週期結束到部署到生產環境的時間

14.2 天

天

16.1　19.8　12.0　33.6　23.9　5.0　19.8　14.8　20.0　13.1　15.2

平均修復時間

生產環境中的一個失敗平均花多少時間修復

149 分鐘

分鐘

97　94　203　382　116　166　249　123　10　35　132

變更失敗率

部署導致生產環境失敗的平均比例

1.22%

%

1.9　0.2　1.7　0　0　4.0　0.4　1.4　2.4　0.5　1.1

產品與平台群

acceptance testing，UAT）部署頻率來衡量。

- 部署前置時間（lead time to deploy），衡量從發展週期結束

到部署於生產環境的時間，從這指標可看出從敏捷小組檢查程式碼到新解決方案被整合、測試及部署的流程效率（與自動化程度）。

- 平均修復時間（mean time to recovery），衡量產品或系統失敗平均花多少時間修復，由此可看出系統是否建構得有韌性，以及多快速解決故障，使系統恢復運轉。

- 變更失敗率（change failure rate），衡量部署解決方案導致生產環境失敗的比例。變更失敗率檢視所有工作流程在一段期間內最終失敗或需要矯正的比例（例如：需要緊急修補程式、復原、向前修改、嵌補）。

- 速率（velocity），跟原先預估的時間做比較，衡量在特定的衝刺中實際花多少時間完成使用者情境。速率可用以評量每次迭代能完成多少工作，幫助預測未來的衝刺或整個專案需要花多長時間才能完成。

- 程式碼變更率（code churn），也稱為「重做」（rework），指程式碼（例如：一個檔案、一個類別、一個功能）有多常被重新編輯。例如：你可以衡量有多少比例的程式碼在首次合併後的三週內被重寫。

3. **敏捷小組成熟度指標**，這是關於驅動敏捷小組效能及整體成效的基本實務。市面上有各種問卷調查工具可用於評量敏捷小組成熟度，讓敏捷小組成員及／或敏捷小組教練填寫問卷調查，教練通常提供更獨立的觀點和更好的評量結果。＜圖表 30-6 ＞展示了一群敏捷小組的成熟度評量。

理想上，這些評量指標應該在敏捷小組內自動化，但這需要花些時間來實行，而且應該在達到一定規模後（亦即有超過 20 支敏捷小組），這種自動化才可行。

評量變革管理進展

這些指標評量建立新能力及轉型健全度的進展。我們是否如規畫般動員敏捷小組？人員是否投入？我們是否在賦能力及徵才方面取得進展？根據我們的經驗，在建立變革管理評量時，切莫堅持追求完美，完美是優良（以及完成）的敵人，先從基本做起：

1. **領導高層的動員。** 定期對公司最高層級的 200 至 300 名主管進行問卷調查，了解數位轉型對他們在管理議程上的重要性、他們的進展感，以及他們如何評量自身在領導變革上的成效。問卷調查之外，可以加入訪談。

2. **建立能力的進展。** 我們發現，一些核心指標特別能夠評量第二部至第五部討論有關四種能力的進展。人才方面，你是否在建立數位人才板凳（亦即招募或技能升級）方面取得進展？你是否留住你的最佳技術人員？營運模式方面，你是否以你規畫的速度來動員敏捷小組？這些敏捷小組的產品負責人優秀嗎？技術方面，多少支敏捷小組有能力發布程式碼至生產環境中？他們的發布週期多長？資料方面，有多少支解決方案敏捷小組受到資料限制而無法推進？有多少支敏捷小組使用來自資料產品的資料？

○ 一支敏捷小組　　◯ 最佳／最差的敏捷小組
● 很低（50%或更低）　● 低（51%至60%）　● 中（61%至70%）
● 高（71%至80%）　● 很高（81%以上）

大規模部署敏捷小組的助力	平均分數	範圍
策略		30%　40　50　60　70　80　90　100
共同願景	73%	
動態資源分配	65%	
以顧客為中心	62%	
組織結構		
上司下屬組織結構	67%	
治理	67%	
角色與職責	70%	
人力規模與地點	75%	
人事		
領導力	76%	
人才管理	68%	
文化	80%	
非正式人脈網絡與溝通	73%	
流程		
連結機制	78%	
小組流程／交付方法	77%	
規畫與決策流程	71%	
績效管理	73%	
技術		
支援系統與工具	80%	
交付管道／ DevSecOps	73%	
架構演進	70%	
IT基礎設施及作業	69%	

3.**員工投入度**。年度員工投入度問卷調查是評量員工對數位轉型的振奮程度、技能發展及個人成長的好機會，或許也可以在問卷中開闢一個專區，針對那些較直接受到轉型影響的員工，例如：在敏捷小組工作的人，或是受益於新解決方案的使用者。

用「階段—關卡」流程追蹤

為了有穩健的轉型計畫，確保採用「階段—關卡」流程來追蹤解決方案的發展，我們發現，用五個關卡流程來運行每一個要開發的解決方案很有用，麥肯錫管理顧問公司在一般的轉型中也成功使用這五個關卡流程，如<圖表 30-7 >所示。

L1 至 L3 這三個關卡基本上是解決方案孵育期關卡，屬於重新想像業務領域的一部分。伴隨解決方案推進、通過制式關卡審查，業務效益與交付要求的條件將變得更清晰。L3 關卡是實行／不實行的關卡，一旦決定實行，接下來交付敏捷小組就會全力動員。

L4 關卡通常跟交付解決方案的 MVP 相匹配，L5 關卡相當於採用及／或推廣關卡，版本 1（V1）被顧客／使用者採用，實現重要價值。透過年度規畫（或每季業務檢討規畫），定義版本 2 的明細，然後展開第二個循環。解決方案持續演進、改善、創造更多的價值，到了一個時點，解決方案就會成熟，敏捷開發小組縮編，只留下核心支援小組。

不要低估關卡流程的紀律，當數位與 AI 轉型擴展至更多領域時，這種關卡流程形成一致的語言及投資紀律，可透過年度規畫及／或每季業務檢討來管理。隨著公司學到什麼行得通（以及什麼行不通）、建立能力、

使用「階段─關卡」流程追蹤轉型

重新想像業務領域的階段

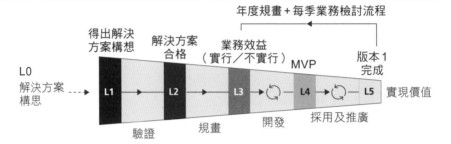

從L0至L1
- 釐清要解決的業務問題
- 解決方案構想浮現,成為業務領域重新想像路徑圖的一部分

從L1至L2
- 建構業務價值驅動因子的樹狀結構圖
- 在重要假設下評估解決方案價值,進而評估影響程度
- 估計L3及L4日期
- 可行性的質性評估(例如:技術、資料、變革管理)

從L2至L3
- 確立有關於價值驅動因子樹狀結構圖中的營運KPIs改善的假設
- 完成可行性和技術需求(技術堆疊、資料、驅動採用及推廣的變革管理)
- 團隊結構需求,包括下游成本
- 業務效益分析(精算到財務價值與投資;「鎖定」OKR曲線)
- 辨識重要里程碑以得知發布期望(例如:衝刺週期、MVP推出日期)
- 確立敏捷小組的OKRs及定義路徑圖

從L3至L4
- 透過衝刺循環來交付
- 敏捷小組用Jira管理執行力,領域/解決方案領導者定期(例如:每月)分享WAVE中的KPIs及KRs
- 完成最小可行解決方案
- 證實顧客/使用者採用

從L3至L4
- 每季結束時舉行每季業務檢討
- 追蹤KPI /財務影響的達成率
- 在更廣泛的組織中擴大規模/推廣
- 必要時進一步發展產品路徑圖及規模

版本1完成 ── 發展版本2的新循環展開……

發現新的價值源頭，他們動態地更新數位路徑圖、業務效益及資源需求。

大規模數位轉型動員數百支敏捷小組，交付數百種數位解決方案，起初可以用試算表和投影片來做追蹤與報告，但很快地，規模一大就難以維持這種做法。

在我們自己的工作中，經常使用二個套裝軟體來做轉型追蹤與報告。第一件工具是萬用型轉型追蹤工具，用於追蹤解決方案的階段—關卡、使用案例及核心績效 KPIs。基本上，這工具能追蹤數位解決方案的投資和創造的價值。我們喜歡使用名為「WAVE」的工具❷，但市面上也有其他類似的工具。第二個工具名為「LINK」，用於追蹤敏捷小組的健全性和支援敏捷儀式，包括管理跨團隊的互依性。

設立轉型辦公室

為了持續管理所有的數位轉型行動，有必要設立一個轉型辦公室。轉型辦公室是一個概括的團隊，督導橫跨整個企業、更廣泛的數位與 AI 轉型的所有元素，從確保品質領域路徑圖，到報告轉型績效與健全性。

視轉型規模而定，轉型辦公室通常由來自財務、人力資源、溝通、IT 等部門的專業人員和主題專家（例如：法務、採購）組成，其主要職責包括推出轉型、支援數位路徑圖的研擬、追蹤瞄準的價值被確實實現、偵察潛在價值漏洞的早期跡象、移除障礙、根據進展檢討與更新路徑圖、確保推進能力的建立、從頭到尾地管理變革。

轉型辦公室被授權做出重要決策（例如：核准階段—關卡、小組及預算分配），透過提出嚴厲問題及人員當責制，推動組織前進。轉型辦公室

遠比傳統的專案管理處更前瞻地預測瓶頸，並主動應付它們；聚焦於解決問題、當責制及維持速度。

＜圖表30-8＞展示一個典型的轉型治理架構，包括設立轉型辦公室。

轉型長必須了解業務，甚受尊崇，願意推促人員，並動用其人脈資本來驅動轉型。因此，轉型長通常是公司內部的高階主管。

當數位與 AI 轉型趨於成熟而變得尋常時，對轉型辦公室的需求會降低，最終解散，到了此時，數位工作已經整合成為新營運模式的一部分了（參見第三部）。

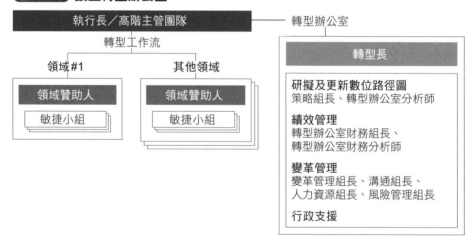

圖表30-8 設立轉型辦公室

執行長／高階主管團隊 ———— 轉型辦公室

轉型工作流

領域#1　　　　　　　其他領域

領域贊助人　　　　　　領域贊助人

敏捷小組　　　　　　　敏捷小組

轉型長

研擬及更新數位路徑圖
策略組長、轉型辦公室分析師

績效管理
轉型辦公室財務組長、
轉型辦公室財務分析師

變革管理
變革管理組長、溝通組長、
人力資源組長、風險管理組長

行政支援

❶ Matt Fitzpatrick and Kurt Strovink, "How do you measure success in digital? Five metrics for CEOs," McKinsey.com, January 29, 2021, https://www.mckinsey.com/capabilities/mckinsey-digital/our-insights/how-do-you-measure-success-in-digital-five-metrics-for-ceos.

❷ 關於「WAVE」，請造訪：mckinsey.com/capabilities/transformation/how-we-help-clients/wave/overview.

第三十一章

管理風險和建立數位信任度

「風險來自不知道你在做什麼。」

——華倫·巴菲特（Warren Buffett），投資家

　　風險在所難免，數位與 AI 轉型將浮現種種新的、複雜的、相互關連的風險。快速的數位與 AI 創新發生在一個愈來愈受到監管審視的環境，顧客、監管當局及企業領導者日益關切網路安全性、資料隱私性及 AI 系統的脆弱性。

　　從無心的後果，例如：AI 演算法中隱含的偏見、自駕車的不幸事故、個人資訊外洩，沒有一個企業、產業或政府能免於數位與 AI 風險。

　　這些問題使得消費者和監管當局全都期望公司建立與實行強健的數位信任實務。數位信任度意指有信心一個組織將保護消費者資料，實行有成效的網路安全性實務，提供值得信賴的 AI 賦能產品與服務，透明化 AI 及資料的使用情況。

　　建立堅實的數位信任度，領導者比較不會遭遇負面的資料與 AI 事故帶來的不利風險，統計資料也顯示，他們的組織更有可能在競爭中表現較佳。❶ 許多消費者，尤其是具有數位知識的消費者，認為可信賴度及資料保護的重要性不亞於價格及交付時間。

　　基於本書的目的，我們將聚焦於最直接支援數位轉型的四種數位信任能力，下文逐一討論。

對風險進行分類

這相似於你在企業風險管理工作中會做的風險分類工作，但現在是聚焦於數位與 AI 轉型路徑圖上的數位解決方案、模型及資料資產。評估這些風險時，除了辨識風險外，你還要使用風險分類法來分類它們，根據各種風險一旦發生時造成的影響程度來對它們「評分」。監管當局已經規定組織必須做資料處理影響性評估（data processing impact assessments，APIAs），也日漸要求做演算法影響性評估（algorithmic impact assessments，AIAs）。

這風險分類與評分的產物是一份易於了解的風險熱圖，這些評分將引發更多的疑問，也顯示哪些部分最需要風險及法務專家。這將幫助你優先排序哪些部分的政策必須先檢討。

檢討政策

全面的數位信任政策處理資料的使用、分析法與技術，為組織提供一顆北極星。這些政策的涵蓋範圍必須比傳統的資料隱私政策更廣，包括個人資料的使用與處理、使用技術的護欄、程式型模型的公正性等主題，以及軟體、物聯網系統、雲端解決方案、原型設計等方面的協定。

下列領域在檢討你的政策：

* **資料**：對敏感資料的收集制定簡潔、使用直白語言的政策，清楚定義資料保留政策、對第三方人員及／或供應商的盡責調查及持續稽核。

- **技術及雲端**：排序 IT 風險的策略，持續對所有員工施以網路安全性訓練及事故應變方案。
- **AI ／ ML 及分析法**。對 AI 風險訂定清楚明確的規範及門檻，包括透明性與可解釋性、自動化 AI 模型監控系統、檢查 AI 模型的偏見與公正性。

　　舉例而言，若一個解決方案瞄準各種入口群或實行變動訂價的能力，業務單位需要實施特定的協定（強制整個企業遵守的協定）來預防偏見。這應該在你的 AI 政策中載明。

　　檢討所有政策以應付這些新風險，過程需要花相當長的時間，請你的風險管理或法務團隊發展一個有條不紊的方法，提供接下來 12 至 24 個月使用。

把你的風險政策作業化

　　若團隊沒有能力去快速且一貫地檢查、實行數位信任政策，縱使是舉世最佳的政策也將失敗。畢竟，資料來源及需要測試、驗證的數位與 AI 系統實在太多了。

　　公司聚焦於建立以下三種作業能力：

1. **嵌入式控管功能**。我們見過無數這樣的案例，開發團隊花了很多時間與金錢來發展、部署新的解決方案，最後因為遭遇風險問題（例如：在未經顧客同意之下，使用他們的資料），必須回到繪

圖板上重來，或者，更糟糕的是，必須把發展出來的解決方案永久擱置。這類問題往往導因於傳統的作業模式，法務、治理、品質保證及其他的風險專家在各自的封閉塔裡工作，等到了發展流程的特定「關卡」時，才提供他們的意見，這其中有許多是在解決方案的開發工作已完成大部分後才提出的意見。

為了矯正這問題，你必須制定一份風險分類檢查清單，讓敏捷小組在一位風險專業人員的指導下一一檢核需要來自法務、網路安全性、資料、隱私、法遵或其他控管功能部門的專業意見與協助的風險。在大家對風險評估與緩解措施達成一致意見後，敏捷小組把它們放進待辦工作清單。舉例而言，功能部門專家的結論可能是，在建立 ML 模型之前，必須把顧客資料中的特定資料欄遮蔽。

這風險分類、專家評估及執行緩解措施的流程通常內建於數位工作流程裡，以提高可追蹤性及可擴展性（參見第十四章提供的更詳細討論）。

2. **專業人才**。風險政策作業化是法規、道德與技術交匯的高度專業領域，你應該考慮指派一位代表公司的數位信任事務領導者，負責建立與管理企業的數位信任能力，有些公司甚至設立了信任長。

   公司通常需要強化「隱私工程」方面的專長，而這些人擅長管理與維護資料隱私應用程式、發展自動化安全性與法遵測試，重構應用程式使其合規。

3. **風險控管自動化**。數位信任自動化就是把信任政策轉化為程式碼的流程，稱為「政策即程式碼」（policy as code），例如：合

規有「合規即程式碼」（compliance as code）；風險規範有「安全性即程式碼」（security as code）。每當任何人提交新程式碼時，這些自動化風險控管就會啟動。這種自動化方法顯著加快解決方案的發展與部署，也能降低風險。就 AI 系統來說，這可能包括把新法規予以自動化的 MLOps 工具。

提高警覺及型態辨識

公司裡人人皆對數位信任有責，這已經成為數位領先公司的一則信條。為了建立負責任的文化，這訊息必須來自最高層級，領導者必須在全組織倡議、促進及示範數位信任實務。這些實務可能包括實行聚焦於數位信任的訓練方案；發布有關於使用資料、數位與 AI 技術的核心價值觀；在績效評量中包含數位信任指標。

想要顧客對公司保護個人資料的行動有信心，必須讓他們知道組織在這方面的政策與做法。有時候，監管當局規定公司必須主動溝通，例如：紐約州有一條法規要求公司在自家網站上發布稽核流程，以確認 AI 驅動的僱用與招募系統合乎公正性，其中包括資料科學家使用什麼工具去辨識 AI 系統中的偏見。數位領先者也必須經常主動地向市場溝通自家的政策與工作，如此才能建立競爭優勢，改變消費者的預期。

最後，公司應該與監管當局分享自己的數位風險管理行動，幫助監管當局了解新做法及其帶來的益處。如此一來，公司可以向監管當局展示自己積極確保合規的作為，並且收集監管當局的回饋意見，提供未來的政策與措施參考。

現身說法 | 馬克・蘇爾曼（Mark Surman），
摩茲基金會（Mozilla Foundation）總裁暨執行董事

用他們的話來說：在使用者價值與數位信任之間取得平衡

如今，近乎所有東西裡頭都有 AI，AI 做了很多令我們開心的事，例如：當 YouTube 或聲破天向我推薦我從未想到的作品時，或是當我的手機猜到我想做什麼而提供提示時。但是，在急於創造使用者價值，以及把這些產品推到市場上的同時，一些公司並未充分留意到這些工具可能帶來的副作用。

這就好比當汽車業開始考慮汽車的安全性能時，他們的心態是：「唉，座椅安全帶只有在 20％ 的時候發揮功效，我們最終會想出辦法的。」而顧客及其他人對此做出的回應是：「不行，現在就得設法讓座椅安全帶發揮功效！」科技業的情況也一樣，公司知道如何以符合需求的方式創新，但也必須對那些投資領域下更多工夫。

---

❶ Jim Boehm, Liz Grennan, Alex Singla, and Kate Smaje, "Why digital trust truly matters," McKinsey.com, September 12, 2022, https://www.mckinsey.com/capabilities/quantumblack/our-insights/why-digital-trust-truly-matters.

第三十二章
那麼，文化呢？

「能力只有在實現時，才會清楚地展現出來。」

——西蒙·波娃（Simone de Beauvoir），法國作家

我們經常被問到：文化呢？

企業領導者知道文化的重要性，但往往困惑於該如何建立數位文化——支持和加快數位與 AI 轉型的心態與行為。根據我們的經驗，這通常導因於人們含糊地思考文化，只知道需要發展一套心態與行為，但不清楚如何做到，甚至不清楚為何要發展這些心態與行為。

其實，文化是一套行動、獎勵、新技能及領導力特質所產生的結果。本書的全部內容加總起來，就是建立一個數位文化所需的行動：建立主管辨識數位與 AI 轉型的可能型態；招募新的數位人才；使 IT 更貼近業務；學習新的工作模式；使技術與資料變得更易於使用，促進全公司的創新；發展產品負責人等。

雖然，數位文化是所有行動的產物，但有意圖地發展數位文化時，應該始於清楚知道你期望領導者展現什麼領導力特質，並且據此追蹤這些領導力特質的進展（參見＜圖表 32-1 ＞）。❶

在數位與 AI 轉型中正面處理公司的組織文化，有助於強化聚焦於轉

圖表32-1 **數位企業的領導力特質**

以顧客為中心 所有活動都把顧客擺在中心，不遺餘力地提供一個出色的顧客體驗	**測試、學習與成長** 能夠承擔風險地去測試新的創新，視錯誤為學習之源
通力合作 為了顧客及企業的利益，跨功能部門及業務單位通力合作	**資料導向** 把資料嵌入即時決策中
急迫感 快速行動／反應，敏感於每種情況的需求	**授權** 授權員工做決策，或創造這樣的環境
外部導向 持續向其他公司、夥伴及顧客學習	**持續交付價值** 優先快速交付價值給顧客，持續改善產品與解決方案

型成功所需要的心態與行為改變。要了解優先要發展的文化特質的進展，一個好方法是建立一個基線，定期透過文化問卷調查來評量。

相較於其他類型的轉型，數位與 AI 轉型需要在建立技能方面做出更多變革，這是因為數位與 AI 相關技術的變化範圍與速度對整體組織構成顯著的壓力。若缺乏有條理且持續地投資於訓練及發展新人才，把舊組織向下拉的重力可能會形成很大的變革阻力。

那些成功的公司全都聚焦於建立三項技能的基本工作：領導階層的技能升級、廣範圍的變革管理方案、對關鍵重要的角色施以重度的技能再造。

在一開始就投資領導團隊

轉型成數位型公司後，經營運作將不同於以往，需要領導者以不同的

方式領導。數位型企業的業務領導者是以顧客為中心的狂熱者,他們了解數位技術(起碼了解基本知識)及發展數位解決方案的流程,他們熟悉敏捷方法,知道如何在敏捷流程中扮演他們的角色。他們展現通力合作的領導風格,以身作則示範「事在人為,一定能做到」(can-do)的態度。

老牌大公司的許多領導者不具有這些特質,但可以透過有意圖、有條理的方法來讓他們建立這些特質。根據我們的經驗,以下三種實務最有幫助:

1. **造訪其他公司**。最強而有力的早期投資,是讓領導團隊(甚至包括董事會)來一趟 2 或 3 天的造訪行程,造訪對象包括幾家大型的數位原生科技公司、幾家已經在數位與 AI 轉型旅程中走了相當遠的傳統產業公司,或許還可以造訪幾家所屬產業的新創公司。造訪的目的是學習那些數位優先的公司如何運作。

2. **數位入門基礎**。主管團隊起碼必須了解基本的數位技術知識,以及在數位時代當個有成效的領導者所需的工作模式。多數主管團隊接受至少 10 小時的基礎數位技術訓練,這可以是課堂形式,或是線上形式(他們可以針對自己的需求,量身打造學習旅程)。本書內容指出了主管們應該學習的新事物。除了基本的數位技術,也應該考慮持續增進跟領導者有關的技術性知識與訓練方案。

3. **數位時代的領導**。許多公司在數位轉型行動上路後,便舉辦研習營,讓公司的高階主管探索自己的領導風格,以及在一家重新布局的企業中,他們的領導風格必須如何演進。這類研習營通常側

重擁抱「無所不學」（learn-it-all）的文化，而非「無所不知」；
更通力合作的文化，而非「我的資源及我的損益表」的心態與行
為；確確實實以顧客為中心的文化，而非只是光說不練。研習營
通常是 4 到 6 次的半天課程，分組舉行，一組 10-15 人，接著
是個別輔導。

通常，這類領導力訓練方案聚焦於於組織最高的二或三個層級。

不過，縱使投資領導團隊升級了技能，殘酷的現實是，許多主管仍然
無法勝任數位轉型旅程。舉例而言，回顧銀行業和零售業中成熟的數位轉
型公司，普遍來說，最高位階的 300 名領導者中有大約 30％需要汰換，
由領導力特質更合適的主管來擔任。

現身說法｜陳心穎，中國平安保險集團聯席執行長
（已於 2024 年初辭任，現為非執行董事）

用他們的話來說，評估領導者是否具備所需的新技能

我們最近大舉修改管理階層評量標準，加入一些新的特質。以往，我們根據三
個特徵來遴選管理團隊人員：思考、執行及領導團隊的能力，你可以說，這些是硬
技巧。去年，我們增加 6 種更偏軟性的技巧，這很重要，尤其是在平安保險集團這
種很進取的環境下。

我們現在會評量一個人的逆境商數（adversity quotient），以及心態開放與接
受能力。我們從高階管理層中層級最高的 150 人做起，最終將向下推及全組織。
這是必要的改變，尤其是現在有太多的技術創新是跨學科性質，需要不同的團隊通
力合作，能夠與他人共事合作的特質愈來愈重要。這聽起來很簡單，但其實是一個
巨大改變，因為這些較軟性的特徵難以評量。

羅氏大藥廠對數位領導者的投資

在數位轉型中,為了建立敏捷文化,羅氏大藥廠(Roche)對高階領導者推出密集的變革流程,超過千名的領導者受邀學習新的、更敏捷的領導方法,這為期 4 天的沉浸式課程向他們介紹領導敏捷組織所需的心態與能力。

許多學員在上完高階領導者課程後的 6 個月內,向自己的領導團隊及組織單位推出敏捷實驗,有數千人共同創造新方法,在組織中植入敏捷模式。原先,該公司預期有 5% 至 10% 的學員團隊會嘗試,但實際上,有 95% 的學員選擇這麼做。❷

最後,若不大幅修改管理階層的獎勵與升遷標準,你的技能升級方案將持續打著艱困的戰役。我們看到一些公司只晉升了解顧客需求與痛點、並持續聚焦於評量及改善顧客滿意度的主管,也有公司側重跨功能部門通力合作的重要性,透過 360 度同儕回饋來評量。

推出能夠擴大規模的學習方案

為了把大部分的組織帶入轉型旅程中,許多組織推出能夠擴大規模的專門訓練方案。通常是在公司設立「學院」的學習場所,做為發展與提供學習課程與旅程的引擎,在全組織建立必要的數位覺醒、技能與行為。

舉例而言,星展這家新加坡的跨國銀行訂定目標,要建立一個強健的實驗文化,成為一家有 3 萬名員工的新創公司。該公司重度投資於發展學

習的基礎措施，以在全組織形成資料優先的心態。他們推出多項方案，例如：推出一項課程讓員工學習成為資料翻譯員（data translator，來自業務部門的人員，對資料及分析法有足夠的了解，能夠概念化及實行新的高價值數位解決方案）所需要的技能；建立創新中心，舉辦超過 300 場黑客松（hackathon）及研習營；推出「從駭客到僱用」（hack-to-hire）方案，招募了 200 多名員工；推出「重返校園」方案，培養同儕學習文化。（第三十四章對星展銀行這個案例有更詳盡的討論。）

在這些方案下，星展銀行訓練 5,000 多名員工的各種數位與分析能力，這其中，有 1,000 多名員工在技能升級後，轉任數位轉型行動的重要角色。這些方案使該銀行員工投入度提高 6 個百分點，員工留住率提高 40％。

我們從廣範圍學習方案中獲得的最重要啟示是，這些方案必須切要、且易於擴大規模。我們太常見到公司從遠大的計畫起步，後來因為轉型的複雜度而放棄實行。

輔導重要的業務角色技能再造

為了徹底地實現數位與 AI 轉型的價值，技能再造方案重度聚焦於重要業務角色。針對各種職務的技能再造方案需要花相當的時間（介於 3 到 9 個月），通常具有產業特定性：零售業的銷售規畫人員、保險業的核保師、銀行業的產品行銷員、農業的農業經濟學家、運輸與物流業的網絡規畫師等。資料的嵌入及 AI 的使用讓這些角色歷經巨大變革。

舉例而言，美國一家大型食品零售商必須對 400 名銷售規畫人員施以

為 4 萬名員工建立一所「學校」

　　中東的不動產與零售業企業瑪富集團（Majid al Futtaim Group）建立一所分析法與技術「學校（school of analytics and technology，後文簡稱 SOAT）」，提升 4 萬名員工的技能來支持該公司的分析法轉型。[3] 瑪富集團為以下五種人員區隔詳細訂定優先學習目標：高階主管、技術專家及業務技術執行師、中階經理人、前線人員、初階執行人員。接著，該公司建構學習課程及旅程以達成這些目標（參見<圖表 32-2 >）。

圖表 32-2　瑪富集團的分析法與技術學校

分析法與技術入門 了解分析法與技術的重要性及其帶來的益處	了解及應用分析法使用案例 更深入了解分析法與技術的使用	技術的力量 了解技術如何改善我們的做事方式，以及了解最新的技術趨勢與威脅

「學校」鼓勵員工……

擁抱彈性的新工作方式	要求假設必須有資料導向的佐證	挑戰分析法及分析	提倡使用分析法與技術	在應用分析法與技術方面勇於挑戰極限

　　瑪富集團優先訓練的對象是從事分析法與 AI 方案的高階主管、技術人員及中階經理人，確保 SOAT 課程瞄準最重要的業務需求。SOAT 領導者被派到跨功能部門敏捷小組，以快速設計、建立、測試、部署及迭代學習課程。SOAT 也從組織內找來技術人員，借助他們的相關經驗，補充課程內容。這些訓練課程結合模擬與遊戲，然後在真實世界情境中運用課程傳授的技能，使課程內容變得更易於理解。

　　評量指標顯示，這些訓練在多個層面成效良好，包括學習者體驗、個人的知識發展、完成訓練課程後 1 個月的應用情況。這些訓練課程帶來的正向改變，受訓者完成訓練課程的 6 個月後明顯地展現出技能與行為的持久改變（透過 360 度回饋評量）、達成業務成果（例如：成功交付使用案例）。

技能再造，他們已有二十多年的銷售規畫經驗，非常善於商品搭配的型態辨識、訂價及促銷決策，但在資料與 AI 密集的世界裡，他們需要新技能來執行他們的工作。該公司花 6 個月時間訓練他們如何在廣告規畫、供應商加入、供應商融資及促銷方案執行工作中使用新的整合工作流程工具，他們也學習使用及信賴新的促銷推薦引擎來優化促銷活動。最後，該公司訓練他們如何做全國性分類規畫，使用一個即時供應商入口網站做為地方性規畫的起始點，進而把網路通力合作最大化。

　　技能再造並非沒有障礙，不是每一位銷售規畫人員都能成功地實現技能升級，因此導致 2 年間有 20％至 30％的離職率。話雖如此，該公司也發現，讓新進的銷售規畫人員使用新工具和接受訓練反而更容易。事實上，自動化、新工具及流程的重新設計（包括新資料），使得原本績效墊底的銷售規畫人員，績效攀升至最佳的前 25％之列。換言之，新技術能夠使任何一名銷售規畫人員，績效提升到跟有二十多年經驗的最佳銷售規畫人員一樣。

---

❶ George Westerman, Deborah L. Soule, and Anand Eswaran, "Building digital-ready culture in traditional organizations," *MIT Sloan Management Review*, May 21, 2019, https://sloanreview.mit.edu/article/building-digital-ready-culture-in-traditional-organizations/; Rose Hollister, Kathryn Tecosky, Michael Watkins, and Cindy Wolpert, "Why every executive should be focusing on culture change now," *MIT Sloan Management Review*, August 10, 2021, https://sloanreview.mit.edu/article/why-every-executive-should-be-focusing-on-culture-change-now/; Julie Goran, Laura LaBerge, and Ramesh Srinivasan, "Culture for a digital age," *McKinsey Quarterly*, July 20, 2017, https://www.mckinsey.com/capabilities/mckinsey-digital/our-insights/culture-for-a-digital-age.

❷ Larry Emond, "How Roche helps leaders achieve the power of an agile mindset," Gallup, April 29, 2019, https://www.gallup.com/workplace/248714/roche-helps-leaders-achieve-power-agile-mindset.aspx.

❸ Gemma D' Auria, Natasha Walia, Hamza Khan, "Majid Al Futtaim' s new growth formula: Innovate fast, stay ahead, work the ecosystem," McKinsey.com, April 20, 2021 https://www.mckinsey.com/capabilities/growth-marketing-and-sales/our-insights/majid-al-futtaims-new-growth-formula-innovate-fast-stay-ahead-work-the-ecosystem.

⟫⟫⟫⟫ 第六部重點整理

以下一系列問題可以協助你採取正確的行動：

- 你的數位與 AI 轉型如你期望地創造價值嗎？若否，你知道問題出在哪裡嗎？

- 你投入於推動採用及推廣解決方案的時間、資源、投資量是否起碼跟投入於開發解決方案一樣多？

- 誰負責推動解決方案的採用？業務領導者為此當責嗎？

- 開發出來的數位解決方案有多少比例被持續用於企業？多少比例未能推廣？

- 你的數位轉型是否有一套指標與目標，且如同傳統的成本或銷售轉型的指標與目標那般清楚明確？

- 你的投資人或董事會簡報是否反映你夠深入地了解數位與 AI 轉型將在何處為你的顧客及營運帶來影響及貢獻？

- 你的高層團隊能夠清楚闡述公司的前十大數位解決方案所帶來的進步，以及它們創造了多少價值？

- 你的數位與 AI 轉型浮現哪些新的風險與數位信任問題，你是否已經解決問題來提高顧客信任度？

- 你希望三年後形成怎樣的「數位」文化？你如何知道你實現了這種數位文化？

第七部

>>>>>> 轉型旅程的故事

探索三家公司如何成功地
驅動數位與 AI 轉型

本書嘗試深入表面之下，揭露與整理有關成功地規畫、實踐數位與AI轉型所需的要素。但是，在詳細了解發展六種核心能力——研擬轉型路徑圖、人才、營運模式、技術、資料、推動採用及推廣——所需的付出時，讀者可能會見樹不見林，忽視大局，不知如何把這些層面結合成一體。

在思考大局時，必須聚焦於二個重要層面。第一、轉型的要素之間必須整合：讓優秀的數位人才在一個為他們提供足夠自主性與敏捷的營運模式中，他們才有可能有效地工作；同理，若業務不採用及推廣優異的數位解決方案，打造的解決方案就不可能創造價值。第二、你的必要技能必須達到所需門檻，舉例而言，若只有其中幾項能力強，其他能力薄弱，那麼，轉型行動注定失敗。

講述轉型成功的公司故事，最能彰顯整合與卓越能力的重要性及如何做到。因此，本書的最後一部將講述三家分別在所屬產業中表現頂尖、也是數位領先者的公司，他們的數位與AI轉型之旅已經起步多年，甚至長達十年，但沒有一家公司會說自家的數位之旅已經抵達終點，相反地，他們推進得愈多，就有更多的機會被他們發掘出來。

第三十三章：自由港麥克莫蘭銅金公司把資料轉化為價值。

第三十四章：從跨國公司變成數位公司的星展銀行。

第三十五章：樂高集團形塑遊戲的未來。

第三十三章

自由港麥克莫蘭銅金公司
把資料轉化為價值

一個銅礦業務的AI轉型之旅

在礦業，自由港麥克莫蘭銅金公司以實務的作業能力聞名於世，該公司在美洲有多座相當成熟的大規模銅礦場，這意味著該公司的績效表現受到全球銅價影響：銅價高時，他們很賺錢；價格低時，一些礦場連損益平衡都很難。

該公司的成長期望仰賴大資本、長期的開採許可，以及礦場的建設，為了另闢途徑，他們轉向 AI，想看看 AI 有沒有可能幫助他們靠既有資產創造更多價值。

在五年的轉型旅程中，自由港麥克莫蘭銅金公司成功地設計與執行「美洲選礦機」（Americas Concentractor）計畫，透過使用大數據、AI 及敏捷方法，在不需要部署新資本的情況下，增加了相當於一整座處理廠的銅產量。

自由港麥克莫蘭銅金公司的領導者成功地促成了 AI 解決方案，這些

關鍵人物包括：

1. 一位有遠見的北美區營運領導者，他堅信公司必須進化才能生存與繁榮，他想學習其他產業採用的尖端實務。

2. 一位勇於追求持續改進的領導者，他的好奇心、幹勁，以及深度主題專長驅動聯合團隊持續地問：「有什麼可能性？」然後迅速去實行。

3. 一位有見識的資訊暨創新長，他有遠見地建立一個共通的資料基礎設施與架構，用來支援所有礦砂處理作業，並且使公司能夠快速地在所有礦場部署 AI 工具，只需適度地調整即可。

4. 一位思想開明的先導轉型礦場總經理，以創造力和自信去嘗試新的事物，並從可行的方案中學習。

5. 公司執行長及財務長向外界宣傳及擁護轉型行動，激勵以跨學科的態度去推動轉型工作。

　　自由港麥克莫蘭銅金公司挑選一座成熟的礦場做為先導試驗場，這個礦場的總經理熱中地嘗試 AI 轉型。亞利桑那州巴格達礦場（Bagdad）的試驗展示了 AI 的價值，該公司想知道 ML ／ AI 如何促進他們已經部署的現有演算分析法和先進製程控制（advanced process control, APC）系統。最終，產生的改善結果使公司的領導階層暫停一系列預先規畫用來改善生產的經費，並且把原先規畫的資本支出砍掉超過一半。

　　由冶金學家、礦場作業人員及工程師組成的一支小組，用 6 個月時間發展及訓練 AI 模型，此模型建議改變設定值來安全地提高工廠的處理速度。接下來幾個月，銅的產量增加 5％，僅僅一季後，亞利桑那州巴格達礦場的產量就超過每天 85,000 噸礦砂，比上一季增加了 10％，而銅礦回收率提高了 1 個百分點，礦場作業也變得更穩定。在冶金流程中，改善礦砂產量回收率是很難的目標，自由港麥克莫蘭銅金公司在一座已經營運超過五十年的礦場達成了這目標。

　　該公司的領導階層認知到，在自家的美洲礦場推廣應用 ML ／ AI 模型將可以使每日礦砂產量增加 125,000 噸，每年的銅產量達到 2 億磅，相當於 3.5 億美元至 5 億美元的稅息折舊攤銷前盈餘。❶ 這相當於在生產線上增添 1 台新的選礦機，但不需要花 20 億美元或等待此類重大資本專案批准所需的 8 到 10 年。

　　在領導層對這個機會達成一致共識之下，自由港麥克莫蘭銅金公司推出「美洲選礦機」計畫，在礦場部署 AI 能力。這項行動的關鍵挑戰在於，

把亞利桑那州巴格達礦場發展出來的能力予以工業化，如此一來才能被推廣至其他礦場。

　　該公司有堅實的知識基礎，知道如何根據最近完成的營運績效標竿來決定聚焦於何處。由於先前他們在卡車、鏟子及固定式機器上加裝了網路設備和效能感測器，並將礦場績效評量和資料報告標準化，因此在掌握資料方面有了起步優勢。他們也建立一個中央的**資料倉儲**來儲存資料，使該公司能夠即時地擷取與連結每秒的效能讀數（performance readings）。

　　有了營運績效標竿和堅實的資料基礎，該公司把注意力轉向建立分析與工程技能。該公司內部訓練了 16 名製程工程和冶金相關員工的技能，使他們成為資料科學家，並從一個業務夥伴那裡引進資料工程專家。不過，他們在吸引優秀的敏捷教練、產品負責人及資料與分析工程師上有困難，因此該公司採行「購買（招募）、建立（技能升級）、借助（外包）」的人才策略，這方法讓該公司建立**人才板凳**，幫助公司在快速行動的同時，也在內部發展核心技能，為他們提供長期的競爭優勢。

　　為了吸引及留住人才，該公司採行的方法，是讓資料科學家及工程師從事管理階層列為優先要務的工作，在大型科技公司，優秀人才往往沒有機會執行優先要務。例如：一名學徒層級的資料科學家在一年前進入自由港麥克莫蘭銅金公司，擔任亞利桑那州一處礦場的初級冶金師，她在大學時期學過電腦程式設計，所以很高興有機會學習新技能。不到 3 個月，她就向業務總裁提出了她的在製模型和優化選礦機。

　　這種對人才的新思維模式也延伸至營運模式。為了快速發展 AI 模型，公司的營運方式必須改變。圍繞著一套防護措施的規畫與發展文化使該公司運行良好，但也有其缺點，主要是速度方面。在亞利桑那州巴格達礦場

進行 AI 模型先導試驗時，**營運模式**改變為側重敏捷、持續改善、快速、低風險，但不在安全性上讓步。這項改變之所以成功，關鍵因素是結合來自礦場的跨功能部門專家和總部的一群資料科學家，後者能協助評估與執行變革方案。

為了快速提升團隊、建立技能，該公司引進教練，訓練員工敏捷工作方法，從最基本的建立一份待辦工作清單，到建造 MVP——打造夠好而能夠開始的產品，而非建造出完美產品後才推出。團隊快速學習如何以 2 週的衝刺期作業，發展資料模型功能或作業變革，測試它們，從中學習，更新待辦工作清單。

公司領導者做了一項重大決策：在每座礦場的開發團隊中加入冶金學家和工廠作業員。當測試階段得出一組新建議時，團隊裡的 AI 開發人員、作業員和冶金學家一起評估：為何會得出這些建議？它們有道理嗎？它們能奏效嗎？團隊以這種方式發掘缺陷，AI 開發人員快速修正，幫助敏捷小組更快速學習。透過這流程，冶金學家和作業員工提升了團隊訓練 AI 工具的信任，因此當工具就緒時，他們也更願意採用它。

新的 AI 模型與互動方式促進作業人員和冶金學家之間的對話，以及更深入地了解流程。此前，工廠的作業模式是收到材料後，一整天就使用一個設定值來運行。現在，使用 AI 模型之下，每 3 小時區間，AI 模型就會提出可能性建議，做為調整設定值的參考。

初始團隊發展出一個 ML 模型，取名為「TROI」（Throughput Recovery Optimization Intelligence，產量與回收率優化智慧工具），這產品幫助預測處理廠的行為，以及在任何一組條件下，可以回收多少量的銅。這套優化演算法是一種基因演算法（genetic algorithm），使用

自然選擇的原理來演進「在特定種類的礦砂下能夠產出最多銅」的設定值，每隔 1 到 3 小時（視作業情況而定）演算法就會提出建議。

不過，為了使 TROI 也能在其他礦場運行，港麥克莫蘭銅金公司必須把模型予以**資產化**，基本上，這指的是把模型重構及重新包裝，使其更容易地根據其他工廠情況來調適設定。打造此工具時採用了模組化方式，使得 60％ 的核心程式碼可以很容易地重複使用，其餘的 40％ 必須針對應用的新礦場進行客製化，例如：輸入礦場的特定資料來訓練模型。為了簡化在地化工作，該公司投資發展集中化的程式碼庫，針對各礦場的模組可以使用程式碼庫，無需為每一個特定的模組重新撰寫必要的程式碼。

由於自由港麥克莫蘭銅金公司已經把**資料架構**遷移至雲端，使得公司可以有效率地運行及推廣這些模型。他們根據清楚的規範，使用 DevOps、MLOps、CI ／ CD 工具與實務，以控管方式快速發展與部署。該公司把許多流程自動化，因此能夠進一步利用雲端，例如：發展資料管道的自動化，原本這是一個需要數十個人手動更新試算表來提取資料的費力過程。

隨著該公司的敏捷小組數量增加，總流程的管理必須演進。例如：在多支敏捷小組平行運作下，資源的取得頗為困難。自由港麥克莫蘭銅金公司解決此問題的方法是，設立 1 位高階的**產品負責人**，負責協調各個敏捷小組，改善資源分配。公司指派一位財務總監負責管理追蹤影響力，以及報告整個業務領域的情況，幫助礦場管理它們的經費申請及評量進展。最後，他們建立一個每季綜合規畫系統（相似於**每季業務檢討**），公司的高層領導者聚集訂定 OKRs，把資源聚焦於高度優先領域。

有了一個已經測試過的轉型處方，再加上「美洲選礦機」計畫的大部分願景已經達成，該公司接著轉向可以應用 AI 能力的其他業務領域。他

們辨識了多個有希望的領域，包括資本專案的執行、維修、溶濾流程，現在他們正在應用「美洲選礦機」計畫成功地更新版策略手冊。

---

❶ 根據銅價4美元／1磅及單位成本低於2美元／1磅來計算。

第三十四章

從跨國公司變成數位公司的 星展銀行

一家跨國銀行的數位與AI轉型之旅

在快速演進的數位世界，星展銀行的領導階層能夠看出，想要滿足通曉科技的新世代顧客，必須變成一家真正的數位銀行。星展銀行的執行長用非常簡潔的語詞道出該銀行面臨的挑戰：像新創公司般地思考，別像銀行般地思考。

為了開始像個新創公司般地思考，星展銀行的管理高層目光不望向其他銀行或金融機構，改而望向科技業巨人來尋找靈感。執行長及其高層領導者造訪全球各地的頂尖科技公司，向其學習，帶回他們所學，形塑「未來的星展銀行」。這些學習形成一個清晰願景：「創造愉快的銀行體驗」（Make banking joyful），這願景反映的目標是，把銀行業務變得不費吹灰之力，把星展銀行變得「無形」，使顧客愉悅。星展銀行很清楚，不能再拿自己來和其他銀行標竿比較，要改以全球頂尖科技公司為標竿。

高層團隊認真地看待他們造訪全球頂尖科技公司時獲得的學習，立

下**承諾**，要應用所學把星展銀行變成技術領先者。這抱負反映在一組幫助記憶的字母縮寫詞 GANDALF：G 代表谷歌（Google），A 代表亞馬遜，N 代表網飛，A 代表蘋果（Apple），L 代表領英，F 代表臉書（Facebook），中間的 D 代表星展銀行，顯示其雄心壯志是加入這些標誌性科技公司的行列。GANDALF 一詞取自電影《魔戒》（*The Lord of the Rings*）中的角色甘道夫，這單詞成為這場遠大的**數位轉型**的號召語。

在研擬**數位轉型**路徑圖如何實現此承諾時，該銀行的領導階層起初聚焦於深度分析可以產生最大影響、解決最大痛點的關鍵顧客旅程，例如：活期帳戶的開戶流程、自動櫃員機前的等候時間。他們稱其為「代表性旅程」，這些旅程為學習及企業能力奠定基礎，幫助他們快速進入第二階段。在第二階段，星展銀行在各業務領域推動 100 個轉型之旅，包括財務、員工體驗及更多的顧客旅程，每一個轉型之旅由該組織最高階領導者領軍。

知識補給站　關於星展銀行

- 公司說明：星展集團控股公司是東南亞資產最大的銀行集團，提供零售銀行、中小型企業、公司及投資銀行服務，主要經營地區在亞洲。該公司創立於 1968 年，總部位於新加坡。
- 員工數：36,000 人
- 市值：新加坡幣 910 億（相當於 690 億美元）
- 營收：2022 年營收新加坡幣 165 億（相當於 125 億美元）
- 分布地區：在 19 個市場營運，包括新加坡、中國、香港、印度、印尼、馬來西亞、台灣、阿拉伯聯合大公國、日本。

為了持續聚焦於顧客，星展銀行成立一個指導委員會，名為「顧客體驗委員會」，由執行長和重要領導者（例如：業務單位主管及服務部門主管）組成，旨在追蹤進展及**管理績效**。委員會每季開會一次，檢討所有旅程的進展，特別聚焦於顧客體驗指標和「EATE」指標──初期互動（early engagement）、贏得顧客（acquisition）、交易（transacting）、深化互動（deepening engagement）。

　　當星展銀行想推廣企業能力時，他們訴諸**平台型營運模式**──產品與平台營運模式的一種──但星展銀行針對本身的業務情境做出一些調整。該銀行建立校準於業務區隔和產品的 33 個平台，每一個平台有 100 種顧客或使用者旅程，每個平台有雙領導模式──由 2 位領導者共同領導，1 位來自業務單位，1 位來自 IT 部門。這種平台模式讓該銀行能夠更有成效地推廣，消除了以往業務單位和功能部門之間的封閉塔隔閡。在封閉塔之下，不可能支援跨功能敏捷小組。

　　許多平台領導者是從內部招募有相關領域專長的人擔任，平台與技術領導者共同負責實現平台的成長、營收或顧客體驗等目標。每一個旅程團隊有 1 位旅程經理人（就像 1 位**產品負責人**），負責運作通常由 8 到 10 人組成的**敏捷小組**，他們製作 1 份旅程聲明，內容包含：一個目標、他們瞄準要創造的價值、一個達成此目標的時間範圍。聚焦於**顧客體驗設計**是所有團隊的工作核心，例如：領導階層要求交付使顧客受益的改善流程，因此信用卡核發流程以往花 21 天，現在縮減為 4 天。

　　想要這些團隊能夠長期有成效地運作，管理高層知道他們必須發展更完善的**人才板凳**。星展銀行做出一個重要的策略性決策：其 70％的技術人才從內部取得（以往為 20％）。他們採用非傳統的方法尋找他們需要

的人才，例如：舉辦黑客松，這是星展銀行轉型早年必不可少的一環。該銀行也利用這些黑客松做為訓練高階主管的機會，使他們熟悉尖端技術與方法，例如：人本設計。為了在更多地區吸引人才，星展銀行也設立 3 個技術中心。透過這些行動及其他種種努力，星展銀行得以擁有上萬名技術人員，約占總員工數的 1/3，是業務人員的 2 倍。

擴增技術人才和建立平台營運模式的同時，星展銀行決心建立一個實幹的**工程文化**，讓工程師能自由地發揮尖端技術。實現此目標的一個核心是遷移至**雲端**、投資自動化、發展微型服務以支援平台。到了 2021 年，該銀行的技術服務中有 90％由內部提供，2015 年時，這個比重僅為 15％。現在，該銀行的應用程式有 99％位於雲端，大舉自動化已經顯著地優化了營運作業，1 位系統管理員就能運作 1,200 部虛擬機器。

在技術基礎上，星展銀行致力於打造**資料導向**的組織。因此，公司推出一套全方位的資料行動方案，包括把資料治理現代化、推出新的資料平台（SWLWTE）、在全組織推動文化變革。星展銀行用儀表板取代投影片，推動資料導向決策、追蹤績效、評估影響。大幅改革管理資料的方式，使該銀行得以快速改變他們服務顧客的方式，例如：零售銀行業務採用 AI 來交付「智慧型銀行」提供的服務，每天「輕推」（nudges）50,000 則個人化資訊給自家的消費者。在人力資源部門，ML ／ AI 解決方案可以更好地預測員工何時可能考慮離職，讓人力資源部門能夠適時採取干預行動，這使得星展銀行的員工離職率是新加坡銀行業中最低的，只有 10％，反觀業界平均率為 15％至 20％。❶

遷移至雲端使星展銀行能夠擴展與加快地在多個領域使用 AI、ML 及**資料**，例如：在行銷部門，根據使用情境來提供個人化解決方案；在人

力資源部門，更好地預測員工何時可能考慮離職。舉例而言，星展銀行的法遵與詐欺偵防團隊使用分析法與 AI，發展出一個全面性端到端防制洗錢監控流程，以及加強打擊資助恐怖主義的行動。這個方案把多個模型的使用規範、網路連結分析跟 ML 和廣泛的內部與外部資料源結合起來，得出更快速、更好的洗錢威脅洞察。

透過 AI 方案，估計星展銀行光過去一年就多創造了 1.5 億新加坡幣的營收，以及預防 2,500 億新加坡幣的損失，從而提升生產力。該銀行有上千名資料專家繼續從事創新工作。

透過投資於制度化的**學習方案**來建立所需技能，使星展銀行得以**推廣**數位與 AI 解決方案創造的價值。一支 60 至 70 人組成的轉型團隊發展出名為「DigiFy」的模組式學習途徑，幫助員工了解及應用敏捷工作方式、大數據、旅程思維等概念及數位技術。「DigiFy」是持續更新的「活」課程，使整體組織永恆地掌握基礎的、快速演進的數位技術。

轉型團隊管理支援工具，使個人及團隊能夠以敏捷方式工作。為了滿足內部上萬名技術人員的技術訓練需求，他們設立星展銀行技術學院（DBS Tech Academy），為技術人員提供內部發展的技術課程，聚焦於網站可靠性工程、網路安全性、ML 等領域。DigiFy 為星展銀行的所有員工提供基礎的數位知識與能力，星展銀行技術學院則是深度地打造工程能力，使該銀行得以既廣且深地發展數位能力。

為了推廣數位解決方案，星展銀行致力於把盡可能更多的資產予以標準化與包裝——從一個學習模組，到一個效率方案，到一個旅程規畫方法，到一個分析產品。這樣的聚焦對於「AI 工業化」（industrilize AI）能力很重要，例如：把工作流程數位化（包括端到端的 AI 專案管理、有

標準樣板和最佳實務的指南）；發展一套最佳實務來指引分析法的交付形式；建立一個分析法儲存庫，讓團隊能夠容易地存取可重複使用的程式碼；發展一個資料／性能市集，儲存可供發展其他分析法時使用的共通性能。除了這些制式的訓練與推廣方案之外，星展銀行還佐以更多非制式的行動來輔助建立數位文化，例如：重新設計工作場所以鼓勵協作與創新、經常性的同儕評量，講述成功與失敗的故事以促進學習。

截至目前為止，這一切轉型行動的成效甚大。星展銀行的顧客當中有65％使用數位工具與服務，該銀行在新加坡和香港的零售銀行及中小企業銀行業務中，數位顧客的比例在過去 7 年間增加了 27％，在 2022 年時達到 60％。在持有的產品更多樣化和交易量大增之下，數位顧客帶來的收入是傳統顧客平均收入的 2 倍多。最終，數位顧客的成本／收入比率是傳統顧客的一半。數位顧客的股東權益報酬率為 39％，比傳統顧客的股東權益報酬率高出 15 個百分點。此外，星展銀行連續五年（2018 年至2022 年）贏得幾項全球性商業獎項。❷

旅程尚未結束，星展銀行繼續建立技術能力，放眼新商機，包括跨境財務遷移的創新、建立一些區塊鏈業務。這些行動全能開闢新的價值源，以及實現該銀行「創造愉快的銀行體驗」的承諾。

---

❶ "DBS: Purpose-driven transformation," Harvard Business School, July 29, 2022, https://www.hbs.edu/faculty/Pages/item.aspx?num=62948.

❷ "DBS named World' s Best Bank for fifth year running," DBS.com, August 25, 2022, https://www.dbs.com/newsroom/DBS_named_Worlds_Best_Bank_for_fifth_year_running#:~:text=Piyush%20Gupta%2C%20DBS%20CEO%2C%20said,customers%2C%20employees%20and%20the%20community.

第三十五章

樂高集團形塑遊戲的未來

一個全球遊戲品牌的數位轉型之旅

樂高集團的數位轉型旅程始於一個根本問題：在日益數位化的時代，我們如何鞏固其中一個舉世最受喜愛的品牌？

小孩早就把目光轉向各種大大小小的螢幕上，購買行為變得數位化，物流愈來愈倚賴科技，在這些發展趨勢下，樂高集團提出一個願景，他們想形塑遊戲的未來。為了實現此願景，公司把核心數位化，並且成為一個技術領先者。

樂高集團的轉型旅程第一階段聚焦於技術，該公司的 IT 部門升級了系統，讓技術人員能夠更好地合作，然後他們的技術團隊實行敏捷工作法，開始把工作負載遷移至雲端。但是，執行長和高層團隊知道，他們需要一個更激進、根本性的變革——技術雖重要，但光在技術方面下工夫，無法實現公司的願景。他們必須使用技術來重塑從顧客體驗到全球供應鏈管理的種種層面，然而這個遠大的目標需要樂高集團改變公司架構、營運

模式、人才結構、技術與分析能力，變成技術領先者。

樂高集團有一個重要的早期認知是，如此根本性質的願景不能外包或當成專案交給一位主管負責，該公司的**領導階層**決定，他們必須從一開始就共同負責公司的數位轉型。他們密集討論一段期間，近百位業務領導者和整個管理團隊一起訂定一個 5 年期的抱負：追求成為一家真正數位賦能的消費性產品公司。

為了把這抱負轉譯成一份數位轉型路徑圖，領導團隊辨識出根本上倚賴技術、資料、分析法，又能夠藉由投資 90 多個行動方案來改善的企業能力。針對每一項，他們評估潛在影響性、思考如何評量影響性，以及為實現此影響所需的投資。

想要擁抱這些機會，樂高的領導階層根據企業能力的關連性，將其區分成 10 個領域，例如：跟消費者體驗相關的能力被歸屬於消費者領域。有了這分類，領導階層規畫出基本的解決方案，以及每個解決方案所需的

知識補給站　關於樂高集團
- **公司說明**：樂高集團是丹麥的玩具製造公司，總部位於丹麥比隆鎮（Billund），設計與生產樂高品牌玩具，大部分是相互連結的塑膠積木。樂高集團也在全球各地建造了幾座遊樂園，每一座都名為「樂高樂園」（LEGOLAND），該公司也經營許多零售店。
- **員工數**：超過 25,000 人
- **市值**：Ｎ／Ａ（為非上市公司）
- **營收**：2022 年年營收 646 億丹麥克朗（相當於 93 億美元）
- **分布地區**：歐洲、北美洲、南美洲、亞太地區、中東及非洲

技術、資料與人才。

這流程有幾個好處：第一、助校準領導階層，使他們對機會及實現機會所需的條件有共同的了解。第二、振奮領導階層的信心，使他們想嘗試看看有多少可能性。

該團隊決定他們想優先創造優異的數位體驗領域：消費者（玩樂高產品的人，大多數是小孩）、購物者（直接向樂高購買樂高產品的人）、顧客（為樂高銷售產品者，亦即零售夥伴）、同仁（任職樂高集團的員工）。他們把這些優先要務規畫成一份綜合**路徑圖**，對每一個使用者群或領域的重要數位解決方案進行優先順序，這包括辨識每一個解決方案需要的技術、資料及團隊資源；估計每個解決方案需要的投資；訂定每個解決方案要求的投資報酬率。該公司的董事會同意在 5 年期間做出重大投資，打造必要的數位解決方案、支援性技術與分析能力。

樂高的領導階層知道，想要執行這項計畫，需要一位對數位轉型的複雜性有老練經驗的**領導者**，因此他們聘用一位數位與技術長阿圖爾·巴德瓦吉（Atul Bhardwaj），他曾經領導特易購（Tesco）和萬得土星（MediaMarktSaturn）的數位轉型。巴德瓦吉為樂高集團做出的最重要決策之一，是採行新的**營運模式**：為交付每一個解決方案所需的每個產品，指派一支負責團隊（**產品與平台模式**的一種）。一些產品團隊聚焦於交付面對使用者的解決方案，以及其背後的應用程式和工作流程，例如：優化網站體驗；一些團隊聚焦於支援解決方案開發團隊的資料與技術系統，例如：把應用程式遷移至雲端來加快應用的發展；還有另一群產品團隊聚焦於發展多領域可以共用的資料產品，例如：顧客與身分資料、產品主資料。

這個營運模式的一個關鍵組成部分是，有清楚的權責範圍。每個領域

有 1 位來自主管團隊的贊助人，以及 2 位分別位來自業務單位和 IT 部門的領導者，他們共同負責交付所屬領域的成果。贊助人跟這些領導者一起研擬路徑圖，校準解決方案的順序與設計。在產品敏捷小組層級，1 位業務領導者擔任產品負責人的角色，並和 1 位工程師密切合作，肩負管理及排序待辦工作清單來達成 KPIs 的責任。這種側重把業務整合到**產品管理**架構中的方法，確保業務單位採用產品團隊發展出來的解決方案。

來自業務單位的**產品負責人**在跨功能部門團隊中和 1 位工程組長、一支約 8 至 10 人的敏捷小組共事，小組成員包括工程師、敏捷教練、技術方案經理人、資料科學家、設計師及分析專家。這種敏捷小組結構的最終目的是消除「業務」與「技術」之間的區隔。產品團隊的所有成員共同承擔 KPIs、共享獎勵，但技術性人員最終由數位與技術長管轄，數位與技術長管理他們的職涯發展、訓練及成長。

為了管理這個產品導向的營運模式，樂高集團執行長、數位與技術長及擔任各領域贊助人的主管，每年共同分配預算與資源，但各領域領導者每月及每季檢討產品團隊的進展（**每季業務檢討**），這些檢討聚焦追蹤成果，以及清楚地闡述驅動這些成果的 KPIs，例如：實行賦能技術的變化情況（平均每個子領域／產品團隊已有多少比重實行現代 API），以及有多少比重的應用程式已經遷移至雲端。

這些產品團隊也握有資料的關鍵之鑰，樂高的數位與技術長稱資料為「數位轉型精髓」，因為資料是交付進步的 UX、改善營運、降低單位成本的關鍵。每一個領域擁有各自的資料要維護，以及確保其他領域易於使用這些資料。如此一來，就能消除資料混淆，確保每一個**資料產品**是單一事實源。這種資料權限的設計方法也使樂高集團得以建立資料平台。把這

些物件寄存於這平台，讓其他團隊可以透過自助模式取用，例如：資料科學家可用它們來運行先進分析和 AI 模型。

為了按照路徑圖上訂定的時間軸來交付數位解決方案，樂高集團必須引進工程人才。由於該公司的工程師占總員工數比例不到 30％，公司有大約 70％ 的程式是由外部開發，因此**工程人才**的引進尤為迫切。然而，該公司又缺乏總監／高級總監層級的高級工程師，更增添了這項挑戰的難度。為了吸引人才，樂高集團出席開發人員研討會，並在社群媒體上宣傳開發人員使用的最新技術，以及他們正在解決深度技術的問題。該公司也在上海開設一間數位工作室，從最早的 7 名數位與分析專家成長至 75 人，哥本哈根的數位工作室則有 200 名新招募的數位與分析專家。該公司在很短的時間內，把系統與軟體工程師的數量增加 2.5 倍，他們大多數具有雲端技能。

工程人才的注入幫助樂高集團滿足二個需求：第一、進取的應用程式與系統現代化，創造出更富彈性、快速及自助化能力，諸如技術負債降低、管道之類的基礎設施作業自動化，80％ 的主要工作負載遷移至雲端，Paas 和 SaaS 的能力，顯著減少使用單體式應用程式。第二、採用**先進的工程實務**，例如：使用 DevSecOps，從一開始就把安全性整合到的開發流程裡〔持續使用國家標準與技術機構（National Institute of Standards and Technology）的評分制來評量其效能〕，使用 CI ／ CD 實務來加速及改善編碼品質，使用 MLOps 來發展及管理 AI 模型。

樂高集團的數位轉型聚焦核心是，確保使用者採用團隊發展出來的解決方案，而且這些產品能夠被**推廣**。為此，他們還制定一個政策：所有技術解決方案應該從一開始就被設計與**架構可供全球使用**。這意味著使用公

司規定 API 標準，以及全公司統一的資料分類法，包含：資料域與物件的清楚定義、繪圖與文件之間的清楚關聯、資料域的明確責任。該公司的數位與技術長有權否決不符合這些原則的局部工作，實際上他也經常行使否決權。這方法讓各團隊可以平行工作，不會在回歸測試及團隊對團隊的溝通中卡住或減緩速度。

在數位轉型階段實行的幾年後，樂高集團已經見到改善成果，深知他們走在正確軌道上。該公司表示，牢靠的電子商務和全通路零售商夥伴關係是公司轉型效能的重要貢獻要素。根據樂高集團的獲利報告，相較於上一年同期，該公司的營收成長 17%，營業利益成長 5%。該公司也指出，加速投資數位轉型已經帶來廣泛好處：改善購物者和業務夥伴的線上體驗、增進消費者的積木遊戲體驗。❶ 該公司的網站已經擴展重建，「LEGO Builder」應用程式的下載人次比 2021 年時增加了 42%。

樂高集團新發展出全企業的數位能力，為該公司開啟新的成長路徑，他們正擴張至新領域，像是跟埃匹克娛樂公司（Epic Games）合作探索在數位技場和元宇宙中的遊戲的未來。與這個抱負匹配的是該公司的意願：創造一個圍繞著消費者接觸點的虛擬生態系，從實體店內體驗延伸至小孩日益活躍互動的社群平台上。樂高集團仍持續投資於建立種種新能力，包括遊戲工程、遊戲設計。

---

❶ "The LEGO Group delivers strong growth in 2022 and invests in the future," LEGO.com, March 7, 2023.

致謝

來自三位作者：

本書反映我們客戶的創新、努力及實用主義，他們擁抱「打造新企業能力，好在數位與 AI 時代的競爭中脫穎而出」的思想。我們很榮幸在這美妙的旅程中陪伴他們，本書是他們的經驗寫照。

我們特別感謝三家公司——星展銀行、自由港麥克莫蘭銅金公司、樂高集團，他們的數位轉型之旅為本書提供指引與靈感，他們的故事提醒我們，這旅程持續演進中。

若沒有來自我們同事及超過 200 個客戶服務團隊的支持、指引及洞察，我們不可能寫完這本書。我們仰賴他們在超過 6 年間、數千個小時辛苦付出所獲得的啟示，我們也受益於他們發表各種有關於數位與 AI 轉型之旅、闡述精闢洞察的文獻，那些洞察幫助形塑本書的思維。由衷感謝他們的貢獻，以及他們的夥伴關係。

我們三人都是麥肯錫全球數位業務的同仁，這是一家有超過 5,000 名尖端工程師、技術人員、設計師；軟體開發、AI、雲端、敏捷方法、產

品管理、UX 設計及其他專長領域的世界級專家，以及能幹的業務轉型領導者組成的優異團隊。感謝他們持續推促我們探索數位力量如何改變公司及產業。

特別感謝我們的同事巴爾‧塞斯（Barr Seitz）協助編輯本書，使我們的思考變得更銳利，並且在撰寫的整個過程中引進讀者觀點，沒有他的這些貢獻，不可能成就本書。

感謝比爾‧法倫（Bill Falloon）和 Wiley 出版公司看出我們對數位與 AI 轉型的思想價值，願意把我們的思想轉化成這本書。

來自艾瑞克：

感謝我的妻子瑪麗 - 萊斯（Marie-Lyse），她對本書感到好奇，並激發許多有趣的談話。感謝我的女兒安（Anne）、瑪莉（Marie）和克萊兒（Claire），他們以自己的才能及方式激勵我。感謝你們提供的支持和給予我的自由，讓我完成撰寫本書的計畫。

來自凱特：

感謝我生命中三個很棒的男孩，班（Ben）、哈利（Harry）及扎克（Zac），他們天天讓我開懷大笑，他們使我既能夢想，又能腳踏實地。他們不會讀到這個，但我深愛你們。

來自羅尼：

感謝我的妻子勞拉（Laura），以及我的孩子札里（Zachary）、亞瑟（Asher）及達利（Dahlia），他們聽夠我在 Zooms 及電話上討論這主題了，多到他們也能撰寫一本書。我得在此感謝我的父母艾斯特（Esther）和巴里（Barrie），這樣，他們才會閱讀本書，更了解我都在做什麼！

對本書做出貢獻的領導者

我們想感謝提供他們的專長和投資他們的時間（當然還有汗水與淚水），幫助完成此書的領導者及執行師。

總指導

羅布・萊文（Rob Levin）、約翰內斯 - 托比亞斯・洛倫茲（Johannes-Tobias Lorenz）、亞歷克斯・辛格拉（Alex Singla）、亞歷山大・蘇哈列夫斯基（Alexander Sukharevsky）

第一部：研擬轉型路徑圖

坦吉・卡特林（Tanguy Catlin）、亞歷杭德羅・迪亞茲（Alejandro Diaz）、布萊斯・霍爾（Bryce Hall）、維納亞克・HV（Vinayak HV）

第二部：建立你的人才板凳

文森・貝魯貝（Vincent Bérubé）、斯文・布隆伯格（Sven Blumberg）、瑪麗亞・奧坎波（Maria Ocampo）、蘇曼・塔雷賈（Suman Thareja）

第三部：採用新的營運模式

聖地牙哥・科梅拉 - 多爾達（Santiago Comella-Dorda）、朱莉・歌蘭（Julie Goran）、肯特・格里斯基維奇（Kent Gryskiewicz）、大衛・普拉隆（David Pralong）、謝爾・撒克（Shail Thaker）、貝爾基斯・瓦斯奎茲 - 麥考爾（Belkis Vasquez-McCall）

第四部：加速技術與分散式創新

阿梅爾・拜格（Aamer Baig）、克萊門斯・哈塔爾（Klemens Hjartar）、納傑爾・汗（Nayur Khan）、奧斯卡・維拉爾（Oscar

Villareal）

第五部：無死角地嵌入資料

安東尼奧‧卡斯特羅（Antonio Castro）、霍爾格‧哈里斯（Holger Harreis）、布萊恩‧佩索（Bryan Petzold）、凱沃‧羅尚奇（Kayvaun Rowshankish）

第六部：推動「採用」及「推廣」的要領

瑞恩‧戴維斯（Ryan Davies）、莉茲‧格南（Liz Grennan）、大衛‧漢密爾頓（David Hamilton）、馬克‧亨廷頓（Mark Huntington）

第七部：轉型旅程的故事

第三十三章：蕭恩‧巴克利（Sean Buckley）、哈利‧羅賓遜（Harry Robinson）、理查‧塞肖普（Richard Sellschop）

第三十四章：謝法利‧古塔（Shefali Gupta）、維納克‧HV（Vinayak HV）、喬伊普‧森古塔（Joydeep Sengupta）

第三十五章：卡洛‧杜納（Karel Doerner）

此外，我們想感謝下列貢獻者：

穆罕默德‧阿布賽（Mohamed Abusaid）、察維‧阿塔尼（Chhavi Adtani）、阿齊茲‧阿馬吉（Aziz Almajid）、胡安‧阿里斯蒂‧巴克羅（Juan Aristi Baquero）、塞巴斯蒂安‧巴塔拉（Sebastian Batalla）、金伯利‧比爾斯（Kimberly Beals）、喬納森‧柏林（Jonathon Berlin）、薩利申‧巴特（Salesh Bhat）、迪利普‧巴塔查吉（Dilip Bhattacharjee）、艾蒂安‧比萊特（Etienne Billette）、吉姆‧伯姆（Jim Boehm）、楊‧范登‧波爾（Jan Vanden Boer）、維多利亞‧博（Victoria Bough）、山姆‧伯頓（Sam Bourton）、揚‧謝利‧布

朗（Jan Shelly Brown）、馬特・布朗（Matt Brown）、葉海亞・奇瑪（Yahya Cheema）、陳德文（音譯，Devon Chen）、陳約瑟（音譯，Josephine Chen）、梅麗莎・達林普（Melissa Dalrymple）、傑伊・戴夫（Jay Dave）、馬修・杜穆蘭（Mathieu Dumoulin）、傑瑞米・伊頓（Jeremy Eaton）、班・艾倫威格（Ben Ellencweig）、麥葛瑞格・福克納（McGregor Faulkner）、史考特・富頓（Scott Fulton）、歐爾・喬治（Or Georgy）、馬丁・哈里森（Martin Harrysson）、傑夫・哈特（Jeff Hart）、戴夫・哈維（Dave Harvey）、亞隆・哈維夫（Yaron Haviv）、RJ・賈法卡尼（RJ Jafarkhani）、史蒂夫・詹森（Steve Jansen）、諾舍・卡卡（Noshir Kaka）、詹姆斯・卡普蘭（James Kaplan）、馬拉米・卡爾（Marami Kar）、普拉蒂克・赫拉（Prateek Khera）、吉娜・凱姆（Gina Kim）、曼基・凱姆（Minki Kim）、凱薩琳・庫恩（Kathryn Kuhn）、史蒂夫・范・奎肯（Steve Van Kuiken）、克拉斯・奧勒・庫茨（Klaas Ole Kürtz）、勞拉・拉伯格（Laura LaBerge）、克拉麗斯・李（Clarice Lee）、拉里・勒納（Larry Lerner）、阿馬德奧・迪・洛多維科（Amadeo Di Lodovico）、霍赫・馬察多（Jorge Machado）、阿尼・馬宗德（Ani Majumder）、大衛・馬法拉（David Malfara）、布萊恩・麥卡錫（Brian McCarthy）、勞倫・麥考伊（Lauren McCoy）、湯姆・米金（Tom Meakin）、希德・穆哈爾（Sidd Muchhal）、TJ・穆勒（TJ Mueller）、詹姆斯・穆利根（James Mulligan）、比約恩・明斯特曼（Björn Münstermann）、拉朱・納利塞蒂（Raju Narisetti）、凱特琳・諾亞（Kaitlin Noe）、索納・帕塔迪亞-拉奧（Sona Patadia-Rao）、納維德・拉希德（Naveed

Rashid）、蘭賈‧雷達-庫巴（Ranja Reda-Kouba）、馬蒂‧里巴（Marti Riba）、熱拉爾‧里克特（Gérard Richter）、麥拉‧D‧里維拉（Myra D. Rivera）、凱瑟琳娜‧隆巴赫（Katharina Rombach）、阿爾多‧羅薩萊斯（Aldo Rosales）、塔米‧薩利赫（Tamim Saleh）、凱蒂‧施尼萊（Katie Schnitzlein）、斯圖爾特‧西姆（Stuart Sim）、帕梅拉‧西蒙（Pamela Simon）、里奇‧辛格（Rikki Singh）、亨寧‧索爾（Henning Soller）、阿倫‧桑德拉傑（Arun Sunderraj）、阿南德‧斯瓦米納坦（Anand Swaminathan）、史拉萬‧坦皮（Shravan Thampi）、格雷戈爾‧泰森（Gregor Theisen）、凱特琳‧維特（Caitlin Veator）、安娜‧維辛格（Anna Wiesinger）、張琳達（音譯，Linda Zhang）。

感謝你們！

麥肯錫教企業這樣用AI數位轉型
Rewired: The McKinsey Guide to Outcompeting in the Age of Digital and AI
（本書為《麥肯錫教企業這樣用AI：第一本AI數位轉型全書》封面改版）

作者	艾瑞克‧拉瑪爾 Eric Lamarre
	凱特‧史馬吉 Kate Smaje
	羅尼‧澤梅爾 Rodney Zemmel
譯者	李芳齡
商周集團執行長	郭奕伶
商業周刊出版部	
總監	林雲
責任編輯	潘玫均
封面設計	点泛視覺設計工作室
內文排版	点泛視覺設計工作室
出版發行	城邦文化事業股份有限公司 商業周刊
地址	115台北市南港區昆陽街16號6樓
	電話：(02)2505-6789　傳真：(02)2503-6399
讀者服務專線	(02)2510-8888
商周集團網站服務信箱	mailbox@bwnet.com.tw
劃撥帳號	50003033
戶名	英屬蓋曼群島商家庭傳媒股份有限公司城邦分公司
網站	www.businessweekly.com.tw
香港發行所	城邦（香港）出版集團有限公司
	香港灣仔駱克道193 號東超商業中心1樓
	電話：(852) 2508-6231　傳真：(852) 2578-9337
	E-mail：hkcite@biznetvigator.com
製版印刷	中原造像股份有限公司
總經銷	聯合發行股份有限公司電話：(02) 2917-8022
初版1刷	2024年 7 月
二版1刷	2024年12月
定價	500元
ISBN	978-626-7492-82-6（平裝）
EISBN	9786267492857（PDF）／9786267492864（EPUB）

國家圖書館出版品預行編目(CIP)資料

麥肯錫教企業這樣用AI數位轉型/艾瑞克.拉瑪爾(Eric Lamarre), 凱特.史馬吉(Kate Smaje), 羅尼.澤梅爾(Rodney Zemmel)著；李芳齡譯. -- 二版. -- 臺北市：城邦文化事業股份有限公司商業周刊, 2024.12

　面；　公分

譯自：Rewired : the Mckinsey guide to outcompeting in the age of digital and AI

ISBN 978-626-7492-82-6(平裝)

1.CST: 商業管理 2.CST: 數位科技 3.CST: 科技管理

494.1　　　　　　　　　　　　113018578

藍學堂

學習・奇趣・輕鬆讀